"十二五"职业教育国家规划教材

经全国职业教育教材审定委员会审定

高等职业教育农业农村部"十三五"规划教材

国家级精品课程配套教材

U0298247

牛生产 （第二版）

NIU SHENGCHAN

闫明伟　邓双义　主编

中国农业出版社

北 京

内 容 简 介

　　本教材是"十二五"职业教育国家规划教材、高等职业教育农业农村部"十三五"规划教材。主要内容包括牛生产筹划、犊牛饲养管理、育成牛饲养管理、种公牛饲养管理、成年奶牛饲养管理、育肥牛饲养管理、废弃物无害化处理和生产综合实训。本教材以牛生产工作过程为主线，将相关知识和技能融为一体，突出理论知识的应用和实践能力的培养，强调职业岗位能力培养，充分体现高等职业教育的应用性、实用性、综合性和先进性的原则。

　　本教材专为牛生产技能型人才量身编写，适用于高等职业教育畜牧兽医类及相关专业使用，也可作为畜牧兽医技术人员参考书和牛生产经营者操作指南。

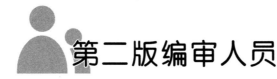

第二版编审人员

主　　编　闫明伟　邓双义

副 主 编　赵　玮　岳增华　孔雪旺

编　　者（以姓氏笔画为序）

　　　　　孔雪旺　邓双义　赵　玮　岳增华

　　　　　闫明伟　戴　燊

审　　稿　王淑香

企业指导　张新慧　吴胜权

第一版编审人员

主　　编　闫明伟

副 主 编　刘海霞　马进勇

编　　者（以姓氏笔画为序）

　　　　　马进勇　田万强　刘海霞　闫明伟

　　　　　陈腾山　赵　玮　赵晓静

审　　稿　王淑香

企业指导　徐晶辉

第二版前言

教材建设工作是职业教育工作的重要组成部分，为贯彻落实教育部《关于职业院校专业人才培养方案制订与实施工作的指导意见》（教职成〔2019〕13号）、《国家职业教育改革实施方案》等文件精神，充分融合文化传承和勇于创新的职教思想，以立德树人为根本，以强农兴牧为己任，培养建设社会主义现代化的使命与担当，使教材建设能够引领职业教育培养技术技能型人才的需要，服务产业高质量发展。

牛生产被评为国家级精品课程以来，编者们一直及时跟踪产业发展趋势和行业动态，分析岗位（群）任职要求和更新变化，实施基于工作过程导向的项目化教学，取得较好的效果，对课程改革起到示范和推广作用。

本教材在"十二五"职业教育国家规划教材《牛生产》的基础上进行修订，增加生产技能性比较强的任务"调配产乳牛日粮"，对生产上关键技术环节增加扫码视频学习，使教材内容更加直观、新颖，做到与时俱进，有利于提高学生实践能力，拓宽学生获取新知识的渠道，使学生具备组织牛生产和经营管理能力。修订过程中，参阅大量国内外有关资料，相关数据、细节进一步明确和完善。

修订提纲由黑龙江职业学院闫明伟提出，并负责全书统稿。教材项目1由闫明伟编写，项目2、项目5、任务8.1至任务8.7由黑龙江职业学院赵玮编写，项目3、任务8.8由黑龙江农业职业技术学院岳增华编写，项目4由新疆农业职业技术学院邓双义编写，项目6由河南农业职业学院孔雪旺编写，项目7由贵州农业职业学院戴燊编写。

本教材由黑龙江职业学院王淑香教授担任主审，北京奶牛中心张新慧、吴胜权两位高级畜牧师担任企业指导。修订过程中，参阅大量国内外有关资料，对所涉及的作者表示衷心感谢！同时感谢第一版所有编写人员。王淑香教授在百忙中仔细审阅书稿，提出很多修改意见。张新慧和吴胜权两位高级畜牧师在北京奶牛中心生产工作非常繁忙的情况下，利用晚上休息时间对本教材的架构、工作任务进行全面审阅，并提出指导意见，在此一并表示诚挚的谢意。

由于编者水平有限，书中难免存在疏漏，恳请读者批评指正。

编　者

2020 年 6 月

第一版前言

本教材为贯彻落实教育部《关于全面提高高等职业教育教学质量的若干意见》（教高〔2006〕16号）文件精神，进一步深化高等职业院校人才培养模式改革，提高培育高技能人才的水平，推进高等职业教育教学发展，根据国家级精品课程牛生产（2009年）教学内容，结合基于工作过程导向的项目教学方法而开发编写。

基于工作过程导向的课程开发教材以企业生产工作过程为载体，在牛生产课程改革实施过程中，与校外联合办学紧密、有行业影响力的基地共同研究课改方案。在此基础上，首先明确思路：清楚教材对应的课程标准—分析生产企业技术发展要求（实际工作）—整合教学内容（项目）—归纳能力和知识点（任务）—分析影响教与学的相关因素（学习小结）。本教材精心设计28个真实工作中典型任务，并整合、归纳到8个项目中，从完成任务为目标，使学生在实际工作"情境"下学习，每个任务都有任务描述、任务目标、知识准备、任务实施和学习小结，部分任务增加知识拓展内容，使教材结构更加新颖。

牛生产是高等职业教育畜牧兽医类专业的主要专业课程，也是一门应用性、操作性很强的生产课程。编写时我们以牛生产工作过程为主线，将相关知识和技能融为一体，突出理论知识的应用和实践能力的培养，强调职业岗位能力培养，充分体现高等职业教育的应用性、实用性、综合性和先进性的原则。

教学建议：前7个项目在校内（基地）完成；项目8生产综合实训在校外基地完成，实现工学结合；校内外学时比例以4∶6或5∶5为宜。总学时150学时，根据各校地域经济发展可有所侧重删减，以完成任务为目标，使学生在实际工作"情境"下进行学习。在完成任务学习中培养学生方法能力、专业能力、社会能力；做到"教、学、做"结合，理论与实践一体化，激发学生的兴趣与思维，让学生在解决实际问题的过程中享受成功的喜悦，增强自信心。通过学习，学生可具备组织牛生产和经营管理能力。同时，利用互联网技术，进一步提高学生获取新知识的能力，拓宽学生获取新知识的渠道。本教材附有配套的多媒体课件。

编写中，编者虚心查阅了国内外大量资料，吸收了一些适合国情，可以引导我国未来牛生产发展方向，能尽快提高牛生产水平的新技术，例如，用TMR技术饲养奶牛、分析奶牛DHI报告等，体现了教材的综合性和先进性。

编写提纲由黑龙江科技职业学院闫明伟提出，并负责全书统稿。教材项目1、

1

任务 8.4 由闫明伟编写，项目 2、任务 8.3、任务 8.6、任务 8.7 由黑龙江科技职业学院赵玮编写，项目 3、任务 8.5 由保定职业技术学院赵晓静编写，项目 4 和项目 7 由江苏畜牧兽医职业技术学院刘海霞编写，任务 5.1 至任务 5.5、任务 8.2 由闫明伟和甘肃畜牧工程职业技术学院马进勇共同编写，任务 5.6、任务 5.7、任务 8.1 由杨凌职业技术学院田万强编写，项目 6 由黑龙江农业职业技术学院陈腾山编写。

本教材由黑龙江科技职业学院王淑香教授担任主审，并请黑龙江省克东飞鹤原生态牧业有限公司徐晶辉总经理担任企业指导。

编写过程中，参阅大量国内外有关资料，对所涉及的作者表示衷心感谢！王淑香教授和徐晶辉总经理在百忙中仔细审阅书稿，并提出宝贵意见，在此深表谢意。黑龙江完达山乳业、黑龙江省克东飞鹤原生态牧业有限公司、857 农场股份制奶牛场、大庆庆新牧业等生产企业对本书提出了宝贵建议，在此一并表示诚挚的谢意。

由于编者水平有限，又是第一次尝试编写国家级精品课配套教材，书中难免存在疏漏，恳请读者批评指正。

编　者

2011 年 4 月

本课程已被评为 2009 年高职高专国家精品课程，相关课程资源可以在 http://113.0.240.9：8080 查阅或下载。

目　　录

项目1 牛生产筹划

【思政目标】 培养用系统思维进行前瞻性思考的习惯，进行全局性谋划，提高整体性推进能力。提高分析问题、解决问题的能力。

牛生产筹划是即将上马和已经上马的牛场都要面对的大问题，既包括可行性论证、品种选择、生产计划的制订和经营效益预测，也包含生产技术、管理方面的内容，还涉及经营和团队建设。因此，牛生产工作做得如何直接影响生产效益。

任务1.1 筹划牛生产可行性

任务描述

要从事养牛业，首先分析本地区养牛行业现状、龙头企业发展、规模化养殖基地和产业化生产情况，如果这些方面都很好，从事牛生产行业有一定经济效益，然后根据自己资金、场地、技术水平和管理经验确定生产规模和饲养方式。不同饲养方式基础设施建设参数有所区别。进行生产设计时要考虑资金流和后备牛群增长，留有足够资金和场地，便于以后正常进行扩大规模生产。

任务目标

了解牛生产应具备的基本条件；熟悉牛场选址和建设要求，掌握牛场设施和设备功能；培养学生自主搜集相关知识，开展实地调研能力，为培养组织和筹划牛生产能力奠定基础。

知识准备

以奶牛规模化养殖场（小区）为例进行论证。

1. 必备条件

（1）养殖场（小区）的生产经营活动必须遵守《中华人民共和国畜牧法》及其他相关法律法规，不得位于法律、法规明确规定的禁养区。

（2）养殖场（小区）要有"种畜禽生产经营许可证"和"动物卫生防疫合格证"。

（3）配套的生鲜乳收购站和运输车辆要有"生鲜乳收购许可证"和"生鲜乳准运证明"。

2. 选址与建设

（1）选址。距村镇工厂1 000m以上，远离主要交通道路500m以上；远离噪声，远离屠宰、加工和工矿企业，特别是化工类企业；地势高燥，背风向阳，通风良好，给排水方便。图1-1是蒙牛马鞍山现代牧场鸟瞰图。

（2）基础设施。水源稳定，有贮存、净化设施，水质符合GB 5749—2006规

牛场建设

牛场经营
管理

1

定；电力供应方便；通信设施良好；
交通便利，有硬化路面直通到场；
饲料饲草资源丰富。

（3）场区布局。场区与外环境
隔离，分为生活和管理区、生产区、
辅助生产区、病畜隔离区、粪污处
理区等部分，布局合理。

图1-1 蒙牛马鞍山现代牧场鸟瞰图

生活、管理区与生产区严格分
开，距离50m以上，卫生环境良好，
防止人畜共患疫病传播。

生产区是防疫重地，人员和车辆入口处设有消毒池和防疫设施，建在生活和管理区
的下风向位置，犊牛舍、育成牛舍、泌乳牛舍、干乳牛舍、产房及隔离舍分布清楚。

辅助生产区包括兽医室、人工授精准备室、草料库、青贮窖、饲料加工车间，
有防鼠、防火设施。

病畜隔离区便于隔离，单独通道，便于消毒，便于污物处理。

粪污处理区设在生产区下风向，地势低处，与生产区保持300m卫生间距。

（4）净道和污道。净道和污道要分开，尽可能减少交叉。

3. 设施与设备

（1）牛舍。牛舍南向配置，便于冬季采光，分布合理，既不浪费土地，又方便生
产；牛舍内冬季温度保持在5℃以上，夏季高温时保持在27℃以下；牛舍墙壁和屋顶坚
固结实、抗震、防水、防火、保温、隔热，能抵抗雨雪、强风，舍内通风良好；舍内牛
床、隔栏、饮水设备、饲喂通道等设施建筑参数与饲养方式和数量相匹配；牛舍建筑面
积参数不低于每头6m²。图1-2至图1-4分别为钟楼式牛舍、牛卧床和草棚。

图1-2 钟楼式牛舍

图1-3 牛卧床

图1-4 草 棚

（2）运动场。成年牛建筑面积参数不低于每头 20m²、育成牛和初孕牛不低于每头 15m²、犊牛不低于每头 8m²，地面有利于肢蹄健康和排水。四周设围栏，围栏高度便于粗料补饲。场内设有与饲养数量相适应的饮水设施和遮阳棚。

（3）挤乳厅。有与奶牛存栏量相配套的挤乳机械（图 1-5）；在挤乳台旁设有机房、牛乳制冷间、热水供应系统、更衣室、卫生间及办公室

图 1-5　挤乳机械

等。挤乳厅面积以存栏奶牛数计，每头牛平均占地面积不小于 0.30m²，供排水、洗涤、消毒功能良好，地面硬化处理。待挤区大于挤乳厅，面积每头牛不小于 1.6m²。储乳室有储乳罐和冷却设备，挤乳 2h 内冷却到 4℃。

（4）人工授精准备室。液氮罐充足，能保证及时充氮，有显微镜和消毒设施。

4. 管理制度与记录

（1）饲养与繁殖技术。有科学的奶牛改良计划、生长发育及生产性能测定记录，实行牛群分群管理；有年度繁殖计划、技术指标等记录；有月度、季度及年度饲料供应计划，以及每阶段日粮组成、配方记录；有饲料成分检测记录。

（2）疫病控制。有结核病和布鲁氏菌病每年两次的检疫记录和处理记录；有口蹄疫、炭疽等免疫接种的实施记录；有定期修蹄、蹄保健计划；有隔离措施和传染病控制措施；有预防、治疗奶牛常见疾病规程；有传染病紧急预案的制订、相关责任人及教育与告示；有正确的用药记录，并存档备查；有抗生素与有毒化学品采购的双人加锁贮存和使用制度与记录；有奶牛使用抗生素后的隔离及解除制度与记录。

（3）挤乳管理。挤乳工和牧场管理人员穿着干净工作服，手和胳膊在挤乳过程中保持干净；挤乳厅干净整洁无积粪，挤乳区、贮乳室墙面与地面做防水防滑处理。挤乳前后两次药浴，做到一头牛、一块毛巾、一张纸巾；挤前三把乳，挤到带有网状栅栏的容器中，并观察牛乳的颜色和形状，必要时进行隐性乳腺炎监测。挤乳设备有维护检测记录；输乳管、计量器、乳杯和其他管状物清洁并有维护记录。

牛场卫生
保健

（4）团队建设。从业人员有健康证明；要对从业人员进行定期健康检查和技术培训，并有相应记录。

5. 环保要求

（1）粪污处理。污水处理科学，不造成污染并利于环保。牛粪处理体现种养结合的生态农业或生态工程之路。

（2）病死牛无害化处理。对病死牛均采取深埋等方式进行无害化处理，有病死牛无害化处理痕迹和记录。

（3）场区绿化。场区绿化体现遮阳、改善小气候和美化环境。

牛场环境
控制

任务实施

（1）参观中小型奶牛场，了解场地选择，场区规划布局，不同类型牛舍的特点、规格、内部设施和建筑的基本技术参数。

（2）由指导教师或技术员介绍牛场生产经营情况。

（3）由学生分组讨论、研究，搜集相关知识，在教师指导下，设计一个年存栏300～500头奶牛场生产方案，并完成详细的可行性论证提纲。

学习小结

资金决定饲养规模和饲养方式。无论采取拴系饲养、散栏饲养还是半舍半放牧方式，在牛舍类型、构造、畜栏设计、饲喂设备、牛群周转、地板防滑、减少应激、卫生设施和运动场设计等方面，都要考虑到配置是否合理和给牛带来的舒适程度，因为母牛的舒适程度直接影响产乳量、牛乳质量和健康状况。教师备课时可参考教材配备PPT进行教学指导。

知识拓展

肉牛场设计与奶牛场有何不同？请你设计简易肉牛育肥场。

任务1.2 选择牛品种

牛的品种
（部分）

任务描述

牛生产中，品种的经济回报率居各项技术之首，大约占40%。科学选择品种，是实现牛生产良好经济效益的前提条件。选择牛品种主要通过品种的经济类型、固有的外貌特征和生产性能来进行。引进牛品种时要考虑疫病情况和相关的检疫措施，目前，一些新上马的规模化奶牛场多数从国外引进品种有这方面的原因。

任务目标

了解品种的经济类型、固有外貌特征、生长发育情况和基本具备的生产性能，准确选择牛品种，并根据实际情况开展育种和改良工作。

知识准备

不论是建立一个新牛群还是维持原有的老牛群，都必须考虑自己的牛群是否能达到高产、优质和高效。开始建立奶牛群时，多采用购买成年母牛、育成牛、犊牛等方法。在购买成年母牛及育成牛时，可能是空怀牛或是已孕牛，对这两种牛的选择，主要决定于希望其产乳的时间。一般情况下，买进的成年母牛平均能留在群内约4年，大多数在7岁前淘汰。买进已达配种年龄的育成牛，是开始建立牛群最普通的方法。买进犊牛所需资金少，但到达产乳所需时间较长。不过，买进犊牛是获得优质奶牛的好机会。

在购买牛时必须查阅有关资料，越详细越好。例如，育成牛有其母亲生产性能及其父亲遗传能力的记录资料，成年母牛有生产记录和系谱。

按照经济用途不同，可把牛品种分为乳用牛、肉用牛和兼用牛。目前根据国内外饲养的主要品种，介绍如下。

1. 乳用牛品种　当前全世界的乳用牛品种主要有荷斯坦牛、娟姗牛、更赛牛、爱尔夏牛及瑞士褐牛。就产乳水平而言，荷斯坦牛是目前世界上饲养数量最多、分布最广的乳用牛品种，我们国家的奶牛 95％以上都是荷斯坦牛。

（1）中国荷斯坦牛。荷斯坦牛原称荷兰牛，因其毛色呈黑白相间的花片，故以往统称为黑白花牛。荷斯坦牛原产于荷兰的北荷兰省和弗里斯兰省。荷斯坦牛在各国经过长期的风土驯化和系统选育，或与当地牛杂交，育成了具有各自特征的荷斯坦牛，并冠以该国的名称，如新西兰荷斯坦牛、加拿大荷斯坦牛、中国荷斯坦牛等。一个多世纪以来，由于各国对荷斯坦牛的选育方向有所不同，牛群状况也各有特点，该品种体型大，产乳量高，遍布各国，现已成为全世界奶牛业当家品种。中国荷斯坦牛品种如图 1-6 所示。

图 1-6　中国荷斯坦牛

①品种形成。中国荷斯坦牛原称中国黑白花牛，是引用国外各类型的荷斯坦公牛与各省（自治区、直辖市）本地黄牛的杂交种经过长期选育而成的。中国荷斯坦牛是我国产乳最高、数量最多、分布最广的奶牛品种。早在 19 世纪40 年代，我国即从国外引入荷斯坦牛，最初由荷兰、德国及俄国引入，后又从日本、美国引入。历经 100 多年的培育而形成目前我国唯一的专用奶牛品种。1987 年 3 月 4 日农牧渔业部和中国奶牛协会对该品种进行了鉴定验收。1992 年，因国际贸易需要和为了保留红色基因存在，更名为"中国荷斯坦牛"。培育过程见图 1-7。

②外貌特征。被毛细短，毛色呈黑白花（少量为红白花），黑白相间。额部多有白星（三角星或广流星），腹下、四肢下部及尾尖呈白色。体格高大，结构匀称，后躯较前躯发达，侧望体躯呈楔形，具有典型的乳用型牛外貌。皮薄骨细，皮下脂肪少，乳静脉明显，粗大而多弯曲，

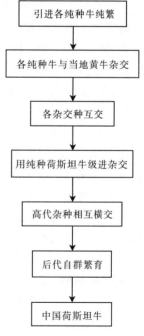

引进各纯种牛纯繁

↓

各纯种牛与当地黄牛杂交

↓

各杂交种互交

↓

用纯种荷斯坦牛级进杂交

↓

高代杂种相互横交

↓

后代自群繁育

↓

中国荷斯坦牛

图 1-7　中国荷斯坦牛的培育过程

乳房附着良好，大小变化明显，四个乳区结构匀称，乳头大小、分布适中。公牛体重为 900～1 200kg、母牛 650～750kg，犊牛初生重平均 40～50kg。

③生产性能。据 21 905 头品种登记牛的统计，中国荷斯坦牛 305d 各胎次平均产乳量 6 359kg，平均乳脂率 3.56%，重点育种场群平均产乳量在 7 000kg 以上。在饲养条件较好、育种水平较高的北京、上海等市郊，有的奶牛场平均产乳量已超过 8 000kg。超万千克产乳量的个体不断涌现。

据测定，中国荷斯坦牛未经育肥的淘汰母牛屠宰率为 49.5%～63.5%，净肉率为 40.3%～44.4%；经育肥 24 月龄的公牛屠宰率为 57%。

中国荷斯坦牛性成熟早，年平均受胎率为 88.8%，情期受胎率为 48.9%。

④今后的育种方向。加强适应性的选育，尤其是耐热、抗病能力，重视牛群的外貌结构和体质，提高优良牛的概率，稳定优良牛的遗传特性。对生产性能选择以提高产乳量为主，并有一定肉用性能，注意提高乳脂率和乳蛋白率。

（2）娟姗牛。娟姗牛是英国培育的专门化小型奶牛品种，以乳脂率高、乳房形状好而闻名，此外，还以耐热、性成熟早、抗病力强而著称。

①原产地。娟姗牛原产于英吉利海峡的娟姗岛，是英国一个古老的奶牛品种。娟姗岛气候温和、多雨，年平均气温 10℃左右，牧草茂盛，奶牛终年以放牧为主。娟姗牛早在 18 世纪就已闻名于世，19 世纪被欧美各国引入。

②外貌特征。娟姗牛体型小而清秀，轮廓清晰，头小而轻，两眼间距宽，额部稍凹陷，耳大而薄。角中等大小，琥珀色，角尖黑，向前弯曲。颈细小，有皱褶，颈垂发达。鬐甲狭窄，肩直立，胸深宽，背腰平直，腹围大，尻长、平、宽。乳房发育匀称，形状好，乳静脉粗大而弯曲，乳头略小。后躯较前躯发达，体型呈楔形。娟姗牛被毛细短而有光泽，毛色有灰褐、浅褐及深褐色，以浅褐色为最多。鼻镜及舌为黑色，嘴、眼周围有浅色毛环，尾尖为黑色。

娟姗牛体格小，成年公牛活重为 650～750kg，母牛为 340～450kg。犊牛初生重为 23～27kg；成年母牛体高 113.5cm，体长 133cm，胸围 154cm，管围 15cm。

③生产性能。娟姗牛一般年平均产乳量为 3 500～4 000kg。乳脂率平均为 5.5%～6.0%，是奶牛中少有的高乳脂率品种。英国 1 头娟姗牛一个泌乳期最高产乳量为 18 929.3kg，创造了娟姗牛产乳的世界最高纪录。乳脂肪球大，易于分离，乳汁黄色，风味好，适于制作黄油。

④引种与利用。娟姗牛被世界各国广泛引种，在美国、英国、加拿大、日本、新西兰、澳大利亚等国均有饲养。我国于 19 世纪中叶引入娟姗牛，因为该品种适应炎热的气候，所以在我国南方地区可列为今后引种的目标。2002 年经农业部批准，广州市奶牛研究所承担了建设我国首个娟姗牛原种场的任务。

2. 肉用牛品种　据估计，全世界有 60 多个肉用牛品种，其中英国 17 个，法国、意大利、美国、俄罗斯各 11 个。这里不含兼用品种和我国黄牛品种。世界上主要的肉用牛品种，按体型大小和产肉性能，大致可分为两大类：一是大型品种，主产于欧洲大陆，代表品种有夏洛莱牛、利木赞牛、契安尼娜牛、皮埃蒙特牛等；二是中、小型早熟品种，主要有海福特牛、安格斯牛等。

（1）夏洛莱牛。原产于法国中西部到东南部的夏洛莱省和涅夫勒地区，是世界闻名的大型肉用牛品种。

①外貌特征。被毛白色或乳白色，皮肤常带有色斑。全身肌肉特别发达，骨骼

结实，四肢强壮。头小而宽，嘴端宽、方，角圆、较长，并向前方伸展。颈粗短，胸宽深，肋骨方圆，背宽肉厚，体躯丰满呈圆桶状，后臀肌肉发达，并向后和侧面凸出。成年公牛体重 1 100～1 200kg，母牛 700～800kg。

②生产性能。最显著的特点是生长速度快，瘦肉率高，耐粗饲。在良好的饲养条件下，6 月龄公犊可达 250kg。日增重可达 1.4kg。屠宰率为 60％～70％，胴体瘦肉率为 80％～85％。该牛纯种繁殖时难产率高达 13.7％。夏洛莱牛肌肉纤维比较粗糙，肉质嫩度不够好。

③杂交改良效果。我国于 1964 年和 1974 年，先后从法国引进该牛，主要分布在东北、西北和南方部分地区，与本地黄牛杂交，夏杂后代体格明显加大，增长速度加快，杂种优势明显。

肉牛品种识别与外貌评定

（2）利木赞牛。原产于法国中部的利木赞高原。数量仅次于夏洛莱牛，为法国第二大品种。目前有 54 个国家引入利木赞牛，属于大型肉用牛品种。

①外貌特征。被毛为红色或黄色，口、鼻、眼圈周围、四肢内侧及尾帚毛色较浅，角为白色，蹄为红褐色。头较短小，额宽，胸部宽深，体躯较长，后躯肌肉丰满，四肢粗短。成年公牛平均体重 1 100kg，母牛 600kg。在法国公牛活重可达1 200～1 500kg，母牛达 600～800kg。

②生产性能。产肉性能高，胴体质量好，眼肌面积大，前后肢肌肉丰满，出肉率高。10 月龄体重即可达 408kg，哺乳期平均日增重 0.86～1.0kg。8 月龄小牛即可具有大理石花纹的肉质。难产率极低，一般只有 0.5％。

③杂交改良效果。我国于 1974 年开始从法国引入，主要分布在黑龙江、辽宁、山东、安徽、陕西、河南和内蒙古等地，与本地黄牛杂交，杂种优势显著。

（3）皮埃蒙特牛。原产于意大利北部皮埃蒙特地区，属于大型肉用牛品种，是目前国际公认的终端父本。主要分布在我国山东、河南、黑龙江、北京和辽宁。皮埃蒙特牛见图 1-8。

①外貌特征。被毛灰白色，鼻镜、眼圈、肛门、阴门、耳尖、尾帚等为黑色。犊牛出生时被毛为浅黄色，以后慢慢变为白色。中等体型，皮薄，骨细。全身肌肉丰

图 1-8 皮埃蒙特牛

满，外形很健美。后躯特别发达，双肌性能表现明显。公牛体重不低于 1 000kg，母牛平均为 500～600kg。公母牛的体高分别为 150cm 和 136cm。

②生产性能。生长快，育肥期平均日增重 1.5kg。生长速度为肉用品种之首。肉质细嫩，瘦肉含量高，屠宰率一般为 65％～70％，胴体瘦肉率达 84.13％。脂肪和胆固醇含量低。

③杂交改良效果。我国于 1986 年引进皮埃蒙特牛的冻精和冻胚，现已在全国12 个省（自治区、直辖市）推广应用，杂交效果良好。皮杂后代生长速度达到国内肉牛领先水平。

（4）契安尼娜牛。原产于意大利中西部的契安尼娜山谷，是目前世界上体型最

大的肉牛品种，含有瘤牛血统。

①外貌特征。被毛白色，尾帚黑色，除腹部外，皮肤均有黑色素。犊牛出生时，被毛为深褐色，在60日龄时逐渐变为白色。成年牛体躯长、四肢高、体格大、结构良好，但胸部深度不够。成年公牛体重1 500kg，母牛800~1 000kg。体高公牛184cm，母牛150~170cm。

②生产性能。契安尼娜牛生长强度大，一般日增重均在1kg以上，2岁内日增重可达2.0kg。产肉多而品质好，大理石纹明显，适应性好，繁殖力强且很少难产。

③杂交改良效果。该牛与南阳黄牛进行杂交，契南一代日增重在1.0kg以上，屠宰率为60%，但骨量大，且牛肉嫩度变差。

（5）海福特牛。原产于英格兰西部的海福特郡，是世界上最古老的中小型早熟肉牛品种。

①外貌特征。体躯毛色为橙黄色或黄红色，具有"六白"特征，即头、颈垂、鬐甲、腹下、四肢下部及尾尖为白色。分为有角和无角两种。公牛角向两侧伸展，向下方弯曲，母牛角向上挑起。颈粗短，体躯肌肉丰满，呈圆桶状，背腰宽平，臀部宽厚，全身肌肉发达，四肢短粗。

②生产性能。在良好条件下，7~12月龄日增重可达1.4kg以上。一般屠宰率为60%~65%。18月龄公牛活重可达500kg以上。

③杂交改良效果。我国于1974年从英国引入首批海福特牛。海杂后代生长快，抗病耐寒，适应性好。

（6）安格斯牛。原产于英国的阿伯丁、安格斯和金卡丁等郡，是英国最古老的小型肉用牛品种之一。现占美国肉牛总数的1/3。黑安格斯公牛如图1-9所示。

①外貌特征。安格斯牛无角，头小额宽且表现清秀，体躯宽深，呈圆桶状，背腰宽平，四肢短，后躯发达，肌肉丰满。被毛为黑色，光泽性好。近些年来，美国、加拿大等国育成了红色安格斯牛。公牛体重700~900kg，母牛500~600kg。

图1-9　黑安格斯公牛

②生产性能。增重性能良好，平均日增重约1.0kg。肉牛中胴体品质最好，屠宰率60%~70%。难产率低。

③杂交改良效果。早熟，耐粗饲，放牧性能好，性情温顺，耐寒，适应性强，是国际肉牛杂交体系中最好的母系。

（7）比利时蓝白花牛。分布在比利时中北部，是荷斯坦牛血统中唯一被育成纯肉用的专门品种。

①外貌特征。毛色为白身躯中有蓝色或黑色斑点，色斑大小变化较大。鼻镜、耳缘、尾巴多黑色。个体高大，体躯呈长筒状，体表肌肉醒目，肌束发达，"双肌"特征明显，头部轻，尻微斜。公牛体重1 200kg，母牛700kg。

②生产性能。犊牛早期生长速度快，最高日增重可达 1.4kg。屠宰率 65%。

③杂交改良效果。我国于 1996 年引入比利时蓝白花牛，用于肉牛配套系的父系。

（8）德国黄牛。原产于德国和奥地利。其中德国数量最多，系瑞士褐牛与当地黄牛杂交育成。

①外貌特征。毛色为浅黄色、黄色或淡红色。体型外貌近似于西门塔尔牛。体格大，体躯长，胸深，背直，四肢短而有力，肌肉强健。母牛乳房大，附着结实。成年公牛体重 1 000～1 100kg，母牛 700～800kg。

②生产性能。年产乳量达 4 164kg，乳脂率 4.15%。初产年龄为 28 个月，难产率低。平均日增重 0.985kg，平均屠宰率 62.2%，净肉率 56%。

③杂交改良效果。1996 年和 1997 年，我国先后从加拿大引进该牛，其适应性强，生长发育良好。

3. 兼用牛品种

（1）西门塔尔牛。原产于瑞士西部的阿尔卑斯山区，主要产地是西门塔尔平原和萨能平原，是瑞士数量最多的牛品种，为世界著名的大型乳肉兼用品种（图 1-10）。

①外貌特征。西门塔尔牛毛色多为黄白花或淡红白花，头、胸、腹下、四肢下部、尾帚多为白色。额与颈上有卷毛。角较细，向外上方弯曲。后躯较前

图 1-10　西门塔尔母牛

躯发达，体躯呈圆筒状。四肢强壮，大腿肌肉发达。乳房发育中等。成年公牛活重平均为 800～1 200kg，母牛 600～750kg。犊牛初生重为 30～45kg。

②生产性能。西门塔尔牛的乳用和肉用性能均较好。泌乳期平均产乳量在 4 000kg 以上，乳脂率 4%。1 周岁内平均日增重 0.8～1.0kg，育肥后公牛屠宰率 65% 左右，瘦肉多，脂肪少，肉质佳。成年母牛难产率为 2.8%。适应性强，耐粗放管理。我国目前有中国西门塔尔牛 30 000 余头，核心群平均产乳量已突破 4 500kg。

③引种与利用。西门塔尔牛是改良我国黄牛范围最广、数量最多、杂交效果最成功的牛种。杂交后代无论是体型、产乳量还是产肉量均有显著提高。目前，西门塔尔牛是世界第二大品种牛，总头数达 4 000 万头，其头数仅少于荷斯坦牛。我国自 20 世纪初开始引入，于 1981 年成立了中国西门塔尔牛育种委员会。中国西门塔尔牛于 2001 年 10 月通过国家品种审定。

西门塔尔牛是最主要的世界兼用牛品种，由于不同地方的培育目标不一样，各个地方的特点也不一样，例如，美国、加拿大和澳大利亚比较偏重于乳用，母牛产乳量不是很高，但是在欧洲，特别是德国、法国、瑞士、奥地利，西门塔尔牛的乳用和肉用两方面基本上是平衡的，母牛的平均产乳量一般能达到 5.5～6t。公牛的育肥性能也跟肉牛差不多。中国西门塔尔牛在过去很长时间里当成肉牛养，母牛也不组织挤乳，所以母牛产乳性能的资源就浪费了，实际上如果我们真正想利用乳肉兼用的特点，应该将德系西门塔尔牛、法系西门塔尔牛和中国西门塔尔牛杂交，并

建立挤乳机制，使乳肉性能都得到发挥，从而对提高养殖效益、改变我国荷斯坦牛为唯一乳用牛品种的局面有重要意义。

（2）国外其他乳肉兼用牛品种，见表1-1。

表1-1 国外其他乳肉兼用牛品种

品　种	原产地	外貌特征	生产性能	主要特点及利用
瑞士褐牛	瑞士阿尔卑斯山区（瑞士的第二大牛品种）	被毛为褐色，由浅褐、灰褐至深褐色，在鼻镜四周有一浅色或白色带，鼻、舌、角尖、尾帚及蹄黑色。头宽短，额稍凹陷。体格略小于西门塔尔牛。成年公牛体重1 000kg，母牛500～550kg。初生重35～38kg。	年产乳量5 000～6 000kg，乳脂率4.1%～4.2%，18月龄活重可达485kg，屠宰率50%～60%。1999年，美国乳用瑞士褐牛305d平均产乳量达9 521kg。	成熟较晚，一般2岁配种。耐粗饲，适应性强，全世界约有600万头。对"新疆褐牛"育成起到了重要作用。
丹麦红牛	丹麦	被毛为红或深红色，公牛毛色通常较母牛深。鼻镜浅灰至深褐色，蹄壳黑色，部分牛乳房或腹部有白斑毛。乳房大，发育匀称。体格较大，体躯深长。成年公牛体重1 000～1 300kg，成年母牛体重650kg。犊牛初生重40kg。	美国2000年53 819头母牛的平均产乳量为7 316kg，乳脂率4.16%；最高单产12 669kg，乳脂率5%。丹麦红牛也具有良好的产肉性能。屠宰率一般为54%。	以乳脂率、乳蛋白率高而著称，1984年我国首次引进丹麦红牛30头，用于改良延边牛、秦川牛和复州牛，效果良好。
乳用短角牛	英国东北部	分有角和无角两种。角细短，呈蜡黄色，角尖黑。被毛多为红色或酱红色，少数为红白沙毛或白毛，部分个体腹下或乳房部有白斑，鼻镜为肉色，眼圈色淡。成年公牛体重900～1 200kg，母牛600～700kg，犊牛初生重32～40kg。	305d产乳量一般2 800～3 500kg，乳脂率3.5%～4.2%。1998年1头乳用短角牛在365d日挤乳2次的情况下产乳15 913kg，乳脂率2.8%，乳蛋白率3.4%，创个体单产最高纪录。	我国于1913年首次引入，主要用于改良蒙古牛，对中国草原红牛的育成起到了重要作用。

（3）国内乳肉兼用牛品种，见表1-2。

表1-2 国内乳肉兼用牛品种

品　种	原产地及分布	外貌特征	生产性能	主要特点及培育过程
三河牛	原产于内蒙古呼伦贝尔草原的三河地区。主要分布在呼伦贝尔市及邻近地区的农牧场。目前大约有11万头。	被毛为界限分明的红白花，头白色或有白斑，腹下、尾尖及四肢下部为白色。角向上前方弯曲。体格较大，平均活重公牛1 050kg，母牛547.9kg。犊牛初生重公牛35.8kg，母牛31.2kg。	平均年产乳量为2 500kg左右，在较好的饲养条件下可达4 000kg。乳脂率4.10%～4.47%。产肉性能良好，2～3岁公牛屠宰率为50%～55%。	耐粗饲，耐严寒，抗病力强。生产性能不稳定，后躯发育欠佳。三河牛是我国培育的第一个乳肉兼用品种，含西门塔尔牛的血统。1986年9月3日通过验收，并由内蒙古自治区政府批准正式命名为"三河牛"。

（续）

品　种	原产地及分布	外貌特征	生产性能	主要特点及培育过程
中国草原红牛	原产于吉林、辽宁、河北和内蒙古。主要分布于吉林白城市、内蒙古赤峰市、锡林郭勒盟南部和河北张家口市等地区。目前，大约有14万头。	毛色多为深红色，少数牛腹下、乳房部分有白斑，尾帚有白毛。全身肌肉丰满，结构匀称。乳房发育较好。成年公牛体重825.2kg，成年母牛体重482kg。犊牛初生重，公犊31.9kg，母犊30.2kg。	泌乳期220d，平均产乳量1 662kg，乳脂率4.02%，最高个体产乳量为4 507kg。18月龄的阉牛，经放牧育肥，屠宰率为50.8%。短期催肥后屠宰率为58.1%。	耐粗抗寒，适应性强。生产性能不稳定，后躯发育欠佳。1985年8月20日，经农牧渔业部授权吉林省畜牧厅，在赤峰市对该品种进行了验收，正式命名为"中国草原红牛"。含有乳肉兼用型短角牛血统。
新疆褐牛	原产于新疆伊犁、塔城等地区。主要分布于全疆南北。现有牛数约45万头。	被毛为深浅不一的褐色，额顶、角基、口轮周围及背线为灰白色或黄白色。肌肉丰满。头清秀，嘴宽。角大小中等，向侧前上方弯曲，呈半椭圆形。成年公牛体重951kg，母牛431kg。	舍饲条件下平均产乳量2 100～3 500kg，高的可达5 162kg，乳脂率4.03%～4.08%。放牧条件下，2岁以上牛的屠宰率为50%以上。	适应性好，耐严寒和酷暑，抗病力强，宜于放牧，体型外貌好。但其生产性能尚不稳定。1983年经新疆畜牧厅评定验收并命名为"新疆褐牛"。含有瑞士褐牛血统。
科尔沁牛	主产于内蒙古东部地区的科尔沁草原。1994年末约有8.12万头。	被毛为黄（红）白花，白头，体格粗壮，结构匀称，胸宽深，背腰平直，四肢端正，后躯及乳房发育良好，乳头分布均匀。成年公牛体重991kg，母牛508kg。犊牛初生重38～42kg。	280d产乳量3 200kg，乳脂率4.17%，高产达4 643kg。在常年放牧加短期补饲条件下，18月龄屠宰率为53.3%，经短期育肥屠宰率可达61.7%。	适应性强、耐粗抗寒、抗病力强、宜于放牧。于1990年通过鉴定，由内蒙古自治区政府正式验收命名为"科尔沁牛"。以西门达尔牛为父本，蒙古牛、三河牛为母本，采用育成杂交方法培育而成。

4. 我国黄牛、水牛、牦牛品种　　"中国黄牛"是我国固有且长期以役用为主，除水牛、牦牛以外的群体总称。广泛分布于全国各地，我国黄牛按地理分布区域和生态条件，分为中原黄牛、北方黄牛和南方黄牛三大类型。中原四大黄牛是指秦川牛、南阳牛、鲁西牛、晋南牛。北方黄牛主要包括蒙古牛和延边牛。产于东南、西南、华南、华中和台湾的黄牛均属南方黄牛。

我国黄牛品种大多具有适应性强、耐粗饲、牛肉风味好等优点，但大都属于役用或役肉兼用体型，体型较小，后躯欠发达，成熟晚、生长速度慢。作为母本为培育乳用和肉用牛作出了巨大贡献（黄牛改良）。我国黄牛主要品种见表1-3。

水牛是热带、亚热带地区特有的畜种，主要分布在亚洲地区，约占全球饲养量的90%。水牛具有乳、肉、役多种经济用途，适于水田作业。水牛乳营养丰富，脂肪、干物质及总能量都高于荷斯坦牛。

表 1-3　我国黄牛主要品种

品　种	原产地	外貌特征	生产性能	杂交效果
秦川牛	因产于陕西关中的"八百里秦川"而得名。现群体总数约 80 万头。	属大型牛，骨骼粗壮，肌肉丰厚，体质强健，前躯发育良好，具有役肉兼用牛的体型。角短而钝、多向外下方或向后稍弯。毛色多为紫红色及红色。鼻镜肉红色。部分个体有色斑。蹄壳和角多为肉红色。公牛颈上部隆起，鬐甲高而厚，母牛鬐甲低，荐骨稍隆起。缺点是后躯发育较差，常见有尻稍斜的个体。	在中等饲养水平下，18 月龄时的平均屠宰率 58.3%，净肉率 50.5%。	全国有 21 个省（自治区、直辖市）曾引进秦川公牛改良本地黄牛，效果良好。
南阳牛	河南省南阳地区白河和唐河流域的广大平原地区。现有约 145 万头。	毛色以深浅不一的黄色为主，另有红色和白色，面部、腹下、四肢下部毛色较浅。体型高大，结构紧凑，公牛多为萝卜头角，母牛角细。鬐甲较高，肩部较凸出，公牛肩峰 8～9cm，背腰平直，荐部较高，额部微凹，颈部短厚而多皱褶。部分牛胸部宽深，体长不足，尻部较斜，乳房发育较差。	产肉性能良好，15 月龄育肥牛屠宰率 55.6%，净肉率 46.6%，眼肌面积 92.6cm²。	全国 22 个省（自治区、直辖市）已有引入，杂交后代适应性、采食性和生长能力均较好。
晋南牛	主产于山西省西南部的运城、临汾地区。现有 66 万余头。	毛色以枣红为主，红色和黄色次之。鼻镜粉红色。体型粗大，体质结实，前躯较后躯发达。额宽，顺风角，颈短粗，垂皮发达，肩峰不明显，胸宽深，臀端较窄，乳房发育较差。	18 月龄时屠宰，屠宰率 53.9%。经强度育肥后屠宰率 59.2%。眼肌面积 79.0cm²。	曾用于四川、云南、陕西、甘肃、安徽等地的黄牛改良，效果良好。
鲁西牛	主产于山东省西南部的菏泽、济宁地区。	毛色以黄色为主，多数牛具有"三粉"特征，即眼圈、口轮、腹下与四肢内侧毛色较浅，呈粉色。公牛多平角或龙门角，母牛角形多样，以龙门角居多。公牛肩峰宽厚且高。垂皮较发达。尾细长，尾毛多扭生如纺锤状。体格较大，但日增重不高，后躯欠丰满。	18 月龄育肥，公、母牛平均屠宰率 57.2%，净肉率 49.0%，眼肌面积 89.1cm²。	杂交改良，效果良好。
蒙古牛	原产于蒙古高原地区。广泛分布于我国北方各省份。	毛色多样，但以黑色、黄色者居多。头短宽、粗重，角长，向上前方弯曲。垂皮不发达。鬐甲低下。胸较深，背腰平直，后躯短窄，尻部倾斜，四肢短，蹄质坚实。皮肤较厚。	中等膘情的成年阉牛，平均屠宰率 53.0%，净肉率 44.6%，眼肌面积 56.0cm²。	耐干旱和严寒能力强，发病率低。杂交改良，效果良好。

　　水牛按其外形、习性和用途常分成两种类型，即沼泽型水牛和河流型水牛。沼泽型水牛有泡水和滚泥的自然习性。这类水牛细胞染色体核型为 $2n=48$。体型较小，生产性能偏低，适应性强，以役用为主。主要分布于中国、泰国、越南、缅甸、老挝、柬埔寨、马来西亚、菲律宾、印度尼西亚和尼泊尔等国家，沼泽型水牛一般以产地命名。河流型水牛原产于江河流域，习性喜水。这类水牛细胞染色体核型为 $2n=50$。体型大，以乳用为主，也可兼作其他用途。这类水牛主要分布于印度、巴基斯坦、保加利亚、意大利和埃及等国家。我国已引进了世界著名的乳用水牛品种摩拉水牛和尼里-拉菲水牛。主要水牛品种见表 1-4。

表 1-4　主要水牛品种

品　种	原产地及分布	外貌特征	生产性能	主要特点
摩拉水牛	原产于印度西北部。饲养 3 000 万头，占其水牛总数的 47%。	毛色通常为黑色，尾梢为白色，被毛稀疏。角短、向后向上内弯曲，呈螺旋形。尻部斜，四肢粗壮。公牛头粗重，母牛头较小、清秀。公牛颈厚，母牛颈长薄，无垂皮和肩峰。乳房发达，乳头大小适中，距离宽，乳静脉弯曲明显。我国繁育的摩拉水牛成年公、母牛体重分别为 969kg 和 648kg。	平均泌乳期 251～398d，泌乳期平均产乳量 1 955.3kg。个别好的母牛 305d 泌乳期产乳量达 3 500kg。公牛在 19～24 月龄育肥 165d，日增重平均为 0.41kg；屠宰率为 53.7%。	耐热、耐粗饲、抗病力强、适应性强。但性情偏于神经质，应加强调教和培育。我国于 1957 年开始从印度引进，数量有逐年上升的趋势。南方各省均有饲养，尤其以广西较多。
中国水牛	主要分布于淮河以南的水稻产区，其中广西、云南、广东、贵州、四川数量最多。	全身被毛深灰色或浅灰色，且均随年龄增长而毛色加深为深灰色或暗灰色，被毛稀疏。前额平坦而较狭窄，眼大凸出。角左右平伸，呈新月形或弧形。颈下和胸前多有浅色颈纹和胸纹，皮粗糙而有弹性。鬐甲隆起，肋骨弓张，背腰宽而略凹。腰角大而凸出，后躯差，尻部斜。尾粗短，着生较低，四肢粗短。	宜于水田作业，使役年限一般为 12 年。泌乳期 8～10 个月，泌乳量 500～1 000kg，乳脂率 7.4%～11.6%。乳蛋白率 4.5%～5.9%。肉用性能较差，屠宰率 46%～50%，净肉率 35% 左右。	中国水牛属沼泽型水牛。湖北的滨湖水牛、四川的德昌水牛、云南的德宏水牛和广西的西林水牛为典型代表。我国水牛数量约为 2 280.9 万头，仅次于印度和巴基斯坦，我国有 18 个省（自治区、直辖市）有水牛分布。

　　中国是世界上牦牛数量最多的国家，现有牦牛 1 377.4 万头，约占世界牦牛总头数的 92%，主要分布在我国青藏高原、川西高原和甘肃南部及周围海拔 3 000m 以上的高寒地区，其中青海 480 万头、四川 400 万头、西藏 380 万头、甘肃 90 万头、新疆 22 万头、云南 5 万头。其次是蒙古国，约有牦牛 60 万头。目前，全世界约有牦牛 1 500 万头。

我国饲养牦牛历史悠久，已形成 10 个优秀的类群。分别是四川的麦洼牦牛、九龙牦牛，甘肃的天祝白牦牛，青海的环湖牦牛、高原牦牛，西藏的亚东牦牛、高山牦牛、斯布牦牛，新疆的巴州牦牛及云南中甸牦牛等。

牦牛比普通牛胸椎多 1～2 个，荐椎多 1 个，肋骨多 1～2 对，胸椎和荐椎大 1～2 倍，胸部发达，体温、呼吸、脉搏等生理指标也比普通牛高。因此，其能很好地适应高寒地区的环境条件。牦牛常被誉为"高原之舟"。牦牛作为原始品种，具有产乳、毛、肉、皮、绒等多种经济用途，也可作为役力。牦牛毛和尾毛是我国传统特产，以白牦牛毛最为珍贵。

牦牛外貌粗野，体躯强壮，头小颈短，嘴较尖，胸宽深，髻甲高，背线呈波浪形，四肢短而结实，蹄底部有坚硬的凸起边缘，尾短而毛长如帚，全身披满粗长的被毛，尤其是腹侧丛生密而长的被毛，形似"围裙"，粗毛中生长绒毛。有的牦牛有角，有的无角。毛色主要以黑色居多，约占 60％，其次为深褐色、黑白花、灰色及白色。公母牦牛两性异像，公牦牛头短颈宽，颈粗长，肩峰发达。母牦牛头尖，颈长角细，尻部短而斜。成年公牦牛体重为 300～450kg，母牦牛为 200～300kg。

成年牦牛的屠宰率为 55％，净肉率 41.4％～46.8％，眼肌面积 50～88cm²。泌乳期 3.5～6 个月，产乳量 240～600kg，乳脂率 5.65％～7.49％。剪毛量，公牛产毛 3.6kg，绒 0.4～1.9kg，母牛产毛 1.2～1.8kg，绒 0.4～0.8kg。负载 60～120kg，日行走 15～30km。

⚙ 任务实施

1. 介绍品种 利用不同品种牛的图片（荷斯坦牛、红荷斯坦牛、娟姗牛、更赛牛、爱尔夏牛、西门塔尔牛、三河牛、中国草原红牛、新疆褐牛、科尔沁牛、夏洛莱牛、利木赞牛、皮埃蒙特牛、安格斯牛、海福特牛、短角牛、德国黄牛、比利时蓝白花牛、契安尼娜牛、秦川牛、南阳牛、鲁西牛、晋南牛、延边牛、蒙古牛、水牛、牦牛等）、幻灯片、影碟或实体牛，介绍品种的主要外貌特征、生产性能及优点和缺点。

2. 辨别品种

（1）观察不同品种牛的图片或视频。

（2）组织放映有关牛品种的影像片。

（3）实地参观牛场，观察并触摸牛的被毛、头型、颈、肩峰、背腰、胸腹、尻、尾、四肢、乳房、乳头及全身肌肉等。

（4）对观察的牛分别进行描述记载，并做鉴别比较。

📖 学习小结

学习时以国内分布广、数量多的主要品种牛的纯种为标准，掌握其经济用途、外貌特征和平均生产性能，并注意杂交（国外引进优良品种牛与我国黄牛杂交）后代与纯种的区别。

★ **知识拓展**

结合遗传育种知识，掌握成功的杂交组合实例，根据父、母本特征分析杂交后代的毛色、头型和关键部位的特征变化。关注国内外新品种培育和推广情况。

任务1.3　用线性方法进行奶牛外貌综合评定

奶牛的品种
识别与线性
评定

任务描述

家畜育种的最终目的是提高畜群有经济意义的性能。一般来说，体型外貌本身并无直接的经济利益，但某些体型外貌性状与生产性能之间存在一定的关系，只是人们对这种关系究竟有多强并无清楚的认识。人们知道不同用途或类型的动物有不同的体型，如乳用牛和肉用牛之间、毛用羊和肉用羊之间、蛋鸡和肉鸡之间，都有明显不同的体型外貌。人们也认识到在同一品种内，不同体型外貌的个体生产性能存在很大区别。事实上，在家畜育种史上，很长一段时间内，对种畜的选择都只是基于体型和颜色。人们主要根据自己的想象（爱好）去选择体型外貌上最理想的个体。一直到20世纪50年代，种畜的选择都是以体型外貌为主，以生产性能为辅。以后，随着人们对畜产品需求的急剧增加，对经济效益意识的增强，以及对生产性能遗传认识的加深，对种畜的选择就逐渐转向了以生产性能为主，以体型外貌为辅，在生产和实践中很少有完全不考虑体型外貌来进行选种的。总体来说，各国在各个畜种中都将体型外貌评定纳入生产性能测定体系中。

早期的体型外貌评定仅仅是根据肉眼观察，主要从形态学上从主观愿望出发看一个个体是否理想，并无严格的定量标准。后来又出现了两种比较客观的评定方法：一是基于身体结构的协调性定出每一种畜种身体结构的理想尺寸，再将各个体相比较，这种协调性主要是从解剖学的角度而不是从生理学的角度去考虑；另一种方法是给身体各个部位评分，但这种评分是用肉眼观察给出的，这种方法在20世纪80年代以前一直是家畜外貌评定的主导方法。需要注意的是，以上方法都没有涉及孟德尔遗传学和数量遗传学的知识，也或多或少地带有一定的主观性。

20世纪70年代后期，美国奶牛人工授精育种联合会提出了一种用于奶牛的新的体型评定方法，即体型线性评定。要评定的体型性状应有一定的生物学功能，且可通过育种手段加以改进。对各个性状要独立地分别进行评定，对每一性状都用数字化的线性尺度来表示，如用1~50或1~9来衡量其从一个极端到另一个极端的不同状态，即所谓的线性评分。这种数字的大小只客观地反映性状的状态，而不反映性状的优劣。评分结果适合用BLUP育种值估计方法进行分析。被评定的个体应处于相同的年龄阶段。对于一个群体来说，大多数性状的评分应符合或近似符合正态分布。

由于从育种的角度来看，有的性状在处于某一极端值时为佳，而有些性状在处于中间状态时为最好，也就是说评分的数字大小并不直接反映性状的优劣，所以还要将线性评分转换成直接反映性状优劣的功能分，通常以百分制表示，以100分为最好。在得到一个个体的各个性状的功能分后，将它们加权合并为该个体的整体体型得分，即等级分。等级分越高，生产性能越好。

◎ 任务目标

通过教师讲解、指导和学生实际操作，熟悉奶牛体型性状的线性评定项目，熟练掌握线性评定的操作方法，完成奶牛种用价值和经济价值评定。

知识准备

奶牛体型线性鉴定方法最早是由美国在生产上应用，之后，加拿大、德国、荷兰、日本等国相继采用，现已被世界上多数国家采用。我国从 1983 年开始在荷斯坦牛中应用，1994 年 7 月由中国奶牛协会育种委员会制定了《中国荷斯坦牛体型线性鉴定实施方案（试行）》，1996 年 5 月对部分性状的评分标准进行了必要调整。这种方法是根据奶牛各个部位的功能和生物学特性给予评分，比较全面、客观、数量化，避免主观抽象因素影响。对每个性状的评分不是依其分数的高低确定其优劣，而是看该性状趋向于最大值或最小值的程度，具有数量化评分标准，评分明确、肯定，不会有模棱两可的情况。目前世界上鉴定的性状数量最多可达 29 个，其中主要性状 15 个，次要性状 14 个。各国所鉴定的性状数略有差异。具体的评分方法，目前世界有两种，即 50 分制和 9 分制。我国也有这两种方法，两种方法在实践中均无问题，采用哪种方法都可以，不必强求统一。根据国内外的研究证明，体型与奶牛终身效益有关，乳房发育良好、四肢健壮的奶牛，生产年限较长，产乳量多。随着奶牛生产机械化、集约化程度的提高，世界很多国家越来越重视奶牛体型性状线性鉴定。

1. 体型鉴定程序 体型鉴定主要是对母牛，也可应用于公牛。母牛在 1～4 个泌乳期，每个泌乳期在泌乳 60～150d，挤乳前进行鉴定，用最好胎次成绩代表该个体水平。公牛在 2～5 岁，每年评定一次。

体型评定工作主要由省（自治区、直辖市）奶牛协会组织实施。根据登记牛所有者的申请，定期派出经过专门培训并获得评定资格的鉴定员，到牛群中开展评定工作。

体型评定数据应由鉴定员按中国奶牛协会要求如实填报，汇总到省（自治区、直辖市）奶牛协会存入计算机内，每年初各省（自治区、直辖市）奶牛协会再将上一年度的有关数据汇总后上报中国奶牛协会。

具体负责体型评定的鉴定员资格确认由各省（自治区、直辖市）奶牛协会及中国奶牛协会承担。各省（自治区、直辖市）奶牛协会可根据需要，培训若干省（自治区、直辖市）级体型鉴定员。这些鉴定员均应定期接受再培训，以利统一标准和提高水平。各省（自治区、直辖市）向中国奶牛协会推荐具有一定水平的鉴定员为国家级鉴定员，经中国奶牛协会认可后发给正式证书。

2. 体型评定方法 我国现阶段主要注重鉴别评定 15 个主要性状，具体如下。

（1）体高。极端低的个体（低于 130cm）评 1～5 分，中等高的个体（140cm）评 25 分，极端高的个体（高于 150cm）评 45～50 分，即 140cm ±1cm，线性评分

25 分±2 分（图 1 - 11 和表 1 - 5）。通常认为，当代奶牛的最佳体高段为 145～150cm。

表 1 - 5　体高评定方法

标　准	评　分	
（十字部的高度）	50 分制	9 分制
极低（130cm）	5	1
中等（140cm）	25	5
极高（150cm）	45	9

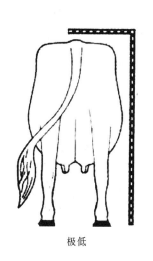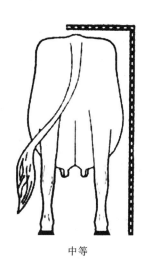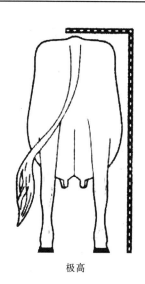

极低　　　　　　　　　中等　　　　　　　　　极高

图 1 - 11　体高评定方法

（2）胸宽（体强度）。也称为结实度。胸宽用前内裆宽表示，即两前肢内侧的胸底宽度，反映母牛保持高产水平和健康状态能力。前内裆低于 15cm 评 1～5 分，25cm 时属中等，评 25 分，在 25cm 基础上，每增减 1cm，增减 2 个线性分（图 1 - 12 和表 1 - 6）。胸宽线性分在 35～38 分是当代奶牛最佳表现。

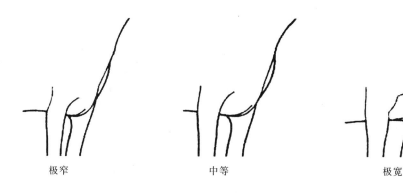

极窄　　　　　　　　　中等　　　　　　　　　极宽

图 1 - 12　胸宽评定方法

表 1-6 胸宽评定方法

标　准	评　分	
（前肢正确站立的宽度）	50 分制	9 分制
极窄（15cm）	5	1
中等（25cm）	25	5
极宽（35cm）	45	9

（3）体深。奶牛最后一根肋骨处腹下沿的深度，反映采食粗饲料的能力。极浅的个体评 1~5 分，体深中等的个体评 25 分，这时胸深率（胸深与体高之比）为 50%，胸深率在 50% 的基础上，每增减 1%，增减 3 个线性分（图 1-13 和表 1-7）。此外最后两肋间距不足 3cm 扣 1 个线性分，超过 3cm 加 1 分。极深的个体评 45~50 分。通常认为，适度体深的体型是当代奶牛的最佳体型结构。

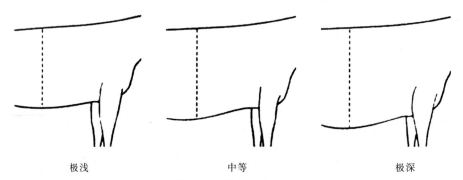

极浅　　　　　　　　　中等　　　　　　　　　极深

图 1-13 体深评定方法

表 1-7 体深评定方法

标　准	评　分	
	50 分制	9 分制
极浅	5	1
中等	25	5
极深	45	9

（4）棱角性（乳用性、清秀度）。肉厚、极粗重的个体评 1~5 分，轮廓基本鲜明的个体评 25 分，轮廓非常鲜明、清秀的个体评 45~50 分（图 1-14 和表 1-8）。

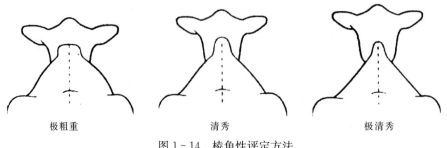

极粗重　　　　　　　　　清秀　　　　　　　　　极清秀

图 1-14 棱角性评定方法

表1-8 棱角性评定方法

标准	评分	
	50分制	9分制
极粗重	5	1
清秀	25	5
极清秀	45	9

通常认为，轮廓非常鲜明的体型是当代奶牛的最佳体型结构。评定时，鉴定员可依据第12、13肋骨，即最后两肋的间距衡量开张程度，两指半宽为中等程度，三指宽为较好。

（5）尻角度。腰角至坐骨端的倾斜度，即坐骨端与腰角的相对高度。水平尻时应评20分，臀角明显高于腰角的个体（逆10°）评1～5分，腰角略高于臀角的个体（5°）评25分，腰角明显高于臀角的个体（10°）评45～50分（图1-15和表1-9）。每增减1°或1cm，增减2.5个线性分。通常认为，当代奶牛的最佳尻角度是腰角微高于臀角且两角连线与水平线夹角达5°时最好。

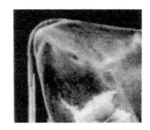
极低

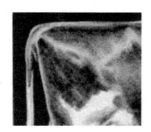
中等

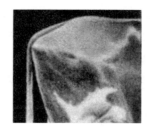
极高

图1-15 尻角度评定方法

表1-9 尻角度评定方法

标准 （腰角与坐骨端之间相对高度）	评分	
	50分制	9分制
极低（−4cm）	5	1
中等（4cm）	25	5
极高（12cm）	45	9

（6）尻宽。臀宽极窄的个体（小于15cm）评1～5分，臀宽中等的个体（20cm）评25分，臀宽很大的个体（大于24cm）评45～50分（图1-16和表1-10）。在此基础上，每增减1cm，增减2个线性分。通常认为，尻极宽的体型是当代奶牛的最佳体型结构。

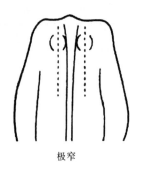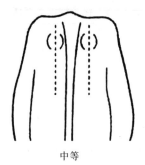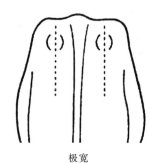

| 极窄 | 中等 | 极宽 |

图 1-16 尻宽评定方法

表 1-10 尻宽评定方法

标 准	评 分	
（两坐骨端外缘之间的宽度）	50 分制	9 分制
极窄（15cm）	5	1
中等（20cm）	25	5
极宽（24cm）	45	9

（7）后肢侧视。直飞的个体（飞节处向下垂直呈柱状站立，飞角大于155°）评1～5分，飞节处有适度弯曲的个体（飞角为145°）评25分，曲飞的个体（飞节处极度弯曲呈镰刀状站立，飞角小于135°）评45～50分，即飞角为145°时评25分，每增加1°下降2分，每下降1°增加2分（图1-17和表1-11）。通常认为，两极端的奶牛均不具有最佳侧视姿势，只有适度弯曲的体型才是当代奶牛的最佳体型结构，且偏直一点的奶牛耐用年限长。后肢一侧伤残时，应看健康的一侧。

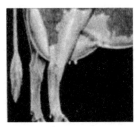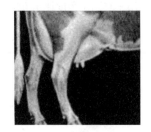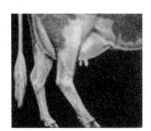

| 直飞 | 中等 | 曲飞 |

图 1-17 后肢侧视评定方法

表 1-11 后肢侧视评定方法

标 准	评 分	
	50 分制	9 分制
直飞（155°）	5	1
中等（145°）	25	5
曲飞（135°）	45	9

（8）蹄角度。极小蹄角度的个体（25°）评1～5分，中等蹄角度的（45°）个体评25分，极大蹄角度的个体（大于65°）评45～50分，即45°±1°，线性评25分±1分（图1-18和表1-12）。通常认为，适当的蹄角度（55°）是当代奶牛的最佳体型结构。蹄的内外角度不一致时，应看外侧的角度。评定时以后肢的蹄角度为主。

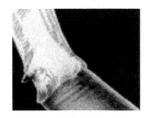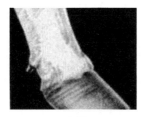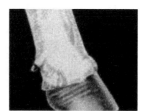

极小　　　　　　　　　中等　　　　　　　　　极大

图1-18　蹄角度评定方法

表1-12　蹄角度评定方法

标　准	评　分	
（蹄前缘与蹄底的角度）	50分制	9分制
极小（25°）	5	1
中等（45°）	25	5
极大（65°）	45	9

（9）前乳房附着。连接附着松弛（90°）的个体评1～5分，附着中等程度（110°）的个体评25分，紧凑（130°）的个体评45～50分，即110°±10°，线性评分25分±5分（图1-19和表1-13）。通常认为，连接附着偏于充分紧凑的体型是当代奶牛的最佳体型结构。

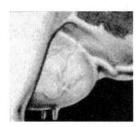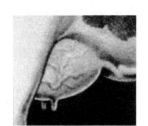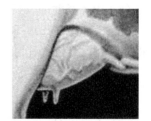

松弛　　　　　　　　　中等　　　　　　　　　紧凑

图1-19　前乳房附着评定方法

表1-13　前乳房附着评定方法

标　准	评　分	
（乳房侧韧带与腹壁构成的角度）	50分制	9分制
松弛（90°）	5	1
中等（110°）	25	5
紧凑（130°）	45	9

（10）后乳房高度。该距离为20cm的评45分，距离为25cm的评35分，距离为30cm的评25分，距离为35cm的评15分，距离为40cm的评5分（图1-20和表1-14）。

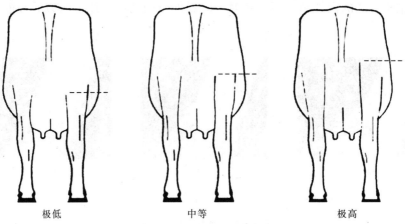

图1-20　后乳房高度评定方法

表1-14　后乳房高度评定方法

标　　准	评　　分	
（乳腺组织上缘至阴门基部）	50分制	9分制
极低（40cm）	5	1
中等（30cm）	25	5
极高（20cm）	45	9

通常认为，乳腺组织的顶部极高的体型是当代奶牛的最佳体型结构。

（11）后乳房宽度。乳腺组织上缘的宽度。后乳房极窄的个体（小于7cm）评1~5分，中等宽度的（15cm）评25分，后乳房极宽的（大于23cm）评45~50分（图1-21和表1-15）。通常认为，后乳房极宽的体型是当代奶牛的最佳体型结构。刚挤完乳时，可依据乳房皱褶多少，加5~10分。

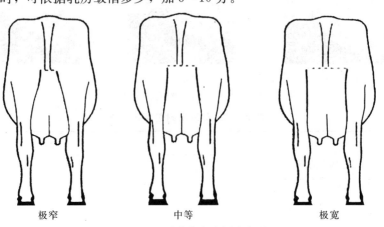

图1-21　后乳房宽度评定方法

表 1 - 15 后乳房宽度评定方法

标　准	评　分	
（后乳房左右两个附着点宽度）	50 分制	9 分制
极窄（7cm）	5	1
中等（15cm）	25	5
极宽（23cm）	45	9

（12）悬韧带（乳房悬垂、乳房支持）。中央悬韧带松弛没有房沟的个体评 1~5 分，中央悬韧带强度中等表现明显、二等分房沟的个体（沟深 3cm）评 25 分，中央悬韧带结实有力且房沟深的个体（沟深 6cm）评 45~50 分（图 1-22 和表 1-16）。悬韧带的强度高才能保持乳房应有的高度和乳头的正常分布，减少乳房外伤的机会。通常认为，强度高的悬韧带是当代奶牛的最佳体型。评定时，通常为提高评定速度，可依据后乳房底部悬韧带处的夹角深度进行评定，无角度向下松弛呈圆弧评 1~5 分，呈钝角评 25 分，呈锐角评 45~50 分。

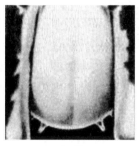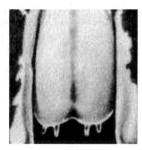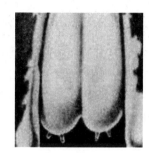

极弱　　　　　　　　　中等　　　　　　　　　极强

图 1-22 悬韧带评定方法

表 1 - 16 悬韧带评定方法

标　准	评　分	
（后乳房纵沟的深度）	50 分制	9 分制
极弱（0）	5	1
中等（3cm）	25	5
极强（6cm）	45	9

（13）乳房深度。乳房底平面在飞节以下极深的个体（-5cm）评 1~5 分，飞节稍上有适宜深度的个体（5cm）评 25 分，乳房底平面在飞节上仅有极浅深度的个体（15cm 以上）评 45~50 分，即 5cm±1cm，线性评分 25 分±2 分（图 1-23 和表 1-17）。从容积上考虑，乳房应有一定的深度，但过深时，乳房容易受伤和感染乳腺炎。通常认为，拥有适宜深度的乳房才是当今奶牛的最佳体型结构，即初产牛应在 30 分以上，2~3 产大于 25 分，4 产的大于 20 分为好。对该性状要求严格，乳房底在飞节上评 20 分，稍低于飞节即评 15 分。

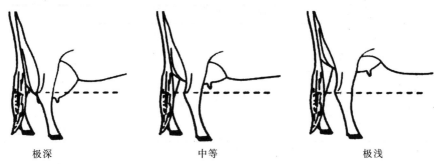

极深　　　　　　　　中等　　　　　　　　极浅

图1-23　乳房深度评定方法

表1-17　乳房深度评定方法

标　准	评　分	
（后乳房底部至飞节相对距离）	50分制	9分制
极深（-5cm）	5	1
中等（5cm）	25	5
极浅（15cm）	45	9

（14）乳头位置。乳头基底部在乳区外侧、乳头离开的个体评1～5分，乳头配置在各乳房中央部位的个体评25分，乳头在乳区内侧分布、乳头靠得近的个体评45～50分（图1-24和表1-18）。通常认为，乳头分布靠得近的是当代奶牛的最佳体型结构。

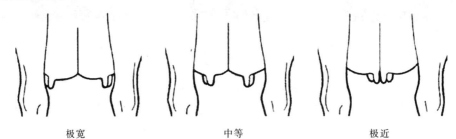

极宽　　　　　　　　中等　　　　　　　　极近

图1-24　乳头位置评定方法

表1-18　乳头位置评定方法

标　准	评　分	
（前后乳头在乳房基部的位置）	50分制	9分制
极宽	5	1
中等	25	5
极近	45	9

（15）乳头长度。长度为9cm的评45分，长度为7.5cm的评35分，长度为6cm的评25分，长度为4.5cm的评15分，长度为3cm的评5分（图1-25和表1-19）。通常认为当代奶牛的最佳乳头长度为6.5～7cm。

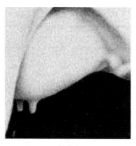
极短

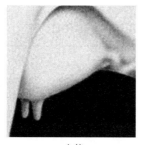
中等

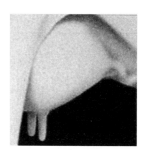
极长

图1-25　乳头长度评定方法

表1-19　乳头长度评定方法

标　准	评　分	
（前乳头长度）	50分制	9分制
极短（3cm）	5	1
中等（6cm）	25	5
极长（9cm）	45	9

3. 线性分转换为功能分　单个体型性状的线性分需转换为功能分，才可用来计算特征性状的评分和整体评分。单个体型性状的线性分与功能分的转换关系，见表1-20。

表1-20　单个体型性状线性分与功能分的转换关系

线性分	功　能　分														
	体高	胸宽	体深	棱角性	尻角度	尻宽	后肢侧视	蹄角度	前乳房附着	后乳房高度	后乳房宽度	悬韧带	乳房深度	乳头位置	乳头长度
1	51	51	51	51	51	51	51	51	51	51	51	51	51	51	51
2	52	52	52	52	52	52	52	52	52	52	52	52	52	52	52
3	54	54	54	53	54	54	53	53	53	54	53	53	53	53	53
4	55	55	55	54	55	55	54	55	54	56	54	54	54	54	54
5	57	57	57	55	57	57	55	56	55	58	55	55	55	55	55
6	58	58	58	56	58	58	56	58	56	59	56	56	56	56	56
7	60	60	60	57	60	60	57	59	57	61	57	57	57	57	57
8	61	61	61	58	61	61	58	61	58	63	58	58	58	58	58
9	63	63	63	59	63	63	59	63	59	64	59	59	59	59	59
10	64	64	64	60	64	64	60	64	60	65	60	60	60	60	60
11	66	65	65	61	65	65	61	65	61	66	61	61	61	61	61
12	67	66	66	62	66	66	62	66	62	66	62	62	62	62	62
13	68	67	67	63	67	67	63	67	63	67	63	63	63	63	63
14	69	68	68	64	69	68	64	67	64	67	64	64	64	64	64

（续）

线性分	功能分														
	体高	胸宽	体深	棱角性	尻角度	尻宽	后肢侧视	蹄角度	前乳房附着	后乳房高度	后乳房宽度	悬韧带	乳房深度	乳头位置	乳头长度
15	70	69	69	65	70	69	65	68	65	68	65	65	65	65	65
16	71	70	70	66	72	70	67	68	66	68	66	66	66	67	66
17	72	72	71	67	74	71	69	69	67	69	67	67	67	69	67
18	73	72	72	68	76	72	71	69	68	69	68	68	68	71	68
19	74	72	72	69	78	73	73	70	69	70	69	69	69	73	69
20	75	73	73	70	80	74	75	71	70	70	70	70	70	75	70
21	76	73	73	72	82	75	78	72	72	71	71	71	71	76	72
22	77	74	74	73	84	76	81	73	73	72	72	72	72	77	74
23	78	74	74	74	86	76	84	74	74	74	73	73	73	78	76
24	79	75	75	76	88	77	87	75	75	75	75	74	74	79	78
25	80	75	75	76	90	78	90	76	76	75	75	75	75	80	80
26	81	76	76	76	88	78	87	77	76	76	76	76	76	81	83
27	82	77	77	77	86	79	84	79	77	76	77	77	77	81	85
28	83	78	78	84	80	81	81	78	77	78	78	78	79	82	88
29	84	79	79	79	82	80	78	83	79	77	79	79	82	82	90
30	85	80	80	80	80	81	75	85	80	78	80	80	85	83	90
31	86	82	81	81	79	82	74	87	81	78	81	81	87	83	89
32	87	84	82	82	78	82	73	89	82	79	82	82	89	84	88
33	88	86	83	83	77	83	72	91	83	80	83	83	90	84	87
34	89	88	84	84	76	84	71	93	84	80	84	84	91	85	86
35	90	90	85	85	75	85	70	95	85	81	85	85	92	85	85
36	91	92	86	87	74	86	68	94	86	81	86	86	91	86	84
37	92	94	87	89	73	87	66	93	87	82	87	87	90	86	83
38	93	91	88	91	72	88	64	92	88	83	88	88	89	87	82
39	94	88	89	93	71	89	62	91	90	84	89	89	87	87	81
40	95	85	90	95	70	90	61	90	92	85	90	90	85	88	80
41	96	82	89	93	69	91	60	89	94	86	90	91	82	88	79
42	97	79	88	91	68	93	59	88	95	87	91	92	79	89	78
43	95	78	87	89	67	95	58	87	94	88	91	93	77	89	77
44	93	78	86	87	66	97	57	86	92	89	92	94	76	90	76
45	90	77	85	85	65	95	56	85	90	90	92	95	75	90	75
46	88	77	82	82	62	93	55	84	88	91	93	92	74	87	74
47	86	76	79	79	59	91	54	83	86	92	94	89	73	84	73
48	84	76	77	77	56	90	53	82	84	94	95	86	72	81	72
49	82	75	76	76	53	89	52	81	82	96	96	83	71	78	71
50	80	75	75	75	51	88	51	80	80	97	97	80	70	75	70

4. 整体评分及特征性状的构成　整体评分及特征性状的构成，见表 1-21 至表 1-25，由此得出整体评分中 15 个性状的权重系数，见表 1-26。

表 1-21　整体评分构成

%

特征性状	体躯容积	乳用特征	一般外貌	泌乳系统
权重	15	15	30	40

表 1-22　体躯容积性状的构成

%

特征性状	体躯容积（15）			
具体性状	体高	胸宽	体深	尻宽
权重	20	30	30	20

表 1-23　乳用特征性状的构成

%

特征性状	乳用特征（15）				
具体性状	棱角性	尻角度	尻宽	后肢侧视	蹄角度
权重	60	10	10	10	10

表 1-24　一般外貌性状的构成

%

特征性状	一般外貌（30）						
具体性状	体高	胸宽	体深	尻角度	尻宽	后肢侧视	蹄角度
权重	15	10	10	15	10	20	20

表 1-25　泌乳系统性状的构成

%

特征性状	泌乳系统（40）						
具体性状	前乳房附着	后乳房高度	后乳房宽度	悬韧带	乳房深度	乳头位置	乳头长度
权重	20	15	10	15	25	7.5	7.5

表 1-26　整体评分中 15 个性状的权重系数

%

具体性状	体高	胸宽	体深	棱角性	尻角度	尻宽	后肢侧视	蹄角度	前乳房附着	后乳房高度	后乳房宽度	悬韧带	乳房深度	乳头位置	乳头长度	合计
权重	7.5	7.5	7.5	9	6	7.5	7.5	7.5	8	6	4	6	10	3	3	100

5. 母牛的等级 根据母牛的整体评分，将母牛分成6个等级，即优（90～100分）、良（85～89分）、佳（80～84分）、好（75～79分）、中（65～74分）、差（64分以下）。该6级用英文字母分别表示为 EX、VG、G$^+$、G、F、P。

任务实施

选择1～4胎、第2～5泌乳月龄泌乳母牛若干头，先由教师现场示范鉴定，然后同学分3～5人一组，逐牛进行鉴定。在鉴定过程中，每一组同学分工明确，有测量的，有记录的，组员可随时发表自己的意见。实习结束，指导教师对学生鉴定过程中的问题进行总结。

（1）熟悉测杖、圆形触测器、卷尺等测量工具的结构、读数及使用方法。

（2）主要体尺测量部位识别、测量结果分析与判断。

（3）填写奶牛体型鉴定记录卡（表1-27）。

（4）将鉴定母牛的场别、品种、牛号、年龄、胎次、泌乳月、产犊日期及父号、母号、外祖父号填入奶牛体型鉴定记录卡。

（5）使牛端正站立，按照奶牛体型性状的线性评分标准，将15项主要体型性状进行线性评分，做好记录，然后把线性分转换成功能分，并给予相应权重，计算出奶牛的整体评分，定出等级。

表1-27 奶牛体型鉴定记录卡

牛场		父号		外祖父号		产犊时间		年 月
牛号		母号		年龄		泌乳期		
品种		胎次		出生年月		鉴定时间		年 月

具体性状	体高	胸宽	体深	棱角性	尻角度	尻宽	后肢侧视	蹄角度	前乳房附着	后乳房高度	后乳房宽度	悬韧带	乳房深度	乳头位置	乳头长度	合计
权重/%	7.5	7.5	7.5	9	6	7.5	7.5	7.5	8	6	4	6	10	3	3	100
线性分																
功能分																
加权后																

鉴定人： 等级：

学习小结

进行测量时，对被测牛要求端正站立于宽敞平坦、明亮的场地上，四肢直立，头自然前伸，姿势正常。按各主要部位的指标分别进行测量，每项测量2次，取其平均值，做好记录。测量应准确，操作宜迅速。随着评定头数的增加，熟练程度会越来越好。目前根据我国荷斯坦牛饲养管理情况，线性评定等级分在75分以上应为规模化牛场留种对象。

★ **知识拓展**

查找14个次要性状指标标准。

任务1.4　制订生产计划

任务描述

生产计划是经营者依据牛场内部条件、技术力量和外部市场变化，确定短、中、长期经营目标，为完成目标对生产中各个环节进行具体分析和规划。生产计划主要包括：配种产犊计划、牛群周转计划、饲料供应计划、产乳计划和免疫计划等。

任务目标

掌握牛场生产计划的具体内容，学会编制规模牛场生产计划的方法，能根据牛场实际情况制订出切实可行的各种生产计划。

编制生产
计划

知识准备

1. 配种产犊计划　配种和产犊是奶牛生产的重要环节，奶牛没有产犊也就没有产乳。配种产犊计划是完成奶牛场繁殖、育种和产乳任务的重要措施和基本保证。同时，配种产犊计划又是制订牛群周转计划、牛群产乳计划和饲料供应计划的重要依据。

牛的繁殖季节性不明显，可常年发情配种，因此我国北方地区常年配种产犊，不进行计划控制；我国南方地区为了把母牛分娩时间安排到最适宜产乳季节，有利于提高产乳量，采取计划控制产犊。例如，上海各牛场控制6～8月份母牛产犊，控制9～11月份配种，其目的是使母牛产犊避开炎热季节。

案例：某牛场为常年配种产犊，规定经产母牛分娩2个月后配种（如1月份分娩，3月份配种），初产牛分娩3个月后配种，育成牛满16月龄配种。2019年1～12月份受胎的成母牛和初孕牛头数分别为25、29、24、30、26、29、23、22、23、25、24、29和5、3、2、0、3、1、5、6、0、2、3、2；2019年11、12月份分娩的成母牛头数为29、24，10、11、12月份分娩的初产牛头数为5、3、2；2018年8月份至2019年7月份各月所生育成母牛的头数分别为4、7、9、8、10、13、6、5、3、2、0、1；2019年底配种未孕母牛20头；2020年1～12月份估计情期受胎率分别为53%、52%、50%、49%、55%、62%、62%、60%、59%、57%、52%和45%（一般是以本场近几年各月份情期受胎率的平均值来确定计划年度相应月份情期受胎率的估计值）。假设该场各类牛的情期发情率为100%，流产死胎率为0，并且本年度没有淘汰母牛。试为该奶牛场编制2020年度全群配种产犊计划。

编制方法及步骤如下：

（1）编制2020年牛群配种产犊计划，见表1-28。

（2）将2019年各月受胎的成母牛和初孕牛头数分别填入"上年度受胎母牛数"栏相应项目中。

（3）根据受胎月份减3为分娩月份，则2019年4～12月份受胎的成母牛和初孕牛将分别在本年度1～9月份产犊，则分别填入"本年度计划产犊母牛数"栏相应项目中。

（4）2019年11、12月份分娩的成母牛及10、11、12月份分娩的初产牛，应分别在本年度1、2月份及1、2、3月份配种，并分别填入"本年度配种母牛数"栏的相应项目内。

（5）2018年8月份至2019年7月份所生的育成母牛，到2020年1～12月份年龄陆续达到16月龄，需进行配种，分别填入"本年度配种母牛数"栏"初配牛"项目中。

（6）2019年底配种未孕的20头母牛，安排在本年度1月份配种，填入"本年度配种母牛数"栏"复配牛"项目内。

（7）案例中提供的2020年度各月估计情期受胎率的数值分别填入"本年度估计情期受胎率"栏的相应项目中。

（8）累加本年度1月份配种母牛总头数（即"成母牛＋初产牛＋初配牛＋复配牛"之和），填入该月"合计"中，则1月份的估计情期受胎率乘以该月"成母牛＋初产牛＋复配牛"之和，得数29，即为该月这三类牛配种受胎头数。同法，计算出该月初配牛的配种受胎头数为2，分别填入"本年度妊娠母牛数"栏1月份项目内和"本年度计划产犊母牛数"栏10月份项目内。

（9）本年度1～10月份计划产犊的成母牛和本年度1～9月份计划产犊的初孕牛，将分别在本年度3～12月份和4～12月份配种，则分别填入"本年度配种母牛数"栏相应项目中。

（10）本年度1月份配种总头数减去该月受胎总头数得数27，即$58×（1-53\%）≈27$，填入2月份"复配牛"栏内。

（11）按上述第8和第10步骤，计算出本年度11、12月份产犊的母牛头数及本年度2～12月份复配母牛头数，分别填入相应栏内。

（12）编制出成母牛和初孕牛1～12月份的妊娠头数，分别填入各月相应的栏目中。即完成了2020年全群配种产犊计划编制工作。

表1-28 某奶牛场2020年度配种产犊计划

项目	月份	1	2	3	4	5	6	7	8	9	10	11	12
上年度受胎母牛数	成母牛	25	29	24	30	26	29	23	22	23	25	24	29
	初孕牛	5	3	2	0	3	1	5	6	0	2	3	2
	合计	30	32	26	30	29	30	28	28	23	27	27	31
本年度计划产犊母牛数	成母牛	30	26	29	23	22	23	25	24	29	29	28	31
	初产牛	0	3	1	5	6	0	2	3	2	2	4	5
	合计	30	29	30	28	28	23	27	27	31	31	32	36

（续）

项目＼月份		1	2	3	4	5	6	7	8	9	10	11	12
本年度配种母牛数	成母牛	29	24	30	26	29	23	22	23	25	24	29	29
	初产牛	5	3	2	0	3	1	5	6	0	2	3	2
	初配牛	4	7	9	8	10	13	6	5	3	2	0	1
	复配牛	20	27	29	35	35	35	27	23	23	21	21	25
	合计	58	61	70	69	77	72	60	57	51	49	53	57
本年度估计情期受胎率/%		53	52	50	49	55	62	62	60	59	57	52	45
本年度妊娠母牛数	成母牛	29	28	31	30	37	37	33	31	28	27	28	25
	初孕牛	2	4	5	4	6	8	4	3	2	1	0	1
	合计	31	32	36	34	43	45	37	34	30	28	28	26

2. 牛群周转计划 牛群在一年中，由于犊牛的出生、后备牛的生长发育与转群、各类牛的淘汰与死亡，以及牛的买进卖出等，致使牛群结构不断发生变化。在一定时期内，牛群结构的这种增减变化称为牛群周转。牛群周转计划是牛场的再生产计划，是指导全场生产、编制饲料供应计划、牛群产乳计划、劳动力需要计划和各项基本建设计划的重要依据。

案例：某奶牛场计划经常拥有各类奶牛1 000头，已知计划年初有犊牛130头，育成牛310头，成母牛500头，另知上年7～12月份各月所生犊牛20、20、15、15、10、10头，本年度配种产犊计划中1～12月份各月所生犊牛20、20、20、20、15、15、20、20、20、20、15、15头，育成牛1～12月份各月分娩15、15、10、10、20、20、10、10、15、15、15、15头，试编制本年度末要求有犊牛128头、育成牛242头、成母牛630头的牛群周转计划。

（1）将年初各类牛的头数分别填入表1-29"月初"栏中。计算各类牛年末应达到的比例头数，分别填入12月份"月末"栏内。

（2）按本年度配种产犊计划，把各月将要出生的母犊头数（计划产犊头数×50％×成活率）相应填入犊牛栏的"繁殖"项目中。

（3）年满6月龄的母犊应转入育成牛群中，则查出上年7～12各月所生母犊头数，分别填入母犊"转出"栏的1～6月项目中（一般这6个月母犊头数之和，等于期初母犊的头数）。而本年度1～6月份所生母犊头数对应地填入育成牛"转出"栏7～12项目中。

（4）将各月转出的母牛犊数对应地填入育成牛"转入"栏中。

（5）根据本年度配种产犊计划，查出各月份分娩的育成牛数，对应地填入育成牛"转出"及成母牛"转入"栏中。

（6）合计母犊"繁殖"与"转出"总数。要想使年末牛只数达128头，期初头数与"增加"头数之和等于"减少"头数与期末头数之和。则通过计算：（130＋220）－（200＋128）＝22，表明本年度母犊可出售或淘汰22头。为此，可根据母犊生长发育情况及该场饲养管理条件等，适当安排出售和淘汰时间。最后汇总各月份月初与月末头数，"犊牛"一栏的周转计划即编制完成。

（7）同法，合计育成牛"转入"与"转出"栏总头数，根据年末要求达到的头数，确定全年应出售和淘汰的头数。在确定出售、淘汰月份分布时，应根据市场对鲜乳和种牛的需要及本场饲养管理条件等情况确定。汇总各月期初及期末头数，即完成该场本年度牛群周转计划。

表1-29 某奶牛场牛群月周转变动计划

单位：头

月份	犊牛								育成牛								成牛							
	月初	增加		减少				月末	月初	增加		减少				月末	月初	增加		减少				月末
		繁殖	购入	转出	出售	淘汰	死亡			转入	购入	转出	出售	淘汰	死亡			转入	购入	转出	出售	淘汰	死亡	
1	130	20		20				130	310	20		15				315	500	15					5	510
2	130	20		20				130	315	20		15	2			318	510	15						525
3	130	20		15				135	318	15		10	10	5		308	525	10						535
4	135	20		15	2			138	308	15		10	15	5		293	535	10			10			535
5	138	15		10				143	293	15		20	2			286	535	20			10			545
6	143	15		10			3	145	286	10		20	5			271	545	20						565
7	145	20		20		2	2	141	271	20		10			3	278	565	10						575
8	141	20		20		5	2	134	278	20		10		2	2	284	575	10						585
9	134	20		20		3	2	129	284	15		10			2	287	585	15						600
10	129	20		20			1	128	287	15		10	5	5	1	281	600	15						615
11	128	15		15				128	281	15		15	15	5		261	615	15				5		625
12	128	15		15				128	261	15		15	15	5	1	242	625	15			5	5		630
合计		220		200	2	10	10			200		170	72	30	6			170			25	10	5	

3. 饲料供应计划

（1）确定平均饲养头数。根据牛群周转计划（明确每个时期各类牛的饲养头数），确定平均饲养头数。年平均饲养头数（成牛、育成牛、犊牛）＝全年饲养头数（即全年平均饲养头数×全年饲养日数）÷365。

（2）各种饲料量需要量。按全年各类牛群的年饲养头数分别乘以各种饲料的日消耗定额，即为各类牛群的饲料需要量。然后把各类牛群需要该种饲料总数相加，再增加5%～10%的损耗量。

混合精饲料：成　牛　基础料量＝年平均饲养头数×2kg×365

产乳料量＝全群全年总产乳量÷3kg（或4kg）

育成牛　需精料量＝年平均饲养头数×3kg×365

犊　牛　需精料量＝年平均饲养头数×1.5kg×365

玉米青贮：成牛需要量＝年平均饲养头数×25kg×365

育成牛需要量＝年平均饲养头数×15kg×365

干　　草：成牛需要量＝年平均饲养头数×6kg×365

育成牛需要量＝年平均饲养头数×4kg×365

犊牛需要量＝年平均饲养头数×2kg×365

复合预混料：一般按混合精料量的3%～5%供应。

混合精料中的各种饲料供应量按精补料中配方比例计算。例如，成母牛精补料配方为：玉米51%，豆粕12%，棉粕7%，DDGS（玉米酒糟）20%，麦麸5%，复合预混料5%。则计算方法为：

玉米供应量＝混合精料供给量×51%；

豆粕供应量＝混合精料供给量×12%；

棉粕供应量＝混合精料供给量×7%；

DDGS供应量＝混合精料供给量×20%；

麦麸供应量＝混合精料供给量×5%；

复合预混料供应量＝混合精料供给量×5%。

4. 产乳计划　产乳计划是制订牛乳供应计划、饲料计划、按乳计酬以及进行财务管理的主要依据。奶牛场每年都要根据市场需求和本场情况，制订每头牛和全群牛的产乳计划。首先要定出每头牛各月的产乳指标，指标要符合生产实际，经过努力或改进工作即可达到。

由于影响奶牛产量的因素较多，牛群产乳量的高低，不仅取决于泌乳母牛的头数，而且取决于各个体的品种、遗传基础、年龄和饲养管理条件，同时与母牛的产犊时间、泌乳月份也有关系。因此，制订产乳计划时，应考虑以下情况。

（1）母牛现处于第几泌乳月，前几个月及本月的平均日产乳量。

（2）荷斯坦牛通常第2胎产乳量比第1胎高10%～12%；第3胎又比第2胎高8%～10%；第4胎比第3胎高5%～8%；第5胎比第4胎高3%～5%；第6胎以后乳量逐渐下降。

（3）干乳期饲养管理情况以及预产期。

（4）母牛体重、体况以及健康状况。

（5）产犊季节，尤其南方夏季高温高湿对奶牛产乳量的影响。

（6）考虑本年度饲料情况和饲养管理上有哪些改进措施。

根据每头母牛产犊日期到计划年度的1月份为第几个泌乳月，算出拟订计划的当月及前一个月的平均日产乳量，按表1-30推算每头牛泌乳期10个月的产乳量，然后根据上边各项条件做适当调整。

表1-30　奶牛各泌乳月平均日产乳量分布

单位：kg

305d 产乳量	泌乳月									
	1	2	3	4	5	6	7	8	9	10
4 500	18	20	19	17	16	15	14	12	10	9
4 800	19	21	20	19	17	16	14	13	11	9
5 100	20	23	21	20	18	17	15	14	12	10

（续）

305d 产乳量	泌 乳 月									
	1	2	3	4	5	6	7	8	9	10
5 400	21	24	22	21	19	18	16	15	13	11
5 700	22	25	24	22	20	19	17	15	14	12
6 000	24	27	25	23	21	20	18	16	14	12
6 600	27	29	27	25	23	22	20	18	16	14
6 900	28	30	28	26	24	23	21	19	17	16
7 200	29	31	29	27	25	24	22	20	18	16
7 500	30	32	30	28	26	25	23	21	19	17
7 800	31	33	31	29	27	26	24	22	20	18
8 100	32	34	32	30	28	27	25	23	21	19
8 400	33	35	33	31	29	28	26	24	22	20
8 700	34	36	34	32	30	29	27	25	23	21
9 000	35	37	35	33	31	30	28	26	24	22

使用表1-30举例：0256号母牛于2019年6月10日产犊，到2019年12月为第7个泌乳月，测得该牛11月份平均日产乳量17.8kg，12月份平均日产乳量16kg，根据表推算全期产乳量为5 400kg左右，按泌乳月推算2020年1月份为第8泌乳月，计划日平均产乳为15kg，2月份为13kg，3月份为11kg，4、5月份为干乳期，6月份以后为下一个胎次（第6胎）产乳量，第6胎次产乳量还应为5 400kg，6月份计划日产乳量为21kg，7月份为24kg，以后各月份按表1-30继续编写填入表1-31中，最后计算出全年、全群总产乳量。

表1-31　某奶牛场2020年产乳计划

单位：kg

牛号	1月	2月	3月	4月	5月	6月	7月	8月	9月	10月	合计
0256	15	13	11			21	24				
...											
合计											

5. 免疫计划　有计划地给健康牛群进行免疫接种，可以有效地抵抗相应传染病的侵害。为使免疫接种达到预期的效果，必须掌握本地区传染病的种类及其发生季节、流行规律，了解牛群的生产、饲养、管理和流动等情况，以便根据需要制订相应的防疫计划，适时地进行免疫接种。虽然免疫接种不可能预防所有的疫病，但是许多对牛群危害严重的疫病，可以通过一定的免疫程序而得到预防。世界上不少养奶牛的国家也普遍采取注射疫苗的方法来控制牛的病毒性腹泻、牛传染性鼻气管炎等病。此外，在引入或输出牛群、施行外科手术之前，或在发生复杂创伤之后，应进行临时性免疫注射。对疫区内尚未发病的动物，必要时可做紧急免疫接种，但要注意观察，及时发现被激化的病牛。几种奶牛传染病的预防免疫参考

表1-32。

表 1 - 32　几种奶牛传染病的预防免疫

疫病	疫苗	用法与用量	免疫期
口蹄疫	口蹄疫弱毒疫苗	肌内或皮下注射，1～2岁牛 1mL，2岁以上牛 2mL	注射后 14d 产生免疫力，免疫期 4 个月
气肿疽	气肿疽明矾沉淀菌苗	近 3 年内曾发生过气肿疽的地区，大小牛一律皮下接种 5mL，小牛长到 6 个月时，加强免疫一次	接种后 14d 产生免疫力，免疫期约 6 个月
牛巴氏杆菌病	牛出血性败血症氢氧化铝菌苗	历年发生牛巴氏杆菌病的地区，体重在 100kg 以下的牛 4mL，100kg 以上的牛 6mL，皮下注射或肌内注射	注射后 21d 产生免疫力，免疫期 9 个月
布鲁氏菌病	流产布鲁氏菌 19 号毒菌苗	每年定期检疫为阴性的方可接种。只用于母犊（即 6～8 月龄）	免疫期可达 7 年
	布鲁氏菌羊型 5 号冻干毒菌苗	用于 3～8 月龄母犊牛，皮下注射，每头用菌数 500 亿	免疫期 1 年
	布鲁氏菌猪型 2 号冻干毒菌苗	公母牛均可使用，孕牛不宜使用，可供皮下注射、气雾吸入和口服接种，皮下注射较好，注射菌数为 500 亿/头	免疫期 2 年以上

免疫接种注意事项：

（1）生物药品的保存、使用应按说明书规定。

（2）接种时用具（注射器、针头）及注射部位应严格消毒。

（3）生物药品不能混合使用，更不能使用过期疫苗。

（4）装过生物药品的空瓶和当天未用完的生物药品，应该焚烧或深埋处理（至少埋 46cm 深），焚烧前应撬开瓶塞，用高浓度漂白粉溶液进行冲洗。

（5）建立免疫接种档案，每接种一次疫苗，都要将其接种日期、疫苗种类、生物药品批号等详细登记。

任务实施

（1）全面收集牛场的相关资料，确定年度淘汰牛的时间、数量及繁殖相关指标，编制牛场配种产犊计划。

（2）全面收集牛场的相关资料，确定牛场发展方向及牛淘汰的标准，编制牛群周转计划。

（3）计算出牛场各类牛的年平均饲养头数及饲料消耗定额参数，编制饲料供应计划。

（4）准备牛场产乳和分娩的相关资料，编制牛场年度产乳计划。

（5）了解本地区传染病的种类及其发生季节、流行规律，掌握牛群的生产、饲养、管理和流动等情况，制订相应的防疫计划。

📖 学习小结

生产计划是对未来生产的预期目标或实现这个目标的一种保障，生产计划制订是否详细，关系到未来生产的效益；同时，还要根据行业发展和牛场实际变化情况，及时做出灵活、细致的调整，使计划有的放矢。

⭐ 知识拓展

现在奶牛饲养成本不断增加，在不影响奶牛产乳和健康的前提下，如何降低每千克牛乳的生产成本是养牛生产者的当务之急。请举例说明通过哪些途径来降低每千克牛乳的生产成本。

项目 2　犊牛饲养管理

【思政目标】树立人与自然和谐发展的观念，爱护动物，尊重生命，养成细心、谨慎、注重细节的工作作风。

犊牛的饲养管理是牛一生饲养管理的开始，它的好坏决定了牛的生产性能，并直接影响牛场的经济效益。科学的饲养和管理犊牛是牛场的首要任务，也是牛场良性运转的前提。

任务 2.1　饲养犊牛

任务描述

犊牛是牛群的未来。在牛场中，面对新生犊牛，如何根据其体质和消化生理特点，正确饲喂初乳、常乳和补饲植物性饲料，使其顺利度过新生期，并达到促进瘤胃发育的目的。根据犊牛的营养需要和采食状况，适时断乳，做好断乳与补饲的衔接，为其后续生长奠定基础。

任务目标

了解犊牛的生理特点和营养需求；掌握犊牛的饲喂原则、饲喂形式、饲喂方法，适时断乳；培养学生依据犊牛的特点，自主制订犊牛饲喂方案和断乳方案的能力。

犊牛饲养
管理

知识准备

1. 犊牛及特征　犊牛泛指从出生至 6 月龄的牛。犊牛阶段，牛的神经系统不发达，皮肤保护机能差，体温调节机能不健全，瘤胃尚未发育完善。因此，对外界不良环境的抵抗力较低，适应性较弱，易患病。同时，犊牛生长发育旺盛，可塑性强。通过科学饲喂可保证犊牛的成活率，并为其将来生产性能的良好发挥打下基础。

2. 确定哺乳形式和哺乳器皿

（1）哺乳形式的确定。根据生产性能的不同，犊牛的哺乳分为随母牛自然哺乳和人工哺乳两种形式。

肉用犊牛通常采用随母牛自然哺乳，6 月龄断乳。自然哺乳的前半期（90 日龄前），犊牛的日增重与母乳的量和质密切相关，母牛泌乳性能较好，犊牛可达到 0.5kg 以上的日增重。后半期，犊牛通过自觅草料，用以代替母乳，逐渐减少对母乳的依赖性，日增重可达 0.7～1kg。

乳用犊牛采用人工哺乳的形式，即犊牛生后与其母亲隔离，由人工辅助喂乳。哺乳期为 1.5～2 个月，哺乳量为 240～320kg，出生第 4 天训练犊牛采食开食料，当开食料采食量达到 1～1.5kg 时即可断乳，可保证犊牛日增重达 0.65kg。

在犊牛初生后的24h内可给其强制灌服初乳，通过导管形式将初乳直接灌服到犊牛的瘤胃内，采用这样的形式可以有效保证犊牛对初乳的摄入量，进而提高犊牛的免疫能力，提高犊牛成活率。

（2）哺乳器皿的选择。常用的哺乳器皿有哺乳壶和哺乳桶（盆）。使用哺乳壶饲喂犊牛，可使犊牛食管沟反射完全，闭合成管状，乳汁全部流入皱胃，同时也比较卫生，如图2-1所示；哺乳桶（盆）饲喂（图2-2），没有了吸吮的刺激，食管沟反射不完全，乳汁易溢入前胃，引起异常发酵，发生腹泻。建议哺乳初期使用哺乳壶饲喂犊牛，后期可采用哺乳桶（盆）饲喂。规模大的牧场最好可使用多嘴哺乳桶（图2-3）以提高工作效率，要求乳嘴光滑，防止犊牛将其拉下或撕破，可在乳嘴的顶部剪一个"十"字形口，以利犊牛吸吮。

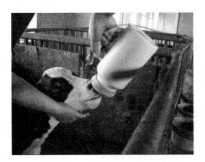

图2-1　犊牛使用哺乳壶哺乳

图2-2　犊牛使用哺乳盆哺乳

3. 训练犊牛哺乳、饮水与采食

（1）瘤胃发育与消化。刚出生的犊牛消化系统功能和单胃动物一样，皱胃是犊牛唯一发育完全并具有功能的胃。新生犊牛的瘤胃、网胃和瓣胃的容积，占全胃总容积的40%，皱胃占60%，如图2-4所示。

图2-3　多奶嘴哺乳桶

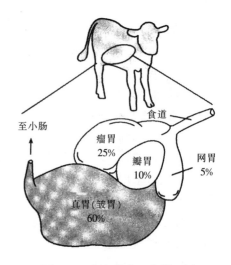

图2-4　新生犊牛四个胃比例

随日龄的增加，体躯的增长，瘤胃也在不断发育。植物性饲料的早期供给，可促进瘤胃微生物的繁殖，同时，瘤胃内发酵产生的挥发性脂肪酸对瘤胃黏膜乳头发育具有刺激作用。

犊牛出生时，缺乏胃液的反射。当吸吮初乳进入皱胃后，刺激皱胃，开始分泌胃液，才具有初步的消化机能。而早期对植物性饲料，是不能消化的，瘤胃的发育程度决定了植物性饲料的消化程度。犊牛通常会在生后的第3周出现反刍，反刍的出现是瘤胃发育的标志。随着日龄的增加，采食粗饲料能力越来越强，瘤胃的发育也越来越快，相对比例也逐渐增大，不同阶段牛胃各组成部分的发育情况，见表2-1。

表2-1 牛胃各组成部分相对比例

(Howard D. Tyler，M. E. Ensminger，2007，奶牛科学) %

胃组成部分	初生	3～4月龄	成熟
瘤胃	25	60	80
网胃	5	5	5
瓣胃	10	10	7～8
皱胃	60	25	7～8

（2）初乳与被动免疫。初乳是指奶牛分娩时乳房中所存在的乳，产后第1次挤的乳可称为初乳，2～8次则为过渡乳，常乳是初乳和过渡乳之后的乳。初乳色黄浓稠，且稍带咸腥味。初乳中含有丰富且易消化的养分，是犊牛生后的唯一食物来源。母牛产后第1天分泌的初乳中干物质比常乳多1倍，其中蛋白质含量多4～5倍，脂肪含量多1倍左右，维生素A多10倍左右，各种矿物质也明显高于常乳。随着距分娩时间的延长，初乳的成分逐渐向常乳过渡。牛初乳和常乳的成分对比见表2-2。

表2-2 常乳和初乳的组成

(王根林，2006，养牛学)

成分	开始泌乳后的时间/d					
	1	2	3	4	5	11
总固体/%	23.9	17.9	14.1	13.9	13.6	12.5
脂肪/%	6.7	5.4	3.9	3.7	3.5	3.2
蛋白质/%	14.0	8.4	5.1	4.2	4.1	3.2
抗体/%	6.0	4.2	2.4	0.2	0.1	0.09
乳糖/%	2.7	3.9	4.4	4.6	4.7	4.9
矿物质/%	1.11	0.95	0.87	0.82	0.81	0.74
维生素A/(μg/L)	295.0		113.0		74.0	24.0

初乳中含有大量的免疫球蛋白，犊牛摄入初乳后，可获得被动免疫。母牛抗体不能通过牛的胎盘，因此，出生后通过小肠吸收初乳的免疫物质是新生犊牛获得被动免疫的唯一来源。初乳中主要免疫球蛋白有IgG、IgA和IgM。IgG是主要的循环抗体，在初乳中含量最高。初乳中的免疫球蛋白必须以完整的蛋白质形式吸收才有价值。犊牛对抗体完整吸收能力在出生后的几个小时内迅速

下降，若犊牛在生后的 12h 后才饲喂初乳，就很难从中获得大量抗体及其所提供的免疫力；若出生 24h 后才饲喂初乳，对初乳中免疫球蛋白的吸收能力几乎为零，犊牛会因未能及时获得大量抗体而发病率升高。研究表明：当犊牛出生后 1h 内灌服含 150g 以上免疫球蛋白的初乳，不仅可以提高犊牛的成活率，还会使其成年后产乳量有较大比例的提高。犊牛生后不同时间对球蛋白吸收比较见表 2-3。

表 2-3　不同时间犊牛对球蛋白的吸收水平

（方伟江，2007，奶牛标准化生产技术周记）

犊牛产出后时间/h	0	3	6	12	15	24
免疫球蛋白吸收效率/%	50	40	15	7	5	1

此外，初乳酸度较高（45～50°T），使胃液变为酸性，可有效抑制有害菌繁殖；初乳富含溶菌酶，具有杀菌作用；初乳浓度高，流动性差，可代替黏液覆盖在胃肠壁上，阻止细菌直接与胃肠壁接触而侵入血液，起到良好的保护作用；初乳中含有镁和钙的中性盐，具有轻泻作用，特别是镁盐，可促进胎粪排出，防止消化不良和便秘。

（3）训练哺乳。

①饲喂初乳。犊牛生后要尽早地吃到初乳，一般以犊牛能够站立时喂给（生后 0.5～1h 即可站立），不迟于分娩后 1h。初乳最好是现挤现喂，乳温保持在 37～38℃，最新研究表明：犊牛出生后 1h 内灌服 4 L 初乳将会极大地提高犊牛成活率和生长速度以及奶牛的终生产量；第 2 次饲喂初乳的时间是犊牛生后 6h，喂量为 2～3kg；第 3 次饲喂初乳的时间是生后 12h，喂量为 2～3kg。次日喂量为体重的 8%～12%。初生 1～4d，每天饲喂 3～4 次，从第 5 天开始训练开食料起改为每天 2 次喂乳。最好水浴锅加热使乳温为 37～38℃，预防腹泻。

使用哺乳壶喂乳无需训练；使用哺乳桶（盆）饲喂时，最初的 1～2 次饲喂需要人为训练犊牛。通常一手持桶（盆），用另一手食指和中指蘸取乳放入犊牛口中使其吸吮，逐渐将牛嘴浸到乳液表面，供牛吮吸，然后将手指从犊牛口中拔出，犊牛即会自行吮吸。应注意控制犊牛饮乳速度并防止撞翻桶（盆），避免养成舔癖。

②代乳品的应用。出生后 5～7d 的犊牛即可饲喂代乳品。使用代乳品最主要的优点是降低饲养成本，并且能够方便地调配营养和保证卫生。代乳品的成分要求，粗蛋白质水平在 20% 以上，脂肪含量在 15%～20%，粗纤维含量在 0.5% 以下。如果代乳品中干物质含量在 90% 左右，计算需添加多少水才可饲喂的话，可用 90% 除以 12% 即可（常乳干物质含量约为 12%），结果是在一份代乳品中需添加 7.5 倍的水［大多数代乳品可按 1∶（7～7.5）稀释］。

例如，如果每千克牛乳价值 4 元，那么代乳品的价值相当于 4×7.5×0.9＝27 元。所以，如果每千克代乳品的价值超过 27 元，那么饲喂代乳品是不经济的。

NRC 建议的代乳品营养成分，参考表 2-4。

表 2-4　NRC 建议的代乳品营养成分

（王根林，2006，养牛学）

成　　分	NRC 标准	成　　分	NRC 标准
粗蛋白质含量/%	22	钠/%	0.1
消化能/kJ	17 489	硫/%	0.29
代谢能/kJ	15 740	铁/(mg/kg)	100
维持净能/kJ	10 033	钴/(mg/kg)	0.1
增重净能/kJ	6 443	铜/(mg/kg)	10
消化率/%	95	锰/(mg/kg)	40
粗脂肪/%	10	锌/(mg/kg)	40
粗纤维/%	0	碘/(mg/kg)	0.25
钙/%	0.7	硒/(mg/kg)	0.1
磷/%	0.5	维生素 A/IU	3 784
镁/%	0.07	维生素 D/IU	594
钾/%	0.8	维生素 E/IU	300
食盐/%	0.25		

目前有很多大规模奶牛场，为降低犊牛哺育成本，用患有乳腺炎的牛乳来哺喂犊牛，实践证明是可行的（但必须要进行巴氏消毒后方可使用）。

也可以将初乳发酵，获得发酵初乳来饲喂犊牛，用以节约商品乳，降低饲养成本。

（4）训练饮水。犊牛出生 24h 后，即应获得充分饮水，不可以用乳来替代水。最初 2d 水温要求和乳温相同，控制在 37～38℃，尤其在冬季最好饮用温水，避免犊牛腹泻。

（5）训练采食。犊牛从生后第 4 天开始，补饲开食料。犊牛开食料是指适口性好，高蛋白（20%以上的粗蛋白质）、高能量（7.5%～12.5%的粗脂肪）、低纤维（不高于 6%～7%）精料，将少量犊牛开食料（颗粒料）放在乳桶底部或涂抹于犊牛的鼻镜、嘴唇上诱食，训练其自由采食，根据食欲及生长发育速度逐渐增加喂量，当开食料采食量达到 1～1.5kg 时即可断乳。犊牛开食料推荐配方参考表 2-5。

表 2-5　犊牛开食料推荐配方

%

成　　分	含量	成　　分	含量
玉米	50～55	磷酸氢钙	1～2
豆饼	25～30	食盐	1
麦麸	10～15	微量元素	1
糖蜜	3～5	维生素 A/(g/kg)	1 320
酵母粉	2～3	维生素 D/(g/kg)	174

注：适当添加 B 族维生素。

4. 断乳及断乳后饲养

（1）适时断乳。断乳应依据犊牛的月龄、体重、精料的采食状况来确定合理的断乳时间。国外多在 8 周龄前断乳，我国大多数奶牛场哺乳期为 1.5～2 个月，哺乳量为 240～320kg，当开食料采食量达到 1～1.5kg 时即可断乳。

（2）犊牛断乳方案的拟订。根据犊牛的营养需要，制订合理的断乳方案。荷斯坦犊牛断乳方案参照表 2-6。

表 2-6 早期断乳犊牛饲养方案

日 龄	每头喂乳量/(kg/d)	每头开食料/(kg/d)
1～10	6	4 日龄开食
11～20	5	0.2
21～30	5	0.5
31～40	4	0.8
41～50	3	1.2
51～60	2	1.5

（3）断乳后的饲养。犊牛断乳后，因饲料结构发生了改变，会出现较大的应激反应，常会表现出日增重较低、毛色缺乏光泽、消瘦，此时应继续饲喂犊牛开食料 1 周左右，若转换牛舍为小群饲养，转换后还应继续 1 周左右的犊牛开食料，然后再转换成犊牛料，此时不可饲喂干草或其他饲料，待犊牛适应后（4 月龄后）有条件可限制性饲喂 0.5～1kg 优质苜蓿草。此时的犊牛由初乳所吸收的免疫球蛋白消耗殆尽，而自身的免疫系统尚未完全发育成熟，是犊牛饲养的第二个危险期，应高度重视！3～6 月龄犊牛饲养方案参考表 2-7，犊牛料配方参考表 2-8，犊牛饲养程序参考表 2-9。

表 2-7 3～6 月龄犊牛饲养方案

月 龄	每头犊牛料/(kg/d)	每头限饲优质苜蓿草/(kg/d)
3～4	2～2.5	0.5～1.5
4～5	2.5～3.5	0.5～1.5
5～6	3.5～4.5	0.5～1.5

表 2-8 3～6 月龄犊牛料配方

单位：%

成 分	含量	成 分	含量
玉米	50	饲用酵母粉	3
麸皮	15	磷酸氢钙	1
豆饼	15	碳酸钙	1
花生饼	5	食盐	1
棉仁饼	5	预混料	1
菜籽饼	3		

表 2-9　犊牛饲养程序

生长阶段	饲料	饲喂方法	目标	管理事项
初生～3日龄	初乳	每天用壶喂，生后第1天喂4kg左右，每天饲喂3～4次，日喂量6～8kg	尽早喝上初乳，提高免疫力	初生后清除口鼻腔黏液，断脐带，称重，带耳标
4日龄～1月龄	从以常乳、发酵初乳或少量代乳品为主，逐渐向开食料过渡	从10日龄开始可使用哺乳桶（盆）饲喂，每天饲喂2次，日喂量占体重10%左右。定时、定温、定量、定质。4日龄起自由采食开食料，并逐渐加量，适当饮水	日增重不低于0.44kg	单栏、露天饲养，舍内厚垫草、干燥、卫生、防贼风、及时去角。预防腹泻、肺炎及脑炎等病，提高成活率
1～2月龄	以开食料为主	当采食量增加到1kg以上时就可断乳，时间6～8周	促进瘤胃发育，2月龄体重80kg左右	
3～6月龄	以犊牛料为主	日采食精料4.0kg左右，分3次喂给	6月龄体重可达170kg以上	4～6头小群饲养，圈内清洁，观察采食，定期称重。注射相关疫苗

任务实施

（1）参观中小型奶牛场的犊牛饲养区，了解犊牛的饲养规模、饲养特点。

（2）在生产实践基地，对犊牛正确地喂饲初乳和常乳。

（3）由学生分组讨论、研究，搜集相关知识，针对生产实践基地的生产水平，依据犊牛的营养需要特点，在教师指导下，设计一个合理地犊牛喂饲初乳、常乳、断乳的方案，并进行可行性论证。

学习小结

科学合理地饲养犊牛，可以降低犊牛的饲养成本，减少犊牛的患病概率，有效防止犊牛死亡。学习过程中，应熟悉犊牛喂饲的程序、方法，喂饲设备的选用，饲喂的注意事项等相关知识，正确地饲喂犊牛是后续生产的前提。

知识拓展

犊牛喂多少牛乳最好的办法是按犊牛初生体重（体重的10%左右）饲喂，这一喂量可维持到断乳前3周，饲喂过量的乳或饲喂冷乳会引起腹泻。饲喂常乳加优质开食料可使犊牛获得最大生长率。饲喂代乳品比喂常乳犊牛生长率要慢10%～15%，只要犊牛健康，后期可得到补偿。用乳嘴饲喂比直接用乳桶喂要好，因为这种方法牛乳利用率高而且引起消化紊乱的病例比较低。初生后4d就应当喂犊牛开食料，如不考虑饲养成本可一直喂到6月龄。当犊牛每天能采食其体重1%以上的开食料（大型奶牛800g以上）时就可以断乳，一般在8周龄左右。

任务 2.2 管理犊牛

任务描述

管理犊牛是牛场工作的重要组成部分，犊牛管理的好坏直接影响将来育成牛、成年牛的身体健康和生产性能。生产过程中，针对犊牛的消化生理特点、生长规律，加以科学的管理，可有效地防止犊牛患病，减少经济损失，同时为后续生产奠定基础。

任务目标

了解犊牛的生长发育规律；掌握犊牛的接产和新生犊牛的护理工作；明确犊牛标记、去角、剪除副乳头等管理工作的意义；通过改善环境等多方面管理有效防控疾病的发生；培养学生自主制订犊牛管理方案的能力。

知识准备

1. 帮助母牛助产 对临产母牛要密切监视，当母牛出现阵缩时应及早确定胎位并及时校正。分娩时，从尿囊或羊膜破裂到分娩结束，需要 30～60min，甚至更长，要求管理人员耐心等待助产。合理的助产是保证犊牛生后全活全壮的前提。助产时机不当或者助产用力过大常会引起犊牛的外伤。详见任务 8.3。

2. 护理新生犊牛 犊牛由母体顺利娩出后，应立即做好以下工作：清除犊牛口腔和鼻孔内黏液，断脐，擦干被毛，剥离软蹄，饲喂初乳。

（1）确保犊牛呼吸顺畅。新生犊牛（图 2-5）应立即清除其口腔和鼻孔内的黏液，以免妨碍犊牛的正常呼吸和防止将黏液吸入气管及肺内。如果发现犊牛生后呼吸困难，可将犊牛的后肢提起，或倒提犊牛，用以排出口腔和鼻孔内黏液，但时间不宜过长，以免因内脏压迫膈肌，反而造成呼吸困难。对呼吸困难的犊牛也可采用短小饲草刺激鼻孔和用冷水喷淋头部的方法来刺激犊牛呼吸。

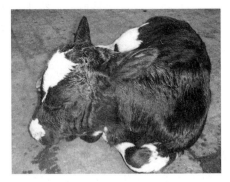

图 2-5 新生犊牛

（2）断脐。犊牛的脐带多可自然扯断，当清除完犊牛口腔和鼻孔内的黏液后，脐带尚未自然扯断的，应进行人工断脐。在距离犊牛腹部 8～10cm 处，用已消毒的剪刀将脐带剪断，挤出脐带中黏液，并用 7%（不得低于 7%，避免引发犊牛支原体病）的碘酊对脐带及其周围进行消毒，30min 后，可再次消毒，避免犊牛发生脐带炎。正常情况下，经过 15d 左右的时间，残留的脐带会干缩脱落。

（3）擦干被毛。在断脐后，应尽快擦干犊牛身上的被毛，立即转入温室（最低温度在 10℃以上），避免犊牛感冒。如图 2-6 所示，最好不要让分娩母牛舔舐犊牛，以免建立亲情关系，影响挤乳或胎衣排出。

（4）剥离软蹄。剥离犊牛的软蹄，利于犊牛站立。

（5）饲喂初乳。初乳对新生犊牛具有特殊意义，犊牛在生后及时吃到初乳，获得被动免疫，减少患病的概率。

3. 管理犊牛

（1）对犊牛称重、编号、标记、建立档案。对犊牛称重是犊牛的一项常规管理，刚出生时要测初生重，以后每隔一个月测量一次犊牛重。初生重和月龄体重可反映出胚胎期和生后期犊牛的生长发育情况，进而推断饲养管理的好坏，以及成年后的体格大小等。荷斯坦牛生长发育相应体尺参考表2-10。

图2-6 母牛舔舐犊牛

表2-10 牛生长发育体尺

月龄	体重/kg	胸围/cm	体高/cm
初生	41.8	76.2	74.9
1	46.4	81.3	76.2
3	84.6	96.5	86.4
6	167.7	124.5	102.9
9	251.4	144.8	113.1
12	318.6	157.5	119.4
15	376.3	167.6	124.5
18	440.0	177.8	129.5
21	474.6	182.4	132.1
24	527.0	—	137.0

犊牛编号的方法很多，有的小型牛场直接按自己场的牛出生顺序排序，采用2位或3位制，如001，002，再出生的就是003了；有的牛场在此基础上加上了出生年份，如2019年出生的犊牛，且是2019年出生的第65个，那么编号为2019065。

有的编号要把省份和场别加进去，即第1位用汉语拼音表示省（自治区、直辖市），如黑龙江省用"H"；第2位表示场号，如完达山牛场用"W"；第三部分表示年份，如2019年用"19"；第四部分为牛场出生的顺序号，如"89"号。全部排列即为HW1989。

中国荷斯坦母牛国家编号规则由12个字符组成，分为4个部分，即2位省（自治区、直辖市）代码＋4位牛场号＋2位出生年度号＋4位牛只号。省（自治区、直辖市）代码是统一按照国家行政区划编码确定，由2位数组成，第一位是国家行政区划号，第二位是区划内编号。例如，北京市属"华北"，编码是"1"，北京市是"1"，因此，北京编号为"11"。牛场编号的第一位用英文字母代表并顺序编写如A，B，C，…，Z，后3位代表牛场顺序号，用阿拉伯数字表示，例如，

A001…A999 后，应编写 B001…B999，以此类推。本编号由各省（自治区、直辖市）畜牧行政主管部门统一编制，编号报送农业农村部备案，并抄送中国奶业协会数据中心。牛只出生年度编号统一采用年度的后 2 位数，如 2019 年出生即为"19"。牛只的出生顺序号用阿拉伯数字表示，不足 4 位数的用 0 补齐，顺序号由牛场（小区或专业户）自行编制。例如，北京市西郊一奶牛场，一头荷斯坦母牛出生于 2019 年，出生顺序为第 35 个，其编号如下：北京市编号为 11，该牛场在北京的编号为 A001，牛只出生年度编号为 19，出生顺序号为 0035。因此，该母牛国家统一编号为 11A001190035，牛场内部管理号为 190035。全国省（自治区、直辖市）编码见表 2-11。

表 2-11　全国省（自治区、直辖市）编码

省（自治区、直辖市）	代码	省（自治区、直辖市）	代码	省（自治区、直辖市）	代码
北京	11	安徽	34	贵州	52
天津	12	福建	35	云南	53
河北	13	江西	36	西藏	54
山西	14	山东	37	重庆	55
内蒙古	15	河南	41	陕西	61
辽宁	21	湖北	42	甘肃	62
吉林	22	湖南	43	青海	63
黑龙江	23	广东	44	宁夏	64
上海	31	广西	45	新疆	65
江苏	32	海南	46	台湾	71
浙江	33	四川	51		

对牛标记的方法有画花片、剪耳号、打耳标、烙号、剪毛及书写等数种，其中，塑料耳标法是目前国内最广为使用的一种方法。耳标法是将牛的编号写或喷在塑料耳标上，然后用专用的耳标钳将其固定在牛耳上，标记清晰，方法简捷，可操作性强（图 2-7 至图 2-9）。

图 2-7　喷码耳标

图 2-8　耳标钳

图 2-9　打耳标后的犊牛

犊牛在出生后应根据毛色花片、外貌特征、出生日期、父母情况等信息建立档案，并详细记录这些信息。登记后要求永久保存，便于生产管理和育种工作之需。

对犊牛的外貌特征记录可采用拍照的方式，三个角度即头部、左侧面、右侧面拍照，牛的花片特征终身不变。

（2）选择犊牛的饲养方式。犊牛的饲养分单栏和5～10头的小群通栏饲养。单栏饲养，可避免犊牛之间的接触，减少了疾病的传播；小规模的通栏饲养，能有效地利用空间，节约建设成本。牛场可根据自身的特点，选择犊牛的饲养方式。

犊牛舍内单栏（图2-10），也称为犊牛笼，犊牛生后早期可在其中饲养，每犊一栏。牛栏的背面和侧面可以是木质或铁质的围栏，栏底是木质的漏缝地板，铺有垫草，且离地至少5cm，利于排水和排尿。犊牛栏还设有饮水、采食的设施，以便犊牛喝乳后，能自由饮水、采食精料和干草。

犊牛岛，也称为犊牛小屋（图2-11），是对犊牛的单栏露天培育，每头一岛。常见犊牛岛的长、宽、高分别为2.0m、1.2m和1.5m。犊牛岛的放置通常坐北朝南，东、西、北及顶部分别由侧板、后板、顶板围成，南侧是敞开的。在犊牛岛的南面设有运动场，用围栏将运动场围起，围栏前设哺乳桶和干草架，便于犊牛在小范围内活动、采食和饮水。犊牛岛的材质有木板、纤维板、塑料板和玻璃钢板等。就使用寿命、便于打扫等方面综合考虑，塑料和玻璃钢材质的犊牛岛是最好的选择。犊牛岛可根据不同地域的季节和气候特点，灵活放置。实践证明，犊牛岛可有效地控制疾病发生，提高犊牛成活率，是培育犊牛的一种良好方式。

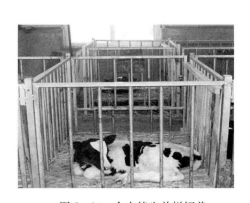

图2-10　舍内犊牛单栏饲养

图2-11　犊牛岛

犊牛通栏（图2-12），是在牛舍内，按犊牛大小进行分群，采用散放自由牛床式的通栏饲养。每个通栏饲养5～10头犊牛。通栏的面积根据犊牛的头数来定，每头犊牛占地面积2.3～2.8m²，栏高1.2m。通栏面积的一半可略高于地面并稍有倾斜，铺上垫草作为自由牛床，另一半作为活动场地。通栏的一侧或两侧设置饲槽，并装有颈枷，便于在喂乳或必要时对牛只加以固定。

图2-12　舍内犊牛通栏

（3）预防疾病。犊牛的免疫系统尚不成熟，极容易感染各种疾病。有效预防疾病、保证犊牛健康，是保证牛场经济效益的重要条件。牛场应根据当地兽医部门的要求，按时对结核病和布鲁氏菌病进行检疫工作，并接种口蹄疫等有关疫苗。

①预防腹泻。腹泻是犊牛死亡最常见的原因。致命性的腹泻多发生在犊牛生后的前2周。患有腹泻后的临床症状有：水样稀便；脱水；四肢发凉；食欲逐渐减退；起卧缓慢困难；因身体极度虚弱，不能完全站立而导致的瘫痪。腹泻又可分为营养性腹泻和传染性腹泻两种类型。犊牛的腹泻与饲养管理不当密切相关，要想有效预防腹泻，保证犊牛健康，在生产中就要从以下几方面入手：饲喂适量的优质初乳；控制乳的温度（37～38℃）；饲喂时间固定，饲喂用具清洁；饲喂优质的代乳品；不过量地饲喂犊牛；犊牛舍应保证干净、卫生，通风良好；定期对犊牛舍进行清扫和消毒，在每次使用后应空舍3周；患病牛和健康牛分开饲养；不购买和引进小于3周龄的犊牛。

②预防肺炎。肺炎发病的高峰期在犊牛生后的4～6周（图2-13），是犊牛由被动免疫向主动免疫过渡时期，此时的血液中抗体浓度正好最低。肺炎正是免疫功能下降、大量微生物入侵和环境温度的骤变等因素综合作用的结果。患有肺炎的犊牛临床症状为：鼻孔有水样或黏稠带脓的分泌物；干咳；体温超过41℃；肺损伤；呼吸不畅或呼吸困难；常伴有腹泻。通风不良、湿度高、昼夜温差变化大的畜舍，犊牛更易患有肺炎。实践证明，适当饲喂初乳、避免营养性应

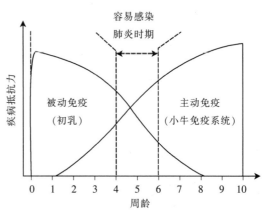

图2-13 4～6周龄小牛最容易发生肺病
（米歇尔·瓦提欧，2004，饲养小母牛）

激、适宜的畜舍条件以及良好的通风系统是减少肺炎发生的有效方法。

（4）剪除副乳头。母犊出生时乳头可能多于4个。多余的乳头通常位于1个或2个后乳头后部，也可能位于乳房一侧或两侧前、后乳头之间，称为副乳头。副乳头没有价值，它的存在不利于清洗乳房，影响乳房外观，而且容易导致乳腺炎，影响产乳性能。

在犊牛阶段应剪除被确诊的副乳头，剪除副乳头时间是2～6周龄。使用消毒过的锋利的弯剪或刀片从乳头与乳房接触的部位剪切下乳头。副乳头去除得当，很少流血，但仍需严格消毒手术部位。如遇蚊蝇季节，可涂上驱蝇药。如果乳头过小，可待母犊年龄较大时再剪除。剪除副乳头后，当牛第一次分娩时，已无明显的疤痕。

（5）适时去角。为了便于成年后的管理，减少牛体之间相互受到伤害，犊牛应在早期去角。去角在犊牛2月龄前进行，这一时期犊牛的角根芽在头骨顶部皮肤层，处于游离状态，2月龄后，牛角根芽开始附着在头骨上，小牛角开始生长。去角常用的方法有药物去角法和电动去角法。

犊牛去角

药物去角法是用强碱，如苛性钠或苛性钾，通过灼烧、腐蚀，破坏角的生长点，达到抑制角生长的目的。此法应在犊牛 7～12 日龄进行。具体做法是：先剪去角基部的毛，在角根周围涂上凡士林，然后用苛性钠（或苛性钾）在剪毛处涂抹，直至有微量血丝渗出。注意保护好操作员的手和犊牛的其他部位皮肤、眼睛，避免碱的灼伤。

图 2-14　电动去角器

电动去角法是利用高温破坏角的生长点细胞，达到不再长角的目的，见图 2-14 至图 2-16。此法应在犊牛 3～5 周龄进行。先将电动去角器通电升温至 480～540℃，然后用加热的去角器处理角基，每个角基根部处理 5～10s 即可。

图 2-15　去角过程

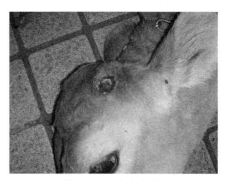

图 2-16　去角完成

（6）日常管理。培育犊牛是一项责任心很强的工作。有人说犊牛好比是孩子，它活泼、好动、顽皮，且免疫力低下。日常管理中，需要足够的细心、耐心，才能获得人们想要的全活全壮的犊牛。

日常管理中，首先要对犊牛自身及其周围环境的卫生状况严格把关；其次要做好犊牛的健康观察工作并保证犊牛每日合理的运动。

①卫生管理。哺乳用具（哺乳壶或乳桶）在每次用后都要严格进行清洗和消毒，程序为：冷水冲洗→温热的碱性洗涤水冲洗→温水漂洗干净→倒置晾干，使用前用 85℃ 以上热水或蒸汽消毒。

犊牛栏应保持干燥，并铺以干燥清洁的垫草，垫草应勤打扫、更换。犊牛栏要定期地消毒，在犊牛转出后，应留有 2～3 周的空栏消毒时间。

犊牛舍要保证阳光充足、通风良好、冬暖夏凉。切忌把犊牛放置在阴冷、潮湿的环境中。注意室温应保持在 10℃ 以上，冬季北方要采取保温措施。

②刷拭管理。刷拭犊牛可有效地保持牛体清洁，促进牛体血液循环，增进人牛之间亲和力。每天给犊牛刷拭 1～2 次。刷拭最好用软毛刷，手法要轻，使牛有舒适感。有条件的牛场可为犊牛提供电动皮毛梳理器，满足刷拭的需要。

③健康观察。对犊牛进行日常观察，及早发现异常犊牛，及时妥当地处理，进而有效提高犊牛育成率。日常观察的内容包括：犊牛的被毛和眼神；犊牛的食欲和粪便情况；检查体内外有无寄生虫；有无咳嗽或气喘；犊牛体温情况；饲料是否清

洁卫生；粗饲料、水、盐以及添加剂的供应情况；通过体重测定和体尺测量检查犊牛的生长发育情况。

④运动管理。运动能增强犊牛的体质，增进健康。在夏季和天暖季节，犊牛在生后的2～3d即可到舍外进行较短时间的运动，最初每天不超过1h。冬季除大风大雪天气外，出生10d的犊牛可在向阳侧进行较短的舍外运动。犊牛随着日龄增加逐步延长舍外运动时间，由最初的1h到1月龄后，每日运动在4h以上或任其自由活动。

⑤分群管理。牛场应在颈枷上做好断乳后的犊牛体高标识，6月龄应达到110cm，每月在测完生长指标后，依据牛只体型大小合理调群，避免因牛只社会性，以大欺小，以强欺弱，影响牛只生长，给生产带来不必要的麻烦。

☞ 任务实施

（1）参观中小型奶牛场的犊牛饲养区，了解犊牛的管理模式、管理特点。

（2）在生产实践基地，观看临产母牛的助产、新生犊牛的护理，并配合技术员完成犊牛娩出的一系列工作。

（3）由学生分组讨论、研究，制订犊牛的管理日程，并指出各项管理的要求和注意事项。在教师的指导下，设计一个可操作性强的犊牛管理方案，在生产实践基地实施。

📖 学习小结

管理犊牛是牛场的重要工作，科学管理，获得健康犊牛的同时，为后备牛的挑选提供了空间。学习过程中，应重点掌握犊牛管理的生产环节，理论和实践有机结合，达到科学管理犊牛、减少牛场经济损失的目的。教师备课时可参考教材配备PPT进行教学指导。

★ 知识拓展

母牛妊娠后期的健康和营养会影响犊牛的健康。刚初生的犊牛没有任何抗病力，出生后尽快喂给初乳是为犊牛提供抵抗力（抗体）的唯一途径，这种抗体对4～6周龄的犊牛抵抗微生物感染极为重要。若犊牛没有饥饿表现，说明有问题。犊牛大多数腹泻发生在出生后2周内，3～4周龄发生腹泻的也很高。腹泻导致犊牛死亡不是因感染微生物造成的，而是死于脱水和电解质失衡。口服或静脉注射补液是挽救严重腹泻犊牛生命的重要措施。

肺炎是4～6周龄犊牛最常发生的呼吸道疾病。患慢性肺炎的犊牛很少能完全康复，不应作为后备母牛使用。

犊牛出生时一般没有传染病。但许多疾病如布鲁氏菌病、结核病、副结核、牛病毒性腹泻病（BVD）、白血病等在犊牛出生几小时内即可经母牛传染给犊牛。只能在非常严格的管理条件下才能把患病母牛所生的犊牛喂养成健康小牛。许多国家对多种传染病有严格的管理规定。所有奶牛场之间的密切配合和合作是成功控制传染病扩散的关键。

项目3　育成牛饲养管理

【思政目标】树立科学发展观、坚持问题导向，尊重客观事实，根据具体问题分析总结解决办法，不断提高岗位实践操作技能。

要想培育出高产的奶牛，首先要养好犊牛、育成牛。育成牛即后备牛，饲养的目的是为了补充因不断淘汰而减小的成年牛群，多余的可以出售。因为育成牛不产乳，所以饲养管理往往容易被忽视，其实育成牛饲养管理是至关重要的，因为这个阶段饲养管理的好坏，将会在相当程度上影响到牛场未来的产乳牛群的生产水平，影响到牛场的经济效益。

任务 3.1　饲养育成牛

任务描述

育成牛一般是指 7 月龄至第一次产犊阶段的母牛。同成母牛相比，一方面，育成牛不产乳，相对的饲养费用较高；另一方面，此阶段饲养管理如何将直接影响到体型、体重和乳腺的发育，影响到终生泌乳性能。因此，决不能忽视育成牛的饲养。然而，任何使育成牛第一次产犊月龄缩短的饲养方案都必须以不降低产乳性能和不增加难产为前提，因为性成熟前增重过快对乳腺发育不利。

任务目标

熟悉育成牛的生长发育规律；掌握育成牛饲养技术要点，主要是日粮的配合；培养学生自主搜集相关知识、开展实地操作的能力，为科学饲养育成牛奠定基础。

知识准备

相对于犊牛而言，育成母牛对环境的适应能力已大大提高，亦无妊娠、产乳的负担，疾病较少，饲养管理相对比较容易。饲养管理上虽然可粗放一些，但并不是可以放任自流，否则会导致生长发育受阻，影响终身的生产性能。育成母牛是体重增长最快的时期，也是繁殖器官迅速发育并达到性成熟的时期。如果这个阶段饲养管理不善，不仅生长发育、体重、体型和乳腺受到影响，发情初配时间也会延迟。

1. 育成牛生长发育规律

（1）生长发育快。育成牛阶段是骨骼、肌肉发育最快的时期，7～12 月龄是增长强度最快阶段，生产实践中必须利用好这一特点，如果前期生长受阻，在这一阶段加强营养，可以得到部分补偿。科学的饲养管理有利于塑造良好的乳用体型。

（2）瘤胃发育迅速。随着年龄的增长，育成牛的瘤胃功能日趋完善，7～12 月龄的育成牛瘤胃容积大增，利用青粗饲料的能力明显提高，12月龄左右接近成年奶牛水平。正确的饲养方法有助于瘤胃功能的完善。

（3）生殖机能变化大。一般情况下，荷斯坦牛品种体重达到250kg左右时，可出现首次发情，13～14月龄的育成牛正是进入性成熟的时期，生殖器官和卵巢的内分泌功能趋于健全，育成牛生长与繁殖性能的关系参考图3-1。图3-1显示，性成熟不是与年龄而是与体重的关系更大。因此，生长速度对青春期年龄及产头胎时的年龄影响也很大。若育成牛生长速度慢（小于0.35kg/d），在18～20月龄都不可能达性成熟。若育成牛生长过快（大于0.9kg/d）会使育成牛在9月龄时达到性成熟。当育成牛体重达到成牛体重的40%～50%时就达到性成熟阶段，当达到成牛体重的50%～60%时就可以配种（14～16月龄）。

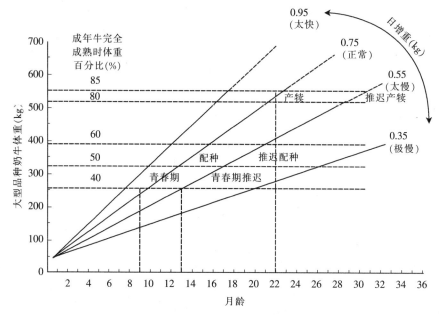

图3-1 育成牛生长与繁殖性能的关系

（米歇尔·瓦提欧，2004，饲养小母牛）

2. 育成牛的饲养目标 育成母牛培育的主要目标是：通过科学的饲养管理，使其按时达到理想的体型、体重标准；保证适时发情、及时配种受胎；乳腺充分发育；顺利产犊；并为其一生的高产打下良好的基础。15～16月龄时体重达到350kg以上时，即可进行第一次配种。

3. 育成牛的饲养 根据试验，性成熟较晚的育成牛往往体型小，过早配种不仅所产犊牛个体小、难产多，而且产后的泌乳量也低。然而，极为丰富的营养虽然能使育成牛有较大的增重，过高的增重往往导致体内贮积大量脂肪，特别是在乳房中贮积过多脂肪，脂肪会堵塞乳腺，能够合成乳汁的泌乳细胞数减少，从而导致产犊后泌乳量不高。按照荷斯坦牛品种要求，日增重平均在750g，15～16月龄时体重达到350kg以上时，即可进行第一次配种。

在配种时间的掌握上，牛的发育指标比年龄更重要。配种后为了促进牛体、乳腺发育和保证妊娠需要，再适当增加营养供给。

育成牛阶段主要任务是增进瘤胃容积和机能，培育体型高大、肌肉适中、消化力强、乳用型明显的理想体型。

（1）7～12月龄育成牛的日粮。这个阶段的育成牛瘤胃的容量大大增加，利用粗饲料的能力明显提高。正常饲养情况下，中国荷斯坦牛12月龄体重接近300kg，体高115～120cm。

日粮以优质粗饲料为主，日增重应达到0.7～0.8kg。注意粗饲料质量，营养价值低的秸秆不应超过粗饲料总量的30％。一般精料喂量每天2.5kg左右，从6月龄开始训练采食青贮饲料。7～12月龄育成牛的饲养方案参考表3-1，精料配方组成参考表3-2。

（2）13～18月龄育成牛的日粮。13～18月龄育成牛生殖器官及功能发育健全，荷斯坦牛体重达到350kg以上，即可进行第一次配种，不要过早配种，否则对育成牛本身和胎儿发育均会带来不良影响。为了进一步促进消化器官的发育及合理增重，仍以粗饲料为主，在饲喂中要注意控制低质粗饲料的用量，防止育成牛营养不足。

实践表明，育成牛营养不足，可使其发育受阻、采食量减少、延迟发情及配种；过于肥胖易造成不孕及难产。

13～18月龄育成牛饲养方案参考表3-3，13～18月龄育成牛日粮组成参考表3-4，13～18月龄育成牛精饲料配方参考表3-5。

（3）初孕牛日粮。初孕牛指初配受胎至产犊前的母牛。一般情况下，发育正常的牛在15～16月龄已经配种怀孕，此阶段，除母牛自身的生长外，胎儿和乳腺的发育是其突出的特点。

初孕母牛不得过肥，要保持适当膘情，以刚能看清最后两根肋骨为较理想上限。

在妊娠初期胎儿增长不快，此时的饲养与配种前基本相同，以粗饲料为主，根据具体膘情补充一定数量的精料，保证优质干草的供应。初孕母牛要注意蛋白质、能量的供给，防止营养不足，舍饲育成母牛精料和青贮饲料每天饲喂3次，精饲料日喂量3kg左右，每次饲喂后饮水，可在运动场内自由采食干草。

妊娠后期（产前3个月），胎儿生长速度加快，同时乳腺也快速发育，为泌乳做准备，所需营养增多，需要提高饲养水平，可将精料提高至3.5～4.5kg。食盐和矿物质的喂量应该控制，以防加重乳房水肿；同时应注意维生素A和钙、磷的补充；玉米青贮和苜蓿要限量饲喂。如果这一阶段营养不足，将影响育成牛的体格以及胚胎的发育。初孕母牛饲养方案及精料配方参考表3-6和表3-7。

表3-1　7～12月龄育成牛饲养方案（以每头牛日需要量计）

月　龄	精料/kg	玉米青贮/kg	羊草/kg
7～8	2.5	3	2
9～10	2.5	5	2.5
11～12	2.5～3.0	10	2.5～3.0

表3-2　7～12月龄育成牛精饲料参考配方

%

成　分	1	2	3
玉米	50	50	48
麸皮	15	17	10
豆饼	15	10	25
葵子饼	—	8	—
棉仁饼	6	7	10
玉米胚芽饼	8	—	—
饲用酵母粉	2	4	2
碳酸钙	1	—	—
石粉	—	1	1
磷酸氢钙	1	1	1
食盐	1	1	1
预混料	1	1	2

表3-3　13～18月龄育成牛饲养方案（以每头牛每日需要量计）

月龄	精料/kg	玉米青贮/kg	羊草/kg	糟渣类/kg
13～14	2.5	13	2.5	2.5
15～16	2.5	13.2	3	3.3
17～18	2.5	13.5	3.5	4

表3-4　13～18月龄育成牛日粮组成（以干物质计）
（梁学武，2002，现代奶牛生产）

日粮配方	1	2	3	4
苜蓿干草/kg	5.1	10.1	—	—
苜蓿青草/kg	—	—	5.4	—
玉米秸秆/kg	—	—	—	6.5
玉米青贮/kg	4.0	—	3.6	—
玉米/kg	—	—	—	1.5
44%粗蛋白质浓缩料/kg	—	—	0.27	1.3
磷酸氢钙/g	36	23	18	41
碳酸钙/g	—	—	—	23
微量元素添加剂/g	23	23	23	23
总喂量/(kg/d)	9.1	10.1	9.2	9.3

表 3-5　13～18 月龄育成牛精饲料配方

%

成　分	1	2	3	4	5	6
玉米	47	45	48	47	40	33.7
麸皮	21	17.5	22	22	28	26
豆饼	13	—	15	13	26	—
葵籽饼	8	17	—	8	—	25.3
棉籽饼	7	8	5	7	—	—
玉米胚芽饼	—	7.5	—	—	—	—
碳酸钙	1	1	—	1	—	3
磷酸氢钙	1	1	1	1	—	2.5
食盐	1	2	1	1	1	2
预混料	1	1	2	—	3	—
石粉	—	—	1	—	—	—
饲用酵母	—	—	5	—	—	—
尿素	—	—	—	—	2	—
高粱	—	—	—	—	—	7.5

表 3-6　初孕母牛饲养方案（以每头牛每日饲喂量计）

（李建国，2007，现代奶牛生产）

月　龄	精料/kg	干草/kg	玉米青贮/kg
19	2.5	3	14
20	2.5	3	16
21	3.5	3.5	12
22～24	4.5	4.5～5.5	8～5

表 3-7　初孕母牛精料配方

%

成　分	比例
玉米	50
豆饼	25
DDGS（玉米生产乙醇糟）	20
育成牛复合预混料	5

任务实施

（1）参观中小型奶牛场，了解育成牛饲养目标、生长发育特点及日粮配方和饲喂技术相关信息。

（2）由指导教师或技术员介绍牛场饲养育成牛的相关知识。

（3）由学生分组讨论、研究，搜集相关知识，在教师指导下，亲自饲养育成牛。

学习小结

根据育成牛的饲养目标，了解育成牛生长发育特点及营养需要，以性成熟—配种月龄—乳腺发育—分娩为主线，合理地设计饲喂方案，并指导学生在牛场进行实际操作。教师备课时可参考教材配备PPT进行教学指导。

知识拓展

饲养育成牛是一种对未来的投资，产头胎之前，育成牛不能为奶牛场获利，而且还得消耗资源，只有到产头胎时才开始回收对它的投资，这段时间至少需要2年。管理条件最好的奶牛场也需要1～1.5个泌乳期才能完全收回对育成饲养的总投入，产头胎推迟6个月意味着需要2个泌乳期才能收回。评价育成牛饲养好坏的标准要考虑地区的温度和市场乳价，热带地区育成牛增长缓慢，一般到36月龄后才产头胎，如果市场乳价低时也可少喂精料控制增长速度，使其晚配种晚产乳，充分发挥养牛人的智慧。

任务 3.2　管理育成牛

任务描述

育成母牛应根据年龄和体重情况进行分群，这样便于饲喂和管理。对育成牛实施科学的管理，可以提高母牛受胎率，并为发挥最大潜力的生产性能奠定基础。

任务目标

掌握育成牛管理技术；培养学生自主搜集相关知识，开展实际操作的能力。

知识准备

1. 定期称重　定期称重是为了检验饲养是否达到了预期的体重发育指标，各月龄体重增长可参考表3-8。寒带地区在强化饲养条件下，育成牛理想的日增重和产头胎年龄因奶牛品种不同而变化。配种和产头胎体重与产乳量呈正相关，与终生产乳量有密切关系。

表3-8　奶牛不同品种相关体重

（米歇尔·瓦提欧，2004，饲养小母牛）　　　　　　　　　　　　　　　单位：kg

品种	出生体重	配种		产犊		平均日增重	成年体重
		体重	月龄	体重	月龄		
荷斯坦牛	40～50	360～400	14～16	544～620	23～25	0.74	650～725
瑞士褐牛更赛牛爱尔夏牛	35～40	275～310	13～15	450～500	22～24	0.6	525～580
娟姗牛	25～30	225～260	13～15	360～425	22～24	0.5	425～500

2. 检测体高和体况　体重指标用于评定后备母牛生长的最常见方法。然而，这一指标不应作为唯一标准，因为体重侧重于反映后备牛器官、肌肉和脂肪组织的生长，而体高却反映了后备牛骨架的生长。因此，只有当体重测量和体高、体长相配合时，才能较好地评价后备母牛的生长发育。Hoffman（1997）认为荷斯坦后备母牛产前最佳体高是138～141cm，详见表3-9。此外，生产实践中还经常用体况评分来评价后备母牛的饲养和管理好坏，因为体况评分能够较好地反映牛体内脂肪的沉积情况，从而发现饲养中的问题，积极调整饲养方案。因此，体况评分是调整饲喂水平的一个有效指标。

育成牛在6、12、18月龄进行体尺、体重测定，了解其生长发育，并记入档案，作为选种的基本资料。一旦发现异常，应及时查明原因，并采取相应措施进行调整。

表3-9　后备母牛各阶段理想的体高和体况

（梁学武，2002，现代奶牛生产）

月龄	3	6	9	12	15	18	21	24
体高/cm	92	104～105	112～113	118～120	124～126	129～132	134～137	138～141
体况评分	2.2	2.3	2.4	2.8	2.9	3.2	3.4	3.5

3. 分群饲养　育成母牛应根据年龄和体重情况进行分群，一般可以分为四群，即断乳后～6月龄、7～12月龄、13～18月龄、初配受胎至分娩，这样便于饲喂和管理。

4. 初次配种　育成母牛何时初次配种，应根据母牛的年龄和发育情况而定。一般按15月龄左右，或按体重达350kg以上时开始初配。此期要注意观察育成牛发情表现，一旦发现发情牛及时配种。对于隐性发情的育成牛，可以采用直肠检查法判断配种时间，以免漏配。

5. 加强运动　育成牛一般采用散养，除恶劣天气外，育成牛每天应放进运动场内至少进行2h以上的运动，一般采取自由活动。育成牛运动场面积不少于每头15m²，运动场要保持卫生。在放牧条件下运动时间充足，可达到运动要求。加强育成牛的户外运动，进行日光浴，可使其体壮胸阔、心肺发达、食欲旺盛，促进牛的发育和保持健康的体型，为提高其利用年限打下良好基础。多晒太阳，使皮下的麦角醇转变为维生素D，促进钙的吸收和骨骼生长。如果精料过多而运动不足，容易发胖，体短肉厚个子小，早熟早衰，利用年限短，产乳量低。初孕母牛也应加大运动量，以防止难产的发生。

6. 刷拭和调教　育成母牛生长发育快，每天应刷拭1～2次，每次5～10min，及时去除皮垢，以保持牛体清洁，同时促进皮肤代谢并养成温顺的性格，易于饲养管理。传统拴系饲养要固定床位拴系。

7. 乳房按摩　培育高产奶牛，进行乳房按摩十分重要。热敷、按摩乳房，可促进青年母牛乳腺的发育和产后泌乳量的提高。实验证明，对6～8月龄的育成牛每天按摩一次乳房，18月龄以上每天按摩两次，每次按摩先用热毛巾擦洗乳房，然后用双手从乳房两侧轻轻进行按摩，最后再用两手轮换握擦 4 个乳头，全过程需要 3～4min，产前 1～2 个月停止按摩，这样做的结果母牛一个泌乳期的产乳量实验组比对照组多产 657.14kg，增长 13%。

8. 检蹄、修蹄 育成母牛蹄质软、生长快、易磨损，应从 10 月龄开始于每年春秋两季各进行一次检蹄、修蹄，以保证牛蹄的健康。初孕母牛如需修蹄，应在妊娠 5～6 月前进行。

9. 保胎 对于初孕牛要加强护理，其中一个重要任务是防流保胎。初孕母牛往往不如经产母牛那么温顺，在管理上必须特别耐心。在牛群通过较窄的通道时，防止驱赶过快，防止牛跑、跳、相互顶撞和在湿滑或冰冻的路面行走，以免造成机械性流产。严禁打牛、踢牛，做到人牛亲和、人牛协调。防止初孕母牛吃发霉变质的食物、冰冻的饲料及饮冰冻的水，避免长时间雨淋。

10. 饮水 此期育成牛采食大量粗饲料，必须供应充足清洁的饮水。要在运动场设置充足饮水槽，供牛自由饮用。

11. 计算好预产期，产前 2～3 周转入产房 产房要预先打扫干净、消毒。预产期前 2～3d 再次对产房进行清理消毒。初产母牛难产率较高，要准备齐全助产器械，洗净消毒，做好助产和接产准备。

🔧 任务实施

（1）参观中小型奶牛场，了解育成牛管理要求及相应管理措施。

（2）由指导教师或技术员介绍牛场管理育成牛的相关知识。

（3）由学生分组讨论、研究，搜集相关知识，在教师指导下，亲自管理育成牛。

📖 学习小结

根据育成牛的管理要求，掌握牛场对育成牛的管理措施，并指导学生在牛场进行实地操作。教师备课时可参考教材配备 PPT 进行教学指导。

⭐ 知识拓展

在各个饲养阶段的初始和结束时都要测量育成牛的体重、体高和评定膘情分数。这是评价育成牛饲养计划以及其他饲养管理措施是否恰当、正确的一种非常有价值的资料。

项目4 种公牛饲养管理

培养勇于探索、锐意进取的精神，充分发挥吃苦耐劳的精神，强化爱岗敬业的职业理念。

推广优良冷冻精液，建立种公牛育种公司，是促进奶牛发展、提高奶牛品种的一项行之有效措施。我国有种公牛站基础，截至 2019 年底，全国已建成种公牛站 38 个，遴选国家肉牛核心育种场 44 个，年向社会提供优秀种牛 1.5 万头、优质冻精 2 343.9 万支。目前，一些国外优秀的种公牛公司，已批准在我国经营业务，奶牛优良基因开始国际交流。

任务4.1 饲养种公牛

任务描述

种公牛对牛群发展和改良起着极其重要的作用。饲养上的任何疏忽，都会造成种公牛体质变坏，精液品质下降，甚至失去种用价值。因此，加强种公牛的饲养，对保证公牛体格健壮、提高精液品质与延长使用年限都十分重要。

任务目标

了解种公牛的特性，掌握种公牛的日粮调制和饲养技术，为从事种公牛饲养工作奠定基础。

知识准备

1. 生长期公牛的饲养 留作种用的公牛，必须加强饲养，生后 4 月龄与母牛分开饲养。哺乳期 5~6 个月，喂全乳 600~800kg，脱脂乳 500kg 以上，混合精料 60kg 左右，为公犊充分生长发育提供充足的营养。断乳后的青年公牛，最好喂给优质豆科干草，混合精料可用麸皮、玉米（或大麦）、燕麦、豆饼（或胡麻饼）各 25% 组成，另加 1% 食盐，1.5% 磷酸氢钙，微量元素和维生素添加剂 0.2%，精料喂量一般按总进食量的 50% 供给，以保证其充分生长发育。

2. 成年公牛的饲养 成年种公牛单栏饲养，如图 4-1 和图 4-2 所示。开始配种或采精以后，应该喂给全价营养平衡日粮，精料喂量一般为体重的 0.5%~ 1.0%，占日粮总营养的 45%~60%。精料要求营养全价，多样搭配，容积要小，适口性强，易于消化。一般由麸皮、大麦、玉米、燕麦、豌豆、黑豆、豆饼及磷酸氢钙等搭配而成，避免单一饲料喂量太多影响精液量和品质。粗料要以蛋白质含量高的豆科干草为主，一般可按体重的 1% 搭配，防止形成"草腹"。实际上，种公牛的营养重点是蛋白质、维生素和矿物质，特别是维生素 A、维生素 D、维生素 E

和磷、锰等，能量在实践中容易满足，有时还会过量，在搭配日粮时要特别注意。为了提高精液品质和性欲，菜籽饼、棉籽饼、青贮料、食盐等要限喂，酒糟、果渣等糟粕饲料最好不喂。长期喂干草要注意补充发芽大麦或胡萝卜。

图 4-1 荷斯坦种公牛

图 4-2 种公牛饲养栏

种公牛一般日喂 3 次，日粮等份给予，饲喂顺序是先精后粗。保证充足的饮水。水质良好、清洁，冬季水温不可过低。冬季每日饮 3 次，夏季 4～5 次。在配种或采精前后、运动前后 0.5h 内都不要饮水。

任务实施

（1）参观种公牛站，了解站内的规划布局、内部设施和种公牛的饲养情况。

（2）由指导教师或种公牛站技术员介绍种公牛站情况。

（3）以小组为单位写一份种公牛饲养方案。

学习小结

种公牛对牛群发展和改良起着极其重要的作用，饲养上的任何疏忽，都会降低种用价值。教师备课时可参考教材配备 PPT 进行教学指导。

知识拓展

对种公牛开展后裔测定工作是保证种公牛种用价值的保证。经过后裔测定后推广使用的种牛称为验证种公牛。

任务 4.2 管理种公牛

任务描述

种公牛具有记忆力强、防御反射强和性反射强的特点，管理中要胆大心细，处处留神，严禁殴打与嬉戏公牛。培养种公牛温顺的习性。

任务目标

了解种公牛的特性，掌握种公牛的管理技术，培养学生调教种公牛、采精和精液品质检查的能力。

知识准备

管理种公牛要胆大心细，即使对于很熟悉和性情温顺的公牛也不能疏忽大意。给公牛打针时，饲养人员要回避，以免公牛记恨。陌生人不要轻易接近种公牛，避免发生意外伤害。

1. 种公牛的特性 要管理好种公牛，必须了解种公牛的特性。

（1）记忆力强。种公牛对其接触过的人和事都能记住，因此，要固定专人管理，通过饲喂、饮水、刷拭等活动加以调教，同时摸透种公牛脾气，以便管理。

（2）防御反射强。当陌生人接近或粗暴态度对待种公牛时，立即引起其防御反射，公牛低头，喘粗气，双目圆睁，四肢刨地，对来者表示进攻的样子。公牛一旦脱缰，还会出现"追捕反射"，追赶逃离的活体目标。在管理中要注意防范。

（3）性反射强。公牛采精时勃起反射、爬跨反射、射精反射都很强。如果长期不采精、采精技术不良或不规律，公牛往往性格变坏，容易出现顶人或自淫等恶癖。

2. 种公牛的管理要点 管理种公牛要恩威并施，驯教为主，饲养员平时不得随意鞭打和虐待公牛，但要掌握厉声呵斥，即令其驯服的技能。当公牛惊恐时，要用温和的声音使之安静。

（1）拴系。种公牛生后 6 个月带笼头，8～10 月龄穿鼻环。鼻环需用皮带吊起，系于缠角带上。缠角带最好用结实的滚缠皮。缠角带拴有两条细铁链，通过鼻环左右分开，拴系在两侧的立柱上。注意牢固拴系，严防脱缰。

（2）编号。多用耳标法。编号方法按照国家规定进行，并做好登记。

（3）牵引。种公牛的牵引应坚持双绳牵引，一人在牛的左侧，另一人在牛的后面。人和牛应保持适当的距离。对性情不温顺的公牛，需用钩棒进行牵引。

（4）运动。种公牛必须坚持运动。实践表明，运动不足或长期拴系，会使公牛的性情变坏、精液品质下降、患肢蹄病和消化系统疾病等。要求上、下午各运动一次，每次 1.5～2h，行走距离 4km 左右。运动方式采取驱赶运动、旋转牵引等。

（5）刷拭。刷拭是管理种公牛的重要操作项目之一。要坚持每天定时进行刷拭 1～2 次，可安排在喂饲前进行，以免牛毛及尘土落入饲槽。刷拭要细致，牛体各部位的尘土污垢要清除干净。刷拭的重点是角间、额、颈和尾根部，这些部位易藏污垢，发生奇痒，如不及时刷拭，往往使牛不安甚至养成顶人的恶癖。

（6）按摩睾丸。按摩睾丸应每天坚持一次，与刷拭结合进行，每次 5～10min。为了改善精液品质，可增加一次，按摩时间可适当延长。

（7）护蹄。应保持蹄壁和蹄叉的清洁，对蹄形不正的牛要及时修削矫正。为防止蹄壁破裂可涂凡士林或无刺激油脂。

（8）防暑。牛一般耐热性能较差，当气温上升到 30℃ 以上时，往往会影响公牛精液品质，需采取防暑措施。夏季可进行洗浴，以防暑散热，同时清洁皮肤。

3. 种公牛的利用 合理利用种公牛是保持健康和延长使用年限的重要措施，种公牛开始采精的年龄依品种、生长发育等而有所不同，荷斯坦牛（图 4-3）和西门塔尔牛（图 4-4）一般在 18 月龄开始，每月采 2～3 次，以后逐渐增加到每周 2 次。2 岁以上每周采精 2～3 次，成年公牛每周 4～5 次。要注意检查公牛的体重、体温、精液品质及性反射能力等，保持种公牛的健康。采精宜早晚进行，一般多在饲喂后或运动后 0.5h 进行。

图 4-3　荷斯坦公牛采精　　　　　　图 4-4　西门塔尔公牛采精

🔧 任务实施

（1）在条件允许的情况下，参观种公牛站，由指导教师或种公牛站技术员介绍种公牛的常规管理情况。

（2）利用影像或多媒体演示种公牛站饲养管理录像，并进行讲解。

📖 学习小结

种公牛具有体格大、记忆力强等特点，管理上应注意人牛亲和，培养其温顺的习性。

⭐ 知识拓展

人们追求母犊率，一些牛场采用性控精液。用性控精液配种所生的母牛有的已经又生了犊牛，据了解这部分牛的产乳量一般。

项目 5 成年奶牛饲养管理

【思政目标】提高生产优质、健康、安全食品的意识，维护人民身体健康从源头做起。

奶牛经过了犊牛和育成牛阶段的饲养，通过配种、分娩、泌乳的循环，便进入成年阶段，开始有了经济回报。此时要发挥奶牛最佳的经济效益，除了要给奶牛创造适宜的环境条件外，还要提供优质的精、粗饲料，进行科学调配，合理饲喂，并建立严格、规范管理制度，才能充分发挥其遗传潜力，达到高产、高效和优质，延长利用年限的目的。

任务 5.1 绘制奶牛生产周期示意图

任务描述

奶牛进入成年阶段后，一生中很多的生理现象便进入周期性的循环过程，例如，分娩、泌乳。分娩、泌乳生理现象一般以一年左右为一个周期。每个循环周期都遵循规律性的变化，找出内在规律性变化，并用周期示意图表示出来，更能清楚理解奶牛繁殖、泌乳规律，以便在生产中更好遵循其生理特点和规律性变化，有目的地开展科学饲养、管理工作，从而充分发挥奶牛的生产性能。

任务目标

了解奶牛繁殖、泌乳规律，能绘制繁殖、泌乳周期示意图，熟悉生产中繁殖和泌乳周期交融点，能把繁殖、泌乳周期示意图整合为奶牛生产周期示意图。以便生产中根据不同生理特点和规律性变化，适时开展配种、干乳工作，最大限度缩短每头牛的繁殖周期，增加群体效应，缩小平均产犊间隔，提高奶牛生产效率，更快地增加经济效益回报。

知识准备

1. 母牛的发情周期 母牛性成熟后，开始周期性发生一系列性活动现象。例如，外部生殖器官肿胀、阴道排出黏液、性兴奋等。在内部有卵泡发育和排卵。一般把上述内外生理活动统称为发情，把集中表现出发情征状的阶段称为发情期。由一个发情期开始至下一个发情期开始，或从一次发情排卵至下一次发情排卵所间隔的时间称为一个发情周期。在这段时间内，生殖器官及整个机体发生一系列的生理变化，这些变化周而复始进行，除妊娠或疾病等情况暂时停止外，循环不断再现，一直到衰老期。每一个循环周期即一个发情周期，一般平均为21d，变动范围为17～25d。

母牛的发情周期，在正常的情况下，除妊娠暂时停止外，全年都可出现，故称

"全年多次发情"。虽然如此，由于受环境条件的影响，也表现出淡、旺季之别，特别是奶牛，发情多在春、夏和秋初季节。

掌握发情周期的规律性，具有重要的实践意义。能够做到有计划地进行配种，调节分娩时间；防止不孕，以利于提高繁殖率。为了达到这些目的，现已采用人为方法（即生殖激素控制），来调节母牛的发情周期，使之集中发情排卵。对发情周期不正常的母牛也采用人为方法矫正，使之受胎。

（1）发情周期的划分。根据生理变化的特点，发情周期一般分为四个时期：发情前期、发情期、发情后期和间情期。由于发情周期是一个逐渐变化的复杂生理过程，因此每期前后之间不能分得很清楚。

①发情前期。这是为下次发情进行积极准备阶段。上一次的周期黄体进一步退化，此期随着卵泡的加速生长发育，其卵泡素（雌性激素）分泌增加，在其作用下，开始一系列的生理变化：整个生殖道的血液供给开始增加，腺体分泌活动逐渐加强；输卵管内壁上皮细胞生长，纤毛数量增多，为卵子排后向子宫方向移动做好准备；子宫角和子宫体蠕动能力加强，子宫内膜由于上皮细胞增生和轻度充血肿胀而加厚，子宫颈略松弛；阴道壁及外阴部也因上皮细胞增生和轻微充血肿胀而加厚，呈水肿状态，阴道有稀薄的黏液出现。从母牛精神状态看，变化不大，虽然开始表现或微弱地表现精神不安，但此时一般不接受爬跨。此期持续时间为4～7d。

②发情期。这是母牛出现旺盛性欲的时期，也是发情周期性活动的高潮阶段。发情前期的各种生理变化更加显著，表现为性兴奋，精神不安，不愿采食，时常哞叫，主动接近牛，有时追随和接受其他母牛的爬跨。在牛群内，有些牛常嗅发情母牛的外阴部，但发情母牛从来不去嗅其他牛的外阴部，生殖器官局部表现为外阴部明显肿胀，尿生殖前庭和阴道黏膜充血潮红，子宫颈口变松散开，从阴门流出大量黏液。

母牛在发情期内，卵巢中的卵泡迅速发育成熟或接近成熟。大多数种类的母畜是在发情期结束前或刚结束时排卵，只有牛是在发情期结束后1～2h才排卵。在正常情况下，母牛发情时的外部表现同卵巢中卵泡发育和排卵是相关的，即有卵泡的正常发育和排卵，就应表现出相应的外部症状，否则就不是正常的发情。如隐性发情，虽然有卵泡正常发育和排卵，但发情的外部症状不明显，甚至没有任何外部表现；假发情，虽然有卵泡发育，发情表现强烈，但不排卵。这些不正常的现象，在繁殖工作中应予以注意。

发情期持续时间，一般是以母牛的外部表现为准，即从有外部表现开始至消失为止所持续的时间。从习惯上是指母牛愿意接近其他牛开始，经过主动接受爬跨（稳栏期）到回避爬跨这一段期间，牛的发情期持续时间较其他家畜短，平均为20h，范围为3～36h，个别的可持续48h左右。季节、饲养管理条件、年龄等不同，发情持续时间有所差异，夏季、饲养条件好和老龄的持续时间通常略短些。根据母牛发情持续期短的特点，采用人工授精应注意观察母牛的发情，以免错过发情期而失去配种时机。

③发情后期。是发情现象逐渐消失的时期。此期内，卵泡破裂排卵后开始形成黄体，母牛性欲消失，转为安静，不理会其他牛，更不允许其他牛爬跨；子宫内膜逐渐增厚，腺体发育，为接受和营养胚胎做准备；子宫颈收缩，阴道内流出少量黏

液，黏膜充血肿胀状态逐渐消退；外阴部逐渐恢复原样。值得提出的是有一些牛（青年母牛居多），在发情期后 1～3d，排卵后 1d 左右（也有在排卵之前）子宫有出血现象，少量的血液会从生殖道流出体外，有时混入黏液中流出。这是由于受到雌激素的刺激，造成子宫内膜微血管破裂的结果，出血现象与在发情期配种的受胎与否没有关系。母牛发情后期的持续时间为 5～7d。

④间情期。也称为休情期或黄体期，是指发情结束后至下次发情开始的一段时间。实际上，在这段较长的时间内，是相对生理静止期。此期母牛精神状态正常，无性欲表现。在间情初期，由于新形成的黄体分泌作用，子宫内膜增厚，其腺体高度发育，分泌活动旺盛，为营养胚胎创造好条件。如果已妊娠，周期黄体转为妊娠黄体，以维持妊娠，一直到妊娠结束前也不再出现发情，这个时期不称为间情期。如果未妊娠，在间情期末，黄体开始萎缩，新的卵泡在逐渐发育。因此，这个时期并不是绝对静止的，而是存在着退行性和进行性的变化，是从一种生理状态向另一种生理状态的过渡，即从上次发情周期向下次发情周期的过渡，母牛间情期的持续时间为 6～14d。这就是正常发情周期的规律，参考图 5-1。

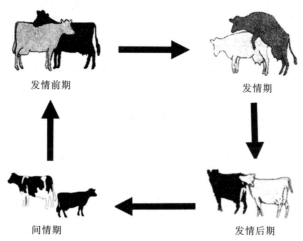

发情前期　　　　　　　　　　发情期

间情期　　　　　　　　　　发情后期

图 5-1　发情周期示意

（2）母牛产后第一次发情。为及时给产后母牛配种，必须注意产后母牛的第一次发情。产后第一次发情的时间很不一致，在饲养管理优良、气温适宜、无产后疾病和哺乳时间短的条件下，产后出现第一次发情的时间就相对早些，反之就要拖长。奶牛产后第一次发情时间比黄牛稍早，早期流产的较正常产后第一次发情也略早。奶牛产后第一次发情，早者可在产后 3 周左右，迟者可达数月，一般在产后 45～60d，平均 50d 左右。在不良饲养条件下的黄牛和高产奶牛，产后第一次发情时间则更晚，大多数在产后 60～100d 配种受孕。如自然发情率超过 120d，建议下次产后用激素处理，避免产犊间隔过长而影响经济效益。

有些母牛在显示产后第一次发情征状之前，就出现一次或数次排卵，即在产后一定时间内排卵，但无发情表现（也称隐性发情或安静发情）。因此，对产后长期不表现发情或表现不明显的母牛应进行卵泡检查，确定是否发情及发情程度，以便及时配种。

（3）影响发情周期的因素。母牛虽然是常年发情的动物，但在温暖的季节发情有规律，而在气温低的季节，发情周期不规律，甚至停止。在低温季节或有少数母牛发情，也往往表现不明显或发情不排卵，或排卵延迟。这说明母牛只有在条件适宜的情况下，才能保证发情周期的规律性。事实上，发情周期受饲料、光照、温度等生活条件的影响，这些条件与季节有密切关系，膘情差、管理粗放、气温寒冷等不利条件，会使很多母牛发情周期受到影响或发情微弱。

内在因素影响主要受神经、激素所调节控制。

2. 母牛的繁殖周期　繁殖周期也称胎间距，从一次正常分娩到下一次正常分娩所间隔的时间。对于一头奶牛来讲，一生一般产6～8胎，淘汰前所产胎次的多少与遗传、饲养和管理等因素有关，相邻胎次的胎间距有可能不相同，图5-2说明了这一点。群体平均胎间距是奶牛生产中关键的效益指标，一般牛场的胎间距控制在13个月较为理想。要缩短胎间距，提高产后发情率和准胎率，减少早胚死亡、流产、死胎、早产等事件发生是关键，应采取相应的组织措施和技术措施。

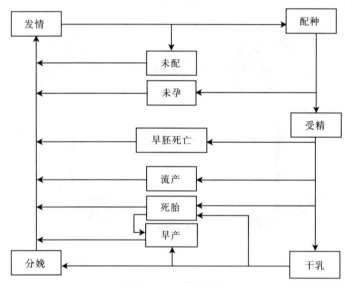

图5-2　牛繁殖循环

奶牛人工
授精技术

（1）组织措施。牛的繁殖工作应有专人负责，同时要建立健全以生产责任制为中心的各种必要的规章制度，落实兑现有关政策。根据具体情况落实授精、受胎和产犊头数，并制定完成任务的具体措施，认真做好发情配种记录，定期检查配种进度，分析牛群繁殖动态，搞好疫病防治。

（2）技术措施。

①加强对技术人员的培训，提高繁殖理论与技术操作水平。

②加强母牛群的饲养、管理，满足营养需要，促进母牛正常发情、排卵。必要时可采取激素类药物进行催情，诱导发情排卵。对有疾病的母牛要及时治疗，使之尽快恢复繁殖能力；治疗不愈者，马上淘汰。

③掌握好发情期，做到适时授精，技术人员、饲养员（预报）要互相配合，注意观察及时发现发情母牛（外部观察法和直肠检查法相结合），根据母牛发情持续

期短的特点（或根据卵泡发育情况），适当地安排授精时间和次数，对发情不正常的母牛（如妊娠发情、隐性发情等）要结合直肠检查加以鉴别，以免造成误配或漏配。

④掌握授精技术，做到准确授精，采用直肠把握子宫颈法授精受胎率高，但授精人员必须细心、认真，严防损伤母牛生殖道，输入的精液必须准确到达所要求的部位，防止精液外流，发现外流要及时补配。

⑤保证精液优良，定期对精液进行活力检查，对不符合标准的坚决不能使用。

⑥防治生殖道疾病，消除不妊。除加强饲养管理保证母牛健康外，在阴道检查、授精、助产等操作中，要严格消毒，细致操作，以防生殖道感染与损伤。对已发生疾病的要及时治疗，使之尽快恢复繁殖机能。要搞好防疫工作，避免传染病的发生。

⑦严格执行授精操作规程，要根据生产经验和科学技术水平的发展，不断地总结新的提高受胎率的操作方法。

⑧搞好早期妊娠诊断，以便及时补配，预防流产。

⑨应用新技术进行繁殖控制，近年来，如超数排卵、胚胎移植等新技术的应用比较广泛，为提高母牛繁殖率开辟了新的途径。

3. 奶牛泌乳规律　奶牛性成熟后，在激素调节正常情况下，进行着分娩、泌乳、再分娩、泌乳的循环。就泌乳的生理变化，国际公认的一个标准泌乳期为305d，个别牛因品种、饲养条件和繁殖等因素影响，时常有不足或超过305d的情况，生产中应查清原因，尽量调整到标准泌乳期。

同一个体，不同胎次泌乳期的产乳量和乳质有所区别，一般情况下第2胎比第1胎上升10％～12％；第3胎比第2胎上升8％～10％；第4胎比第5胎上升5％～8％；第5胎比第6胎上升3％～5％；第6胎以后乳量逐渐下降。同一个胎次，泌乳期内的产乳量并不是保持一个水平不变，而是有一定的规律性，根据泌乳生理的规律性变化和生产实际情况，把一个泌乳期分为四个泌乳阶段，即泌乳初期、泌乳盛期、泌乳中期和泌乳后期。

（1）泌乳初期。母牛从分娩到产犊后的21d称为泌乳初期，也称恢复期。这一时间的划分是以产后恶露是否自然排净、高产牛应激大和分群管理需要为依据，条件允许的牧场此期应在产房或单独分群进行饲养管理。

（2）泌乳盛期。泌乳盛期又称泌乳高峰期，一般是指母牛分娩后第22天到泌乳高峰期结束，即22～100d。这一阶段产乳量迅速上升并达到高峰，一般4～8周达到高峰值，并维持60d左右，然后开始逐渐下降。此期大多数牛已配种受孕。

（3）泌乳中期。产后第101～200天，这段时期为泌乳中期。该期是奶牛泌乳量逐渐下降、膘情逐渐恢复的重要时期，产乳量下降幅度一般为每月递减5％～8％或更多。

（4）泌乳后期。产后第201天至干乳，这段时间称为泌乳后期。此期的奶牛一般处于妊娠的中后期，受胎盘激素和黄体激素的作用，产乳量开始大幅度下降，一般每月递减8％～12％。

值得一提的是，这4个泌乳阶段的规律性是一个连续的泌乳生理过程，除此之外，产乳量的变化还受遗传、饲养、管理和外界环境条件变化的影响，生产中注重品种选配，加强饲养和管理，积极为奶牛创造舒适的环境。

4. 奶牛生产周期　奶牛生产包括繁殖和泌乳。图5-3是奶牛的一个生产周期，365d内产1胎，经历一个305d标准的泌乳期，2个月的干乳期，分娩后80d配种受孕，妊娠期285d，如果每产都实现这个目标，再保证都生母牛，并且完全成活，就实现了"母牛生母牛，三年五个头"的农谚。

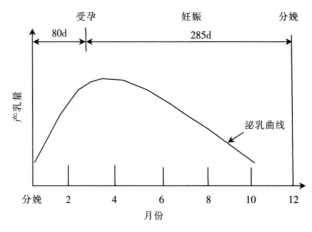

图5-3　奶牛一个生产周期

不管能否实现这个农谚，生产中的每头牛都在经历着产犊、泌乳再产犊、泌乳的不断循环。如果失去了繁殖能力，生产就要停止，将被淘汰。图5-4是把奶牛繁殖、泌乳融合为一体，实际生产中产犊间隔平均13个月比较理想，高产牛群控制在13.5个月，当然从经济学角度上看，12个月的产犊间隔是最理想的。生产中屡配不孕的牛非常普遍，往往是高产奶牛，原因也比较复杂。高产奶牛因为不孕而被淘汰，给牛场每年造成的损失逐年上升。当高产奶牛被淘汰比例增加时，或当它

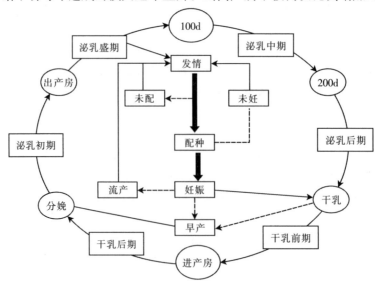

图5-4　奶牛生产周期

们的泌乳期延长时，遗传进程就会减慢，现金流减少，生产者就将陷入经济困境。不孕并不一定是母牛的问题，假设其他因素都正常的情况下，奶牛不发情很可能是我们没有观察到，原因是没有花费足够的时间观察，或者没有利用现有的发情鉴定手段进行发情鉴定，频繁进行卵泡检查是不可能的。当然，即使在仔细观察的情况下，有些奶牛仍然观察不到发情迹象，很多环境条件会引起这种现象发生，如运动场结冰光滑、高湿高温、过度拥挤和跛足等。

任务实施

（1）教师通过幻灯片、多媒体课件等边演示，边讲解奶牛的生产周期循环规律。

（2）学生充分理解教师讲解内容，集思广益，绘制出有特色的奶牛生产周期示意图。

学习小结

设这个任务题目，旨在通过绘图，让学生充分理解奶牛的繁殖和泌乳规律，生产中是怎样把二者融为一体的。奶牛好比是一台机器，繁殖和泌乳两条生产线缺一不可，只有同时运行，才能有更好的经济效益。

知识拓展

生产中荷斯坦牛相关的繁殖性能指标参考表5-1。

表5-1　繁殖性能指标

繁殖性能指标	理想水平	异常水平
初情期/月龄	12	>15
产犊间隔/月	12.5~13	>14
产后第1次发情平均时间/d	<60	>80
产后60d内第1次发情的奶牛/%	>90	<90
受孕所需配种次数	<1.7	>2.5
后备母牛首次受胎率/%	65~70	<60
成母牛第一情期受胎率/%	50~60	<40
少于3次配种的母牛受胎率/%	>90	<90
配种时间间隔18~24d的奶牛/%	>85	<85
平均空怀时间/d	85~100	>140
空怀120d以上的母牛/%	<10	>15
干乳期/d	50~60	<45或>70
首次产犊平均月龄	24	<24或>30
流产率/%	<5	>10
因繁殖问题母牛淘汰率/%	<10	>10

任务 5.2　分析比较奶牛各产乳时期饲养管理

任务描述

根据母牛产后不同时期的生理状态、营养物质代谢以及体重和产乳量的变化规律，把奶牛泌乳阶段划分为泌乳初期、泌乳盛期、泌乳中期、泌乳后期。通过分析和比较各产乳时期的干物质进食量、产乳量和体重变化，按各阶段生理和泌乳规律进行分群饲养、管理，来提高牛群产乳量，增加经济效益。

任务目标

了解奶牛各产乳时期的生理特点，熟悉各阶段饲养管理的主要任务，掌握各阶段饲养、管理的不同点，培养学生自主搜集相关知识，具备生产中饲养、管理泌乳牛的能力。

知识准备

1. 各时期分析

（1）泌乳初期。母牛从分娩到产犊后的 21d。

①生理特点。产后母牛体质较弱，食欲、消化和繁殖机能正在恢复，个别牛乳房水肿，乳腺及循环系统的机能还不正常，产乳量迅速增加，将导致能量负平衡（营养入不抵出），表现逐渐消瘦，体重开始下降。

②饲养目标。千方百计增加食欲，提高干物质进食量，尽快恢复体质。进入泌乳盛期时，保持体况评分不低于 3.25 分（详见任务 5.4）。具体做法如下。

产后第一次饲喂，最好能饮足益母草红糖汤（温水 10kg、麸皮 1kg、益母草 0.5kg、红糖 0.3kg、食盐 0.1kg），以促进胎衣尽快排出。一周内，供给适口性好的优质粗料，根据奶牛食欲、产乳量及消化情况逐渐增加精料和青贮喂量。日粮配制标准比实际需要高些，精粗料占干物质比例逐渐达到 50∶50。采取主动增加精料的策略，即"料领着乳走"（传统按 3 乳 1 料）的原则，在加料过程中，要注意消化器官和乳房的变化情况。如消化不良，粪便稀或恶臭，或乳房水肿迟迟不消，就要适当减少精料和多汁料，待恢复正常后，再逐渐增加精料。产后母牛不宜饮用冷水，尤其冬季应坚持饮用温水，1 周后饮水温度可降至常温。

③管理要点。犊牛生后（顺产或经助产）立即与母牛分开，对刚产后母牛的外阴部及周围用 0.1% 高锰酸钾清洗干净并擦干，圈舍或围栏内被污染的垫草应及时更换，保持清洁、温暖，防止贼风吹入。

每次挤乳时要充分热敷和按摩乳房，促进乳房水肿尽快消失。一定要遵守挤乳操作规程，保持乳房卫生，以免诱发细菌感染而患乳腺炎。加强对胎衣、恶露排出的观察。适当进行户外运动。新产牛泌乳初期要密切观察健康状况及时筛选出问题牛只。

预防酮病措施：养好干乳牛，防止过胖；临产前供给优质富含蛋白质和糖类饲料，并注意能量和蛋白质的比例；产后保证有充足优质粗饲料，促进瘤胃功能尽快恢复，提高采食量，尽可能减少产后能量负平衡；饲养上采用引导饲养法，逐渐增加精料的喂量，注意精粗比例和日粮中钙磷的含量。生产中可以通过尾中静脉采血判断血酮值来进行酮病的早期诊断。

预防胎衣不下措施：提高干乳后期日粮的蛋白质和能量浓度，保持干乳牛正常体况；干乳后期饲喂阴离子盐添加剂，降低日粮的 DCAD（阴阳离子平衡），确保日粮中常量、微量元素和维生素的含量。生产中可以通过收集牛只尿液，分析尿液 pH，进而了解饲料中阴离子盐的使用情况和预知产后瘫痪的发生。

预防真胃移位措施：养好干乳牛，防止过胖；加强运动；调整干乳后期日粮的阴离子水平，保证血钙的含量；重视粗饲料和有效纤维的摄入量；产后精料逐渐增加。

（2）泌乳盛期。一般为产后 22～100d，也称为泌乳高峰期。

①生理特点。此期奶牛乳房的水肿已消失；体内催乳素的分泌量逐渐增加，乳腺机能活动旺盛，日产乳量增至高峰值；食欲恢复，但尚未增加到最大采食量；日粮干物质进食量仍然不能满足产乳的营养需要，仍处于能量负平衡状态，奶牛需要再动用自身的体脂来泌乳，此期结束，奶牛减重（与分娩后比较）45kg 左右。产乳高峰一般出现在产后 4～8 周，而最大干物质进食量通常出现在产后 10～14 周。

②饲养目标。此期在保证奶牛健康状况下，尽量克服能量负平衡，想方设法提高产乳高峰值，充分发挥其产乳潜力，确保产乳高峰适时到来并延长高峰泌乳时间，使产乳量达到全泌乳期总产乳量的 50% 左右，保持奶牛合理的体况（理想的体况评分为 2.5～3.0 分），并于产后 60～110d 配种受孕。

③饲养、管理要点。最好把初产牛单独组群饲养；群内过瘦牛加强补饲。坚持以"料领着乳走"的原则，精料增加到产乳量不再上升为止，并持续饲喂一段时间。日粮标准达全场最高水平，精粗比不超过 60：40，精料喂量已经达到 13kg 左右。乳料比 2.6：1，产乳量与干物质进食量比大于 1.5。保证舍内舍外有充足清洁的饮水。加强牛舍消毒及挤乳用具的卫生，严格执行规范挤乳操作程序，预防乳腺炎的发生；保证足够的运动量。

为了充分提高此期的产乳量、减少能量负平衡，应采取以下措施：提高日粮能量浓度。泌乳盛期奶牛体内营养物质处于负平衡状态、体重减轻，常规的饲料配合难以保证产乳的能量需要，通过添加脂肪酸钙等保护性脂肪，提高日粮中的能量浓度，一般用量为每千克精料 60～80g。

提高饲料过瘤胃蛋白质的比例。泌乳盛期奶牛会出现组织蛋白质供应不足的问题，饲料蛋白质由于瘤胃细菌的降解，到达真胃和小肠的过瘤胃蛋白质不能满足需要量。因此，添加经保护（过瘤胃）的必需氨基酸，如赖氨酸、蛋氨酸、组氨酸等，在一定程度上解决或缓解组织蛋白质的不足。

可采用"引导"饲养法，具体加料方法是：自产犊前 2 周开始，采食量在营养需要的基础上每天增加 0.25～0.45kg，直到精料喂量接近日粮总干物质的 60% 为止。在整个引导饲养期内，需保证奶牛自由采食优质干草和充足清洁的饮水。在实际生产中，并不是所有奶牛对引导饲养法都能有良好适应，低产牛群和对产前乳房水肿特别严重的奶牛慎用。

预防瘤胃酸中毒的措施：确保日粮精粗比合理，保证一定量的优质长干草，日粮中添加1%～1.5%缓冲剂（碳酸氢钠和氧化镁之比为2：1）。

预防奶牛发情延迟，安静发情增多措施：增加能量和蛋白质的摄入量，保证日粮中足够的维生素和微量元素。

（3）泌乳中期。泌乳中期一般指奶牛产后101～200d。

①生理特点。奶牛食欲旺盛，消化机能增强，采食量达到高峰。奶牛处于怀孕早期或中期，体质已经恢复，体重开始增加，发病机会很少。所以，泌乳中期是稳定产乳的良好时机。

②饲养目标。恢复体膘，日增重控制在100～200g，期末体况恢复到2.75～3.0分。减缓产乳量下降速度，一般每10d下降在3%以内，高产奶牛不超过2%。产乳量应力争达到全泌乳期产乳量的30%～35%。

③饲养、管理要点。仍然采用分群饲养，精料喂量以"料跟着乳走"为原则，即随着产乳量的下降而逐渐减少精料的喂量。传统精粗分饲方法，可按下降3kg乳后减少1kg精补料比例进行，但开始时慢一拍，即从下降6kg乳开始减少1kg精补料。采取全混合日粮饲养技术的牛场，日粮营养浓度逐渐降低，但要保持组成相对稳定，精粗比例接近为50：50。供给充足的饮水和保证足够运动，坚持规范的挤乳操作程序。

防止产乳量下降过快的措施：在精粗比合理的情况下，适当保持精料的喂量，保证足够干物质进食量。注意能量和蛋白质的平衡。

（4）泌乳后期。通常是产后201d至停乳。

①生理特点。奶牛处于怀孕中后期，胎儿生长发育加快，母牛要提供大量的营养物质满足妊娠需要，产乳量下降幅度较大。食欲旺盛，消化机能很强，干物质进食量最大。发病机会很少。

②饲养目标。确保奶牛自身和胎儿健康。逐渐恢复体膘，日增重达300～500g，期末体况恢复到3.5～3.75分。减缓产乳量的下降，每个月下降幅度控制在10%以内。保胎防流。

③饲养、管理要点。精料喂量继续以"料跟着乳走"为原则，精粗比例接近40：60。饲喂策略是日粮以粗饲料为主，粗饲料的比例占干物质进食量的60%。防止产乳量下降过快。

泌乳后期是饲料转化体脂效率最高的时期，因此母牛体重增加量高于泌乳中期，泌乳初期损失的30～50kg体重，应在泌乳中期和后期得到恢复，不要等到干乳期进行，否则影响下一个泌乳期的健康和产乳。此期要防止流产，适时进行干乳。

对过胖牛群应降低日粮的能量浓度，控制精料和青贮玉米的饲喂量；对过瘦的牛群相应提高日粮中精料的能量浓度或增加饲喂数量，增加优质的粗料，加强疾病的预防。

2. 各时期比较 泌乳各时期的区别参考表5-2。

各时期奶牛产乳量、采食量、体重变化、胎儿生长的规律，如图5-5所示，采食量曲线（干物质进食量）变化直接影响着其他曲线，生产中只有保证足够的干物质进食量（见知识拓展），其他问题也相应得到解决。

表 5-2　各泌乳时期比较

泌乳时期	生理特点	饲养目标	饲养管理要点	注意事项
泌乳初期	体质弱，正在恢复，开始能量负平衡	提高干物质进食量，尽快恢复体质	主动增加精料，以"料领着乳走"为原则。加强产后护理。规范挤乳操作	预防乳房水肿、酮病、胎衣不下和真胃移位
泌乳盛期	体质恢复正常，产乳量增加到高峰，能量严重负平衡	提高干物质进食量，减缓能量负平衡，做到产后 60～110 d 配种受孕	坚持"料领着乳走"的原则，提高日粮配制营养浓度，全力提高产乳量。提高受胎率	预防乳腺炎、瘤胃酸中毒、发情延迟和安静发情
泌乳中期	产乳下降。采食量达到高峰。处于怀孕早期或中期，体重开始增加	减缓产乳量的下降速度，逐渐恢复体重	以"料跟着乳走"为原则，精粗比例接近为 50：50	防止产乳量下降过快
泌乳后期	产乳量大幅度下降，处于怀孕中后期，采食量最大，体重增加	减缓产乳量的下降速度，恢复体重。保胎防流	继续以"料跟着乳走"为原则，以粗饲料为主。结束时体重恢复产前	防止过胖或过瘦、早产

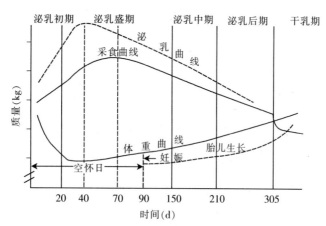

图 5-5　泌乳期奶牛产乳量、采食量、体重变化、胎儿生长曲线

3. 日粮配制　根据奶牛饲养标准和日粮配方原则、方法，利用电子表格设计配方模板，模板内饲料的营养成分可根据实际测定值重新输入，利用试差法进行快速调平。例如图 5-6，在 A 列输入牛常用饲料，2 行输入每种饲料的营养素。查奶牛饲养标准，将维持需要、1kg 营养需要参数输入并添加计算公式或函数，用凑数法在 B 列中调平，即完成配方。

饲料类型	比例(%)	可消化粗蛋白质(%)	产奶净能(MJ/kg)	钙(%)	磷(%)	酸性纤维(%)	中性纤维(%)	水分(%)
\multicolumn{9}{c}{650kg乳脂率3.5%奶牛饲料配方}								
东北羊草	10	4.8	4.71	0.4	0.2	42.64	70.74	8.4
玉米青贮	56	4.2	4.98	0.44	0.26	40.98	67.24	77.3
苜蓿干草		7.8	4.53	1.4	0.44	44.66	60.34	9.9
稻草		0.8	3.65	0.12	0.05	46.32	75.93	10
玉米秸		2	4.22	0.28	0.2	40.55	71.55	10
玉米	15	5.6	8.16	0.02	0.25	6.55	14.01	11.3
豆饼	8	30.3	9.26	0.49		9.89	15.61	12.7
麸皮		10.6	6.92	0.24	0.92	11.62	40.1	11.7
米糠饼		10.9	6.46	0.13	0.2	11.6	27.7	9.3
棉子饼	3	29	7.96	0.26	2.28	15.3	22.5	11.7
玉米胚芽饼		12.2	7.88	0.05	0.53			7
玉米DDGS	8	19.2	7.32	0.2	0.74	15.3	38.7	10
大豆皮		12.4	6.4		0.38			9
预混料	1.7							
合计	101.7	8.502	6.049	0.3884	0.4687	32.4125	57.8647	49.745
标准	100	10.03582624	6.642185401	6.757725034	4.5230631			
维持需要（kg）		0.386	45.77	0.039	0.03			
1kg奶营养（kg）		0.053	2.93	0.042	0.028			
相差	1.7	-1.533826243	-0.593185401	-6.369325034	-4.054363	32.4125	57.8647	49.745
产奶量（kg）		35						

图 5-6　电子表格设计配方模板示意

🐾 任务实施

（1）通过课前任务单，学生分组讨论，分析比较不同泌乳阶段的区别，然后教师进行点评和总结。

（2）学生在牛场实习，通过观察奶牛不同泌乳阶段生理特点，跟随饲养员、技术员参与生产，体会不同泌乳阶段饲养管理不同。

（3）根据教师讲的理论知识和在牛场参与的饲养管理实践经验，制订泌乳期各阶段饲养管理技术要点和相应的措施。

📖 学习小结

成年奶牛饲养管理是一项复杂的系统工程，各阶段有各阶段的特点和针对措施，在制订各项措施时一定要结合实际情况，如产乳量、牛的体况、牛场设施条件、饲料、饮水供给情况等，使各阶段紧密结合，相互支持，充分发挥奶牛这个特殊"机器"的生产能力。

⭐ 知识拓展

奶牛营养是基础，繁殖是关键，要达到牛场效益最大化，首先应控制产后代谢病发病率，其次是控制全群平均产犊间隔小于400d。生产中一些问题起因分析如下。

干物质采食量低：精料过多（＞60％干物质）；粗饲料过少（＜40％干物质）；青贮品质差；非蛋白氮和可溶性粗蛋白质水平高；饮水不足；饲槽太脏；粗料切得太碎；日粮不平衡；矿物质给量太低或太高；饲槽可用面积不足；采食霉变饲料；体况过肥；食用有毒杂草；饲料给量不足。

产乳量低：产乳高峰后，产乳量下降过快；乳腺炎发病率高；刚分娩奶牛精料饲喂量太低；奶牛体况过肥或过瘦；日粮营养不足或不平衡（主要是蛋白质和能量）；干物质采食量低。

乳脂率低：精粗比不当；粗料切得太碎；日粮酸性洗涤纤维（ADF）小于19％；瘤胃发酵活动降低；精料太多（＞60％干物质）；饲料粒度太碎，使用颗粒料；蛋白质和硫缺乏；体细胞数过高；瘤胃可利用脂肪太多。

乳蛋白低：干物质采食量低；可发酵糖类缺少；日粮蛋白质不平衡（RDP、UDP）；日粮蛋白质水平不足；过瘤胃蛋白缺乏必需氨基酸；添加过量脂肪和油。

瘤胃酸中毒：精料喂量大；粗料以玉米青贮为主；精粗料分开饲喂；添加缓冲剂（2份 $NaHCO_3$ 和1份 MgO 占精料1.2％左右）可预防瘤胃酸中毒。

酮病：干乳牛过肥；日粮 ADF 小于19％；产犊后应激；升乳期精料给量不足；给刚产乳牛精料太多；青贮质量差；缺乏蛋白质和硫；日粮更换过快；采食量受到抑制；与其他代谢降解有关。

乳热病（生产瘫痪）：在干乳期钙的给量太多；磷的给量太多；镁的摄入量太低；钾的摄入量太高；Ca 和 P 比太窄（＜1.5∶1）；奶牛过肥；采食量受到抑制；使用阳离子高的日粮。

真胃移位：干乳牛过肥；日粮更换过快；缺乏运动；粗饲料太少；粗饲料切得过细；瘤胃蠕动（发酵活动）降低；与酮病有关；与乳热病有关；干物质采食量低。

任务5.3　饲养管理干乳牛

任务描述

奶牛正常在产犊前45～75d停止挤乳，停乳后的母牛称妊娠干乳牛，干乳的这段饲养期称为干乳期。干乳期饲养管理是成母牛饲养管理过程中的一个重要环节，干乳期饲养管理的好坏对胎儿的正常生长发育、母牛的健康，以及下一个泌乳期的产乳表现均有重要的影响。干乳期奶牛主要做好饲养管理、保健和分娩准备工作，使奶牛身体能够得到充分的调整和恢复，为正常分娩和下一个泌乳期产乳打好基础。

任务目标

了解奶牛干乳的意义和干乳时期确定，掌握干乳的方法和干乳期饲养管理要点，熟悉干乳期所要做的常规工作，培养学生管理和组织奶牛场生产统筹和协调能力，增强奶牛分阶段管理的科学意识。

知识准备

1. 干乳的意义

（1）满足胎儿发育要求。干乳期正好是母牛产前两个月左右，这时胎儿发育加快，需要大量营养；同时胎儿体重增大，压迫母牛消化器官，消化能力减弱。为了保证胎儿营养需要，减轻母牛负担，应该采取干乳措施。

（2）使乳腺组织周期性休整。母牛乳腺组织经过一个泌乳期的分泌活动，必然会受到不同程度的损伤，因此，通过干乳，给乳腺一个休整时机，以便乳腺分泌上皮细胞进行再生、更新、重新发育，更好地为产后泌乳打下良好的基础。

（3）瘤网胃机能恢复。母牛的瘤网胃经过一个泌乳期高水平精料日粮的应激，其消化代谢机能进入疲劳状态。干乳期大量饲喂粗料，可以恢复瘤网胃的正常机能。

（4）治疗疾病。某些在泌乳期难以治愈的疾病，如乳腺炎，通过干乳期，可以得到有效防治，同时还能调整代谢紊乱，特别是有利于乳热症的预防。

2. 干乳期长短确定　干乳期的长短，一般控制在 60d 左右。对于头胎牛、体弱牛、老龄牛、高产牛，干乳期可适当延长，但最长不要超过 75d，否则影响其健康和生产性能。而对于身体强壮、营养状况良好、产乳量较低的母牛，干乳期可缩短为 45d。

据报道，干乳期如少于 35d，则会使下一个泌乳期的产乳量下降，主要是因为过短的干乳期妨碍了乳腺上皮细胞的更新或再生，从而直接影响下一个泌乳期的产乳。如果干乳期长于 75d，则会增加干乳期饲养成本，降低奶牛当胎的产乳量和经济收益。

通过配种日期，用配种月减 3，配种日加 6，预算出分娩日期，根据上述具体情况来确定干乳时间。

3. 干乳方法　奶牛在接近干乳期时，乳腺的分泌活动仍在进行，高产奶牛甚至每天还能产乳 10～20kg。但不论产乳量多少，到了预定停乳日，均应采取果断措施，使之停乳。生产中常采用的干乳方法有两种，即逐渐干乳法和快速干乳法。

（1）逐渐干乳法。逐渐干乳法是用 1～2 周使奶牛泌乳停止，这种方法适用于过去难停乳的牛或高产牛。具体方法是：在预定停乳前 1～2 周开始停止乳房按摩，改变挤乳次数和挤乳时间，由每天挤乳 3 次改为 2 次，而后每天 1 次或隔日 1 次；改变日粮结构，停喂糟渣、多汁饲料，减喂精料，增喂干草，控制饮水，通过这些处理，当产乳量降至 4～5kg 时，即停止挤乳。

（2）快速干乳法。此法是用 5～7d 使奶牛干乳，用于高、中产牛。快速干乳的具体方法是从干乳的第 1 天起，适当减少精料，停喂多汁料，控制饮水量；减少挤乳次数和打乱挤乳时间；干乳的第 1 天由每天 3 次挤乳改为日挤乳 2 次，第 2 天挤 1 次，以后隔日挤 1 次，一般经 5～7d 后，日产乳量下降到 10kg 以下时，即可停止挤乳。若为低产牛可在预定干乳之日，即停止挤乳。

上述两种停乳方法各有优劣，要根据牛群情况选用（现多提倡选用快速干乳法）。最后 1 次将乳彻底挤净，挤完乳后，立刻用 70%～75% 酒精消毒乳头，而后向每个乳区注入一支含有长效抗生素的干乳药膏，最后再用 3%～4% 次氯酸钠溶液或其他消毒液浸浴乳头。以后就不再触动乳房。但停乳后的 3～4d，要随时注意乳房变化，乳房最初可能会继续肿胀，只要乳房不出现红肿、热痛等不良现象，就不必管它。经 3～5d，乳房内积存的乳即会逐渐被吸收，约 10d 后乳房收缩变软，处于停止活动状态，停乳工作即告结束。

若停乳后乳房出现过分肿胀、红肿或滴乳等现象，应重新挤乳，待炎症消失后再行干乳。

干乳前还有两项重要的工作：一是要验胎，确保有孕；避免因初次验胎的失误导致奶牛长期空怀；二是必须进行隐性乳腺炎检测，此期是治疗隐性乳腺炎的最佳时期。

4. 干乳牛的饲养　干乳牛单独组群饲养。日粮以粗饲料为主，日粮干物质喂量控制在奶牛体重的 1.8%～2.2%，其中粗料的干物质进食量至少达到体重的 1%～1.5%。比较理想的粗料为干草（禾本科干草较好，少喂豆科干草），这有助于瘤胃正常功能的恢复与维持。此期玉米青贮或精料只能适量饲喂，以防母牛出现肥胖症，造成难产和代谢紊乱。

进入干乳期奶牛的体况评分最好能达到 3.5 分，并保持不再增加，此时日喂精料 3kg 左右；个别膘情差的牛只，可在干乳前期（干乳～产前 3 周），适当增加些精料（日喂量不超 4kg）来恢复体况，到干乳后期（产前 3 周）精料日喂量减少到 3kg 以下；体况良好（妊娠较晚达 4 分）的母牛，精料需少量补充或不喂。干乳牛精料喂量应视母牛体况和粗饲料质量，酌情微调，营养要适当，不可过多增重，否则易导致难产。不仅如此，干乳期过肥的母牛产后食欲下降，易引发酮血症和脂肪肝。

干乳期要保证足够的维生素和微量元素的添加量，适当减少食盐和钾的添加，预防犊牛生后失明和母牛乳房严重水肿，保证阴阳离子平衡。在产前的 2～3 周为奶牛提供阴离子盐（如 NH_4Cl、$MgSO_4$ 等），能有效降低产后瘫痪、胎衣不下和子宫内膜炎的发病率。

5. 干乳牛的管理　干乳牛和青年初孕牛一样，为了保胎的需要，应单独分为一群进行饲养管理。

（1）适当运动。干乳母牛每天要保持适当的运动，通过运动和光照，有利于奶牛的健康，有利于减少难产和胎衣滞留。但不可急速驱赶，以逍遥运动为宜。

（2）防止流产。饲喂干乳母牛的日粮，应做到饲料必须新鲜、干净，绝不能供给冰冻、腐败、变质的草料，而且不宜喂冷水。注意干乳期不宜进行采血、接种及修蹄。

（3）保持牛体卫生。干乳牛新陈代谢旺盛，容易产生皮垢，因此，要加强对牛体的刷拭，要求每天至少刷拭 2 次，同时保持牛床清洁干燥，勤换褥草。

（4）按摩乳房。当乳房变软收缩后，可实施乳房按摩，每天 1 次，每次 5min，将有助于促进乳腺发育，但对产前出现水肿的牛应停止按摩。

（5）及时进产房。干乳后期，即产前 3 周。为减少应激，此时应进入产房。

🗜️ 任务实施

（1）参观中小型奶牛场，了解牛场干乳牛和产乳牛的乳房形态差异，在饲养方式和饲草、饲料供应方面的差别。

（2）由指导教师就将要干乳的牛实行干乳操作。

（3）搜集有关奶牛，特别是干乳牛饲养管理方面的资料和经验材料，教师可准备一些图片和多媒体课件。

📖 学习小结

奶牛干乳期饲养管理是奶牛正常分娩、保证胎儿质量和进入下一个泌乳期的重要过渡时期。采用合理的方法适时干乳，加强干乳期母牛的饲养和管理，调控奶牛体况，减少乳房损伤和防治乳腺炎发生，进入泌乳期一定会取得良好的效果。

任务5.4　评定奶牛体况膘情

🎗️ 任务描述

奶牛体况评分（body condition score，BCS）是检查牛只膘情最简单有效的办法。它是评价奶牛饲养管理是否合理，并作为饲料调整、加强饲养管理的直观依据，是保证牛只健康、增重和增加产乳量的有力措施之一。一般每月评定一次，评分的通用方法是5分制。奶牛体况评分主要是根据目测和触摸牛的尾根、尻角（坐骨结节）、腰角（髋结节）、脊柱（主要是椎骨棘突和腰椎横突）及肋骨等关键骨骼部位的皮下脂肪蓄积情况而进行的直观评分。

奶牛体尺
测量

🎯 任务目标

了解评分主要部位，熟悉体况评定的方法，掌握评分标准，通过目测、手触摸，能较准确地给奶牛进行体况评分，为科学的日粮配制提供真实依据。

👟 知识准备

随着奶牛生产水平和规模化程度的提高，在牛群中常常会出现过于肥胖或过于瘦弱的牛只。成母牛过于肥胖，往往易导致脂肪肝、酮病、真胃移位、胎衣不下、难产、繁殖障碍和食欲减退等；过于消瘦，因缺乏足够的体能支持产乳需要，造成泌乳期峰值不高、泌乳持续力低、泌乳期短，使产乳总量减少。育成牛营养不良，会延迟初情期，影响初产时间及产乳量；过于肥胖的育成牛，在其生长发育中，乳房内会沉积大量的脂肪组织，使乳腺组织发育不良，导致终生产乳量不高。有研究报道，过肥的青年母牛比体况正常的牛，产乳量下降27％。所以，奶牛的膘情是奶牛营养代谢正常与否及饲养效果的反映，也是奶牛高产与健康的标志之一。

1. 评分标准　奶牛体况评分标准应本着准确、实用、简明、易操作的原则加以制定。本标准采用5分制，见表5-3。

表5-3　奶牛体况评分标准

部 位	1分	2分	3分	4分	5分
脊峰	尖峰状	脊突明显	脊突不明显	稍呈圆形	脊突被脂肪包埋
腰角间	深度凹陷	明显凹陷	略有凹陷	较平坦	圆滑
腰角与坐骨	深度凹陷	凹陷明显	较少凹陷	稍圆	丰满呈圆形
尾根部	凹陷很深，呈V形	凹陷明显，呈U形	凹陷很少，稍有脂肪沉着	脂肪沉着明显，凹陷更小	无凹陷，大量脂肪沉积
整体	极度消瘦，呈皮包骨样	瘦，但不虚弱，骨骼轮廓清晰	全身骨节不明显，胖瘦适中	皮下脂肪沉积明显	过度肥胖

1分：过瘦。呈皮包骨样，尾根和尻角凹陷很深，形成V形的窝，臀角显露，皮下没有脂肪，骨盆容易触摸到，各脊椎骨清晰可辨，棘突呈屋脊状，腰角与尻角之间深度凹陷，肋骨根根可见（图5-7）。

2分：瘦。皮与骨之间稍有些肉脂，整体呈消瘦样。尾根和尻角周围的皮下稍有些脂肪，但仍凹陷呈U形，骨盆容易触摸到，腰角与尻角之间有明显凹陷，肋骨清晰易数，沿着脊背用肉眼不易区分一节节椎骨，触摸时能区分横突和棘突，但棱角不明显（图5-8）。

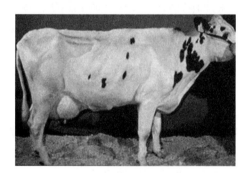

图5-7　体况评分1分

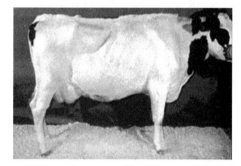

图5-8　体况评分2分

3分：中等。体况一般，营养中等。尾根和尻角周围仅有微弱下陷或平滑。在尻部可明显感觉有脂肪沉积，需轻轻按压才能触摸到骨盆，腰角与尻角之间稍有凹陷，背脊呈圆形稍隆起，一节节椎骨已不可见，用力按压才能感觉到椎骨棘突和横突（图5-9）。

4分：肥。从整体看有脂肪沉积，体况偏肥。尾根周围和腰角明显有脂肪沉积，腰角与尻角之间以及两腰角之间较平

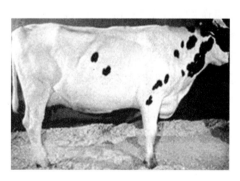

图5-9　体况评分3分

坦，尻角稍圆，脊柱呈圆形且平滑，需较重按压才能触摸到骨盆，肋骨已经触摸不到（图5-10）。

5分：过肥。尾根似埋于脂肪组织中，皮肤被牵拉，即使重压也触摸不到骨盆和其他骨骼结构，牛体的背部、体侧和尻部皮下为脂肪层所覆盖，腰角和尻角丰满呈圆形（图5-11）。

图5-10　体况评分4分　　　　　　　　图5-11　体况评分5分

2. 评分方法　评定时，可将奶牛拴于牛床上进行。评定人员通过对奶牛评定部位的目测和触摸，结合整体印象，对照标准给分。评定时牛体应自然舒张，否则肌肉紧张会影响评定结果。具体评定方法如下：

首先，要观察牛体的大小，整体丰满程度；其次，从牛体后侧观察尾根周围的凹陷情况，然后再从侧面观察腰角和尻部的凹陷情况，脊柱和肋骨的丰满程度；最后，触摸尻角、腰角、脊柱、肋骨以及尻部皮下脂肪的沉积情况。操作要点如下：

（1）用拇指和食指掐捏肋骨，检查肋骨皮下脂肪的沉积情况。过肥的奶牛，不易掐住肋骨。

（2）用手掌在牛的肩、背、尻部移动按压，以检查其肥度。

（3）用手指和掌心掐捏腰椎横突，触摸腰角和尻角。如肉脂丰厚，检查时不易感触到骨骼。评定时，侧重于尾根、尻角、尻部及腰角等部位的脂肪和肌肉沉积情况，结合肋骨、脊柱及整体印象，达到准确、快速、科学评定的目的。

3. 评定时期及体况变动　成母牛每年体况评定4次。分别在产犊、泌乳盛期、泌乳中期和干乳期进行，后备牛在6月龄、临配种时和产前两个月时进行评定，各时期的适宜体况评分参考表5-4。生产中2分以下和4分以上体况评分的奶牛很少见，多集中在2～4分变化。介于相邻两分之间取0.5，介于相邻两分之间的之间取0.25，再细分感观较难做到准确。生产中如图5-12所示的牛（过瘦，生病）少见，图5-13所示的牛正常，图5-14所示的牛过肥。

奶牛在不同时期应有一合适的体况，以使其产乳能力最大限度发挥，同时又能保证繁殖、消化机能的正常，使奶牛健康不受影响（表5-4）。如果奶牛的体况评分不符合要求时，应该采取必要的饲养（调日粮）管理（调群）措施加以调整。

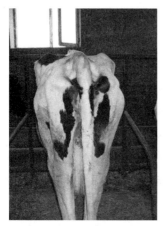 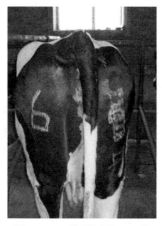 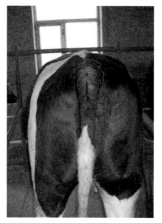

图 5-12　体况评分 1.5 分　　　图 5-13　体况评分 3.5 分　　　图 5-14　体况评分 4.25 分

表 5-4　奶牛各时期适宜体况评分

奶牛阶段	评定时期	适宜体况评分
成母牛	产犊	3.5～3.75
	泌乳初期	3.0～3.25
	泌乳盛期	2.5～2.75
	泌乳中期	3.0～3.25
	泌乳后期	3.25～3.75
	干乳期	3.5～3.75
后备牛	月龄	2.0～3.0
	临配种时	2.5～3.0
	产前 2 个月	3.5

任务实施

（1）学生现场熟悉奶牛体况评分评定部位，对各部位进行认真观察，掌握评定要点。

（2）指导教师或技术员对体况典型的（过肥、适宜、过瘦）奶牛个体进行示范评定，并讲解评定要领。

（3）在指导教师或现场技术员的指导下，学生分组进行奶牛体况评定，并由指导教师或现场技术员进行点评和总结。

学习小结

体况评定是当今奶牛饲养管理中的一项实用技术。奶牛体况膘情的好坏，反映奶牛身体能量储备的状态，与营养水平密切相关，对产乳量有直接影响。不同的生理时期和泌乳阶段应该有不同的体况评分，不合理的体况将会导致奶牛健康、繁殖率及泌乳持久力的下降。及时评定奶牛体况，对不适宜体况的奶牛调整日粮配方或给料量，改善营养，使其发挥最佳生产性能。体况评定是指导生产行之有效的方法，各国都在应用。

⭐ **知识拓展**

奶牛体况评分作为牛群饲养管理的一个重要环节，应加以制度化、标准化。某些奶牛的骨骼比较明显或尾根较粗隆；有少数牛天生很难育肥，尽管很瘦，泌乳和繁殖依然正常，这些牛应区别对待。生产中时常有过胖或过瘦的牛，即过高或过低的体况评分，后果和调整措施参考表5-5，生产中有些情况可进行调群解决。

表 5-5　各关键时期过高或过低体况的原因、后果和措施

阶 段	评 分	原 因	后 果	措 施
产犊期	>3.75	(1) 干乳期脂肪沉积过多 (2) 在干乳时体况过肥 (3) 干乳期太长	(1) 食欲差 (2) 乳热症发病率高 (3) 亚临床或临床性酮病发病率高 (4) 脂肪肝发病率高 (5) 胎衣不下发病率高 (6) 产乳性能不能充分发挥	(1) 降低干乳期日粮能量水平 (2) 降低泌乳后期日粮能量水平 (3) 减少干乳期精料量 (4) 减少泌乳后期精料量 (5) 控制干乳期不超60d
	<3.0	(1) 干乳期体况过瘦 (2) 泌乳后期精料喂量少 (3) 干乳期日粮能量不足 (4) 泌乳后期日粮能量不足	(1) 体脂贮存不足，产乳高峰值低 (2) 乳脂率和乳蛋白低 (3) 全泌乳期产乳量低 (4) 初生牛犊体重小、体质弱	(1) 增加泌乳后期能量和蛋白质水平 (2) 提高粗饲料质量 (3) 提高精料中能量水平
泌乳盛期	<2.0	(1) 干乳期奶牛太瘦 (2) 泌乳初期失重过多	(1) 不能达到产乳高峰 (2) 减少全期产乳量 (3) 产后一次受胎率低	(1) 测量奶牛进食量 (2) 提高日粮能量水平
泌乳中期	>3.5	(1) 产乳量低 (2) 饲喂高能量日粮	(1) 泌乳后期造成太肥 (2) 下胎酮病及脂肪肝发病率高	(1) 降低日粮能量水平 (2) 减少精料喂养量 (3) 转入低产牛群
	<2.5	(1) 精料减少太快 (2) 干物质采食量不足	(1) 产乳量减少 (2) 影响繁殖	(1) 提高日粮能量水平 (2) 提高干物质采食量
泌乳后期	>3.75	(1) 日粮中精料过多 (2) 日粮中能量高	(1) 干乳期过肥 (2) 增加难产 (3) 下胎食欲差 (4) 下胎酮病及脂肪肝发病率高、繁殖率低	(1) 减少精料量，降低日粮能量水平 (2) 控制干物质采食量
	<3.0	(1) 精料减少太快 (2) 干物质采食量不足	(1) 长期营养不足 (2) 产乳量低	(1) 提高日粮能量水平 (2) 提高干物质采食量

（续）

阶　段	评　分	原　因	后　果	措　施
干乳期	>3.75	(1) 日粮中精料过多 (2) 日粮中能量高	(1) 干乳期过肥 (2) 增加难产 (3) 下胎食欲差 (4) 下胎酮病及脂肪肝发病率高、繁殖率低	(1) 减少精料量，降低日粮能量水平 (2) 控制干物质采食量
	<3.0	泌乳后期未能达到理想体况	(1) 体脂贮存不足，产乳高峰值低 (2) 乳脂率和乳蛋白低 (3) 全泌乳期产乳量低 (4) 初生牛犊体重小、体质弱	提高泌乳后期和干乳期日粮能量水平

任务 5.5　挤乳操作

任务描述

挤乳技术是发挥奶牛产乳性能的关键技术之一，同时，挤乳技术还与牛乳卫生以及乳腺炎的发病率直接相关。正确而熟练的挤乳技术可显著提高泌乳量，并大幅度减少乳腺炎的发生。挤乳方式主要分为手工挤乳和机械挤乳。

任务目标

了解奶牛乳房结构，乳汁的形成及排出；熟悉常用的挤乳方法及其优点和缺点，挤乳时的注意事项；掌握按操作规程正确进行手工挤乳、机械挤乳技术。

知识准备

1. 牛的乳房结构　乳房的外形呈扁球状，附着于奶牛的后躯腹下，质量11～50kg。乳房内被一条中央悬韧带（纵向），沿着乳房中间向下延伸，将乳房分为左右两半，每一半乳房的中部又各被结缔组织隔开（横向），分为前后两个乳区。因此，乳房被分为前后左右4个各不相通的乳区。故当一个乳区发生病情时并不影响其他乳区产乳。4个乳区产乳可能稍有差别。通常，后面两个乳区比前面两个乳区发育更为充分，泌乳量更多（后面两个乳区约占55%）。

乳房内部由乳腺腺体、结缔组织、血管、淋巴、神经及导管所组成。在每一乳区的最下方各有一个乳头，乳头内部是一空腔，称为乳头乳池。乳头乳池上方连接一乳腺池，在每一乳腺池上方各有一组乳腺。乳腺的最小组成单位是乳腺泡，多个乳腺泡构成乳腺小叶，各乳腺小叶之间都有小输乳管相连，多个小输乳管汇合形成更大的输乳管，最后汇入乳腺乳池，整个乳腺系统如一串葡萄，其结构如图5-15所示。

2. 乳的生成与排出　乳的生成是复杂的生理生化过程，主要通过神经、激素

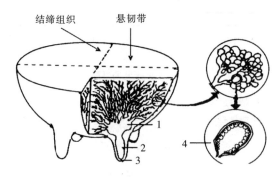

图 5-15　乳房的剖面
1. 乳腺泡池　2. 乳头乳池　3. 乳头管　4. 乳腺泡

调节。牛乳中的各种成分，均直接或间接来自血液。乳刚挤完时，乳的分泌速度最快。两次挤乳之间，当乳充满乳泡腔和乳导管时，上皮细胞必须将乳排出。如不挤乳，乳的分泌即会停止，乳的成分将被血液吸收。所以，泌乳牛必须定时挤乳。

排乳是一个复杂的生理过程，它同样受神经和内分泌的调节。当乳房受到犊牛吮乳、按摩、挤乳等刺激时，乳头皮肤末梢神经感受器冲动，传至垂体后叶，引起神经垂体释放催产素进入血液，经 20~60s，催产素即可经血液循环到达乳房，并使腺泡和细小乳导管周围的肌上皮细胞收缩，乳房内压上升而迫使乳汁通过各级乳导管流入乳池。由于血液中催产素的浓度在维持 7~8min 后急剧下降。因此，在做挤乳准备工作时速度一定要快，要尽量在 1min 之内完成，同时，也要加快挤乳速度，尽量在 8min 内将乳挤完。加快挤乳速度，对提高产乳量具有非常重要的作用。在挤乳时如发生疼痛、兴奋、恐惧、反常环境条件或突然更换挤乳员等均会抑制排乳反射，从而导致产乳量减少。

3. 挤乳操作　挤乳是发挥奶牛产性能的关键技术之一，同时，挤乳技术还与牛乳卫生以及乳腺炎的发病率直接相关。正确而熟练的挤乳技术可显著提高泌乳量，并大幅度减少乳腺炎的发生。挤乳操作主要分为手工挤乳和机械挤乳。

（1）手工挤乳操作程序。目前手工挤乳是我国小奶牛场和广大奶农采用的一种挤乳方式。手工挤乳虽然比较原始，但对患乳腺炎的牛则必须用手工挤乳。所以挤乳员除掌握机器挤乳技术外，还必须熟练掌握手工挤乳技术。

手工挤乳操作程序：准备工作→乳房的清洗与按摩→乳房健康检查→挤乳→乳头药浴→清洗用具。

①准备工作。挤乳前，要将所有的用具和设备洗净、消毒，并集中在一起备用。挤乳员要剪短并磨圆指甲，穿戴好工作服，用肥皂洗净双手。

②乳房的清洗与按摩。先用温水将后躯、腹部清洗干净，再用 50℃ 的温水清洗乳房。擦洗时，先用湿毛巾依次擦洗乳头孔、乳头和乳房，再用干毛巾自下而上擦净乳房的每一个部位。每头牛所用的毛巾和水桶都要做到专用，以防止交叉感染。立即进行乳房按摩，方法是用双手抱住左侧乳房，双手拇指放在乳房外侧，其余手指放在乳房中沟，自下而上和自上而下按摩 2~3 次，同样的方法按摩对侧乳

房。然后，立即开始挤乳。

③乳房健康检查。先将每个乳区的头两把乳挤入带面网的专用滤乳杯中，观察是否有凝块等异常现象。同时，触摸乳房是否有红肿、疼痛等异常现象，以确定是否患有乳腺炎。检查时，严禁将头两把乳挤到牛床或挤乳员手上，以防止交叉感染。

④挤乳。对于检查确定正常的奶牛，挤乳员坐在牛一侧后 1/3～2/3 处，两腿夹住乳桶，精力集中，开始挤乳。挤乳时，最常用的方法为拳握法，但对于乳头较小的牛，可采用滑挤法。拳握法的要点是用全部指头握住乳头，首先用拇指和食指握紧乳头基部，防止乳汁倒流；然后，用中指、无名指、小指自上而下挤压乳头，使牛乳自乳头中挤出。图 5-16 为挤乳示意图。挤乳频率以每分钟 80～120 次为宜。当挤出乳量急剧减少时停止挤乳，换另一对乳区继续进行，直至所有的乳区挤完，如图 5-17 所示。因此，手工挤乳操要求熟练、快速。滑挤法是用拇指和食指握住乳头基部自上而下滑动，此法省力，但容易拉长乳头，造成中央悬韧带松弛而形成悬垂乳房。

奶牛挤乳
技术

正确手法　　理想手法　　滑挤法

图 5-16　挤乳示意

图 5-17　乳区轮换挤乳

⑤乳头药浴。挤完乳后立即用浴液浸泡乳头，以降低乳腺炎的发病率。因为挤完乳后，乳头需要 15～20min 才能完全闭合，此时环境病原微生物极易侵入，导致奶牛感染。常用浴液有碘甘油（3％甘油加入 0.3％～0.5％碘）、2％～3％的次氯酸钠或 0.3％新洁尔灭。

⑥清洗用具。挤完乳后，应及时将所有用具洗净、消毒，置于干燥清洁处保存，以备下次使用。

（2）机械挤乳技术流程。目前，大型现代化奶牛场均已采用机械挤乳。机械挤乳是模仿犊牛自然哺乳过程的生理规律进行科学设计，利用真空原理将乳从牛的乳房中吸出，一般由真空泵、真空罐、真空管道、真空调节器、挤乳器（包括乳杯、集乳器、脉动器、橡胶软管、计量器等）、贮存罐等组成。

挤乳机的类型主要有提桶式、移动式（图 5-18）和管道式三种。挤乳厅（台）也属于管道式中的一种。目前，我国许多奶牛场采用的是管道式挤乳系统。挤乳厅的建筑形式有坑道式（图 5-19）、平面式和转盘式（图 5-20）等。挤乳厅的挤乳装置主要有：挤乳台、位置固定的挤乳器、牛乳计量器、牛乳和真空输送管道、洗涤系统、乳房自动清洗设备、自动脱落装置、奶牛出入启闭装置等。挤乳台根据奶牛在挤乳台上的排列形式，又可分并列式、鱼骨式、串联式、转盘式等。

图 5-18　小型挤乳机

图 5-19　坑道式挤乳厅

图 5-20　转盘式挤乳厅

上述各种类型挤乳机各有其适用的条件，在选购时要根据牛群的规模和当地实际情况而定。如仅 10～30 头泌乳牛，或中、小型奶牛场的产房，则宜选用移动式挤乳机；30～200 头泌乳牛可选用管道式；200 头以上，最好采用挤乳厅挤乳。同时，在选用厂家和品牌时，务必注意维修的条件和易损件供应渠道，如果当地缺少维修条件，易损件难买或价格昂贵，挤乳器一旦出现故障，就会影响正常生产。

机械挤乳操作技术流程：准备工作→挤乳前检查→擦洗和按摩乳房→弃掉头两把乳→挤前乳头药浴→套乳杯→挤乳→卸乳杯→挤后乳头药浴→清洗器具。

①准备工作。做好挤乳前的卫生准备工作，包括牛只、牛床及挤乳员的卫生，其准备工作与手工挤乳相似。

②挤乳前检查。调整挤乳设备及检查奶牛乳房健康。高位管道式挤乳器的真空读数调整为 48～50kPa，低位管道的管道式挤乳器的真空读数调整为 42kPa。将脉动器频率调到 60 次/min。调试好设备后，除故障外，一般情况不要频繁调整，以便牛群适应。定期对弃掉的头两把乳进行隐性乳腺炎检查，经常检查乳房外表是否有红、肿、热、痛症状或创伤，如果有临床乳腺炎或创伤应进行手工挤乳。患临床乳腺炎的牛乳另作处理。

③擦洗和按摩乳房。挤乳前，用消毒过的毛巾（最好专用）擦洗和按摩乳房，并用一次性干净纸巾擦干。淋洗面积不可太大，以免脏物随水流下增加乳头污染机会。这一过程要快，最好在 15～25s 完成。

④弃掉头两把乳。因头两把乳细菌数较高，要求弃掉指定容器内。

⑤挤前乳头药浴。常用药液有碘甘油（3％甘油加 0.3％～0.5％碘）、0.3％新洁尔灭或 2％～3％次氯酸钠。等待 30s 后用纸巾或消毒过的毛巾擦干，做到一牛一巾，避免交叉感染。

⑥套乳杯。套乳杯时开动气阀，接通真空，一手握住集乳器上的 4 根管和输乳管，另一只手用拇指和中指拿着乳杯，用食指接触乳头，依次把乳杯迅速套入 4 乳头上，并注意不要有漏气现象，防止空气中灰尘、病原菌等吸入乳源中。这一过程应在 45s 内完成。熟练者可双手同时进行套乳杯。

⑦挤乳。充分利用奶牛排乳的生理特性进行挤乳，大多数奶牛在 5～7min 完成排乳。挤乳器应保持适当位置，避免过度挤乳造成乳房疲劳，影响以后的排乳速度。通过挤乳器上的玻璃管观察乳流的情况，如无乳汁通过立即关闭真空导管上的

开关，挤乳完毕。

⑧卸乳杯。关闭真空导管上的开关2～3s后，让空气进入乳头和挤乳杯内套之间，再卸下乳杯。避免在真空状态下卸乳杯，否则易使乳头损伤，并导致乳腺炎。目前绝大多数的挤乳机械都可自动脱杯，根据乳流出的速度，在一定流量下，乳杯可自行脱落。

⑨挤后乳头药浴。挤乳结束后必须马上用药液浸乳头，因为在挤乳后15～20min乳头括约肌才能完全闭合，阻止细菌的侵入。用药液浸乳头是降低乳腺炎的关键步骤之一。乳头浸液，现配现用。用药液浸乳头30 s后，再用一次性干净纸巾或消毒过的毛巾擦净。每天对药液杯进行一次清洗消毒。

⑩清洗器具。每次挤完乳后清洗厅内卫生，做到挤乳台上、台下清洁干净；管道、机具立即用温水漂洗，然后用热水和去污剂清洗，再进行消毒，最后凉水漂洗。至少每周清洗脉动器一次，挤乳器、输乳管道冬季每周拆洗一次，其他季节每周拆洗两次。凡接触牛乳的器具和部件先用温水预洗，然后浸泡在0.5%纯碱水中进行刷洗。乳杯、集乳器、橡胶管道都应拆卸刷洗，然后用清水冲洗，用1%漂白粉液浸泡10～15min后晾干后再用。

机械挤乳操作主要程序如图5-21所示。

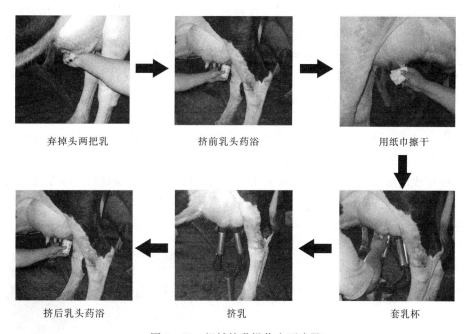

弃掉头两把乳　　　挤前乳头药浴　　　用纸巾擦干

挤后乳头药浴　　　挤乳　　　套乳杯

图5-21 机械挤乳操作主要步骤

对于瞎乳头的牛，机械挤乳时需用假乳头填充乳杯防止漏气。假乳头待用时，要浸泡在有效浓度的消毒液中备用。

4. 挤乳注意事项

（1）建立完善的挤乳工作制度。在操作过程中，除严格遵守挤乳规程外，还要守时、认真。建立一套行之有效的检查、考核和奖惩制度十分必要。

（2）要保持奶牛、挤乳员和挤乳环境的清洁、卫生。挤乳环境要保持安静，避免奶牛受惊。挤乳员要和奶牛建立亲和关系，严禁粗暴对待奶牛。

（3）挤乳次数和挤乳间隔确定后应严格遵守，不要轻易改变，否则会影响泌乳量。

（4）患乳腺炎的母牛使用手挤乳时，安装挤乳杯的速度要快，不能超过45s。

（5）挤乳时密切注意乳房情况，及时发现乳房和乳的异常。同时，既要避免过度挤乳，又要避免挤乳不足。

（6）挤乳后，尽量保持母牛站立1h左右。这样可以防止乳头过早与地面接触，使乳头括约肌完全收缩，有利于降低乳腺炎发病率。常用的方法是挤乳后供给新鲜饲料。

（7）迅速进行挤乳，中途不要停顿，争取在排乳反射结束前将乳挤完。

（8）挤乳时第一、第二把乳中含细菌较多，要弃去不要，对于病牛，使用药物治疗的牛，患乳腺炎的牛的乳不能作为商品乳出售，不能与正常乳混合。

（9）挤乳机械应注意保养，始终保持良好工作状态，对已老化的橡胶配件要及时更换。管道及盛乳器具应认真清洗消毒。

5. 挤乳次数和间隔 泌乳期间，乳汁随着在腺泡和腺管内的不断聚积，内压上升将减慢分泌速率。因此，适当增加挤乳次数可提高产乳量。据报道，3次挤乳产乳量较2次提高16%～20%，而4次挤乳又比3次提高10%～12%。尽管如此，在生产上还得同时兼顾时间分配、劳动强度、饲料消耗（奶牛3次挤乳的干物质采食量较2次多5%～6%）及牛群健康。通常在劳力低廉的国家多实行日挤乳3次，而在劳动费用较高的欧美国家，则实行挤乳2次。采用3次挤乳，挤乳间隔以8h为宜，而2次挤乳，挤乳间隔则为12h为宜。

6. 鲜乳的初步处理

（1）鲜乳的过滤。在挤乳过程中，尤其是手工挤乳过程中，牛乳中难免落入尘埃、牛毛、粪屑等，因而会使牛乳加速变质。所以刚挤下的牛乳必须用多层（3～4层）纱布或过滤器进行过滤，以除去牛乳中的污物和减少细菌数目。纱布或过滤器每次用后应立即洗净、消毒，干燥后存放在清洁干燥处备用，也可以在输乳管道上隔段加装过滤筒对牛乳进行过滤。用过的过滤筒必须按时更换和消毒。

（2）鲜乳的冷却。刚挤出的牛乳，虽然经过过滤清除了一些杂质，但由于牛乳温度高（35℃）很适于细菌繁殖。据测定，细菌每10～20min分裂繁殖一代，3h后1个细菌可增殖到30万之多。所以过滤后的牛乳立即放到4～5℃的容器中进行冷却降温，可有效抑制微生物的繁殖，延长牛乳保存时间。

图5-22 鲜乳冷却罐

常用的冷却方法主要有水池冷却法、冷排冷却法、热交换器冷却法、直冷式乳罐冷却法等（图5-22）。

（3）鲜乳的运输。奶牛场生产的鲜乳，往往需要运至乳品厂进行加工。如果运输不当，会导致鲜乳变质，造成重大损失。因此鲜乳运输中应注意以下几点：

①防止鲜乳在运输中温度升高，尤其在夏季运输，最好选择在早晚或夜间进行。运输工具最好用专用的乳罐车。如用乳桶运输应用隔热材料遮盖。

②容器内必须装满盖严，以防止在运输过程中因震荡而升温或溅出。

③尽量缩短运输时间，严禁中途停留。

④运输容器要严格消毒，避免在运输过程中污染。

任务实施

（1）学生分组进行手工挤乳，指导教师现场演示、指导。

（2）练习用移动式挤乳机，进行机械挤乳操作，指导教师现场演示、指导。

（3）利用实习机会，在大型奶牛场，了解管道式挤乳装置和挤乳厅的设计，熟悉机械挤乳技术流程，体验机械挤乳操作过程。

学习小结

挤乳是奶牛生产的日常工作。挤乳技术熟练与否，关系到产乳量高低，熟练挤乳工对奶牛来说，是一个良好刺激，有利于乳汁的形成，提高产乳量，同时提高工作效率。因此，挤乳人员一般要固定，以适应挤乳工作的需要。学生学习期间，为不影响奶牛产乳量，尽量不要用高产奶牛练习挤乳，因为学生挤乳还不够熟练，避免影响整个泌乳期总产乳量。

知识拓展

实施挤乳过程中，要求每个环节都不能疏忽，并保证其操作熟练准确，否则不利于奶牛乳房健康。

挤乳前药浴有利于控制乳的细菌数量，挤乳后药浴可防止乳腺炎的发生，挤乳后药浴结束，切记不必再次擦干乳头；挤乳后药浴液的浓度比挤乳前要高，在北方冬季使用的后药浴液还要求具有防冻成分。药浴过程中，要保证每个乳头有3/4的面积被药浴到。

当乳头受到刺激，通过传感器传递给下丘脑和垂体分泌催产素，在催产素作用下，乳腺中乳汁随着挤乳进行开始排出，几分钟后，当血液中催产素含量下降，排乳结束。并且在短时间内，不能再次刺激并排乳。这一反射称为排乳反射。所以，要求挤乳时间为5~8min，在此时间内将乳迅速挤出。

任务5.6 用TMR技术饲养奶牛

任务描述

全混合日粮（total mixed ration，TMR）饲养技术是指根据牛群营养需要（个体需要×群体牛头数），将各种粗饲料、精饲料、青贮饲料及各种饲料添加剂等，在专用搅拌车内，按一定比例充分均匀混合，并调整含水量至45%±5%的日粮。通过奶牛分群、TMR配制、加工、饲喂、管理和机械使用与维护来完成。

任务目标

了解 TMR 技术与传统精粗分开饲喂方法的不同，充分理解 TMR 技术能够解决的问题和带来的问题；熟悉 TMR 技术饲养奶牛全过程；掌握分群、TMR 日粮配制、加工、饲喂、管理等技术要点。

知识准备

奶牛 TMR
饲养技术

1. TMR 技术能够解决的问题

（1）提高大规模牛场的劳动效率。

（2）避免奶牛挑食。

（3）维持瘤胃 pH 稳定，防止瘤胃酸中毒。

（4）有利于日粮的平衡。

（5）提高瘤胃微生物合成菌体蛋白的效率。

（6）有利于增加奶牛的采食量。

（7）可充分利用农副产品和一些适口性差的饲料原料，降低饲料成本。

（8）简化饲喂程序，减少饲养的随意性，使管理的精准程度大大提高。

2. TMR 技术带来的问题

（1）需要分群饲喂，因调群，会带来管理的不便和产生一定程度的应激。

（2）需要 TMR 搅拌机和用于称量、取料等专业设备。

（3）需要经常检测日粮营养成分，调整日粮配方。

（4）需要较大投资和进行设备维护。

（5）需要适合的牛场道路和饲喂通道。

（6）需要丰富的饲料资源和足够量的青贮饲料。

3. 搅拌车的选择

（1）选择搅拌车的类型。新建的散栏牛舍，可选择移动式。老式旧舍，应选择固定式，以解决牛舍结构、饲槽、饲喂通道、建筑物及道路布局对 TMR 饲养技术应用的限制，将搅拌车安放在固定位置（搅拌站），动力由电动机提供，从尾部由人工或用传送带装料。原料及搅拌好的 TMR，由三轮车或其他小型农用车，分别运送到 TMR 搅拌站和牛舍，即通过二次搬运方式实现 TMR 配送。

（2）选择搅拌车的容积。根据养殖规模，牛群数量选择容积适宜的搅拌车。一般 300 头以下选用 5m³；300～500 头，选用 7m³；500～800 头，选用 9m³；800～1 000 头，选用 12m³ 比较合适。

4. TMR 加工

（1）饲料管理。饲料原料贮存过程中应防止雨淋、发酵、霉变、污染和鼠（虫）害。饲料按先进先出的原则进行配料，并做出库、入库和库存记录。

（2）原料投放。如图 5 - 23 和图 5 - 24 所示。遵循先干后湿、先轻后重、先长后短、先粗后精原则，要准确称量，并记录审核每批原料投放量。按干草→青贮→精料补充料→湿糟渣类等顺序添加。

图 5 - 23　TMR 机添加青贮料

图 5 - 24　TMR 机添加干草

（3）搅拌时间。一般情况下，最后一种饲料原料加入后搅拌 5～8min 即可，一个工作循环总用时在 25～40min 较为理想。

（4）TMR 评价方法。

①感官检查法。从感官上，搅拌效果好的 TMR 表现为精粗饲料混合均匀，松散不分离，色泽均匀，新鲜不发热，无异味，不结块。

②观察法。随时观察牛群时，应有 50％左右的牛正在反刍，粪便正常，表明日粮加工程度适宜。

图 5 - 25　中国农业大学设计的 TMR 分级筛

③宾州筛过滤法。宾州筛是美国宾夕法尼亚州立大学设计，用来测定 TMR 组分粒度的专用筛。目前，由中国农业大学设计的 TMR 分级筛，在部分牛场中得到应用（图 5 - 25）。由三个叠加式的筛子和底盘组成，上面筛子的孔径是1.9 cm，中间筛子的孔径是 0.8 cm，下面筛子的孔径是 0.12cm，最下面是底盘，用塑料制成。具体使用方法：从日粮中随机取样，放在上部的筛子上，左右滑动 40 次重复后，日粮被分成上（粗）、中、下（细）、底四层，分别对这四层称重，计算它们在日粮中所占的比例，如表 5 - 6 是宾州筛推荐值。

表 5 - 6　宾州筛推荐标准

（李胜利，2011，全混合日粮操作员）

层	筛孔直径/mm	玉米青贮/％	干草/％	TMR/％
第一层	＞19	3～8	10～20	3～8
第二层	8.0～19	45～65	45～75	30～40
第三层	1.2～8.0	30～40	20～30	30～40
底层	＜1.2	＜5	＜5	≤20

（5）注意事项。

①根据搅拌车的容积，掌握适宜的搅拌量，避免过多装载，影响搅拌效果。通常搅拌量占总容积的 85％为宜。每立方米容量可搅拌 TMR 250～400kg。

②保证各组分饲料精确称量，定期校正计量器。

③添加过程中，防止铁器、石块、包装绳等杂质混入搅拌车，造成车辆损坏。

5. TMR 饲喂技术 见图 5-26。

（1）TMR 配制。配制实例，见表 5-7。

①各牛群 TMR 的营养水平参照国标 NY/T 34—2004 奶牛饲养标准，也可参考表 5-8 的推荐量（NRC）。

图 5-26 采食 TMR

②要充分利用当地农副产品，追求配方成本最小化。

③精料补充料干物质最大比例不超过日粮干物质的 60%。

④冬季水分控制在 40%～45%；夏季控制在 45%～50%。

⑤保证日粮中降解蛋白质（RDP）和非降解蛋白质（RUP）的相对平衡。

⑥添加保护性脂肪和油子等高能量饲料时，TMR 脂肪含量不超过日粮干物质 7%。

表 5-7 产乳量 30kg/头的 TMR 日粮配制实例

原 料	鲜重 /kg	风干重 /kg	精粗比	奶牛能量单位 /NND	粗蛋白质 /%	中性洗涤纤维 /%	含水量
精饲料	11	11		2.35	21	15.8	1.1
苜蓿	3	3		1.72	17	45	0.3
羊草	2	2		1.85	7.5	45	0.2
玉米青贮	15	4.5		1.85	6.7	40	10.5
啤酒糟	8	1		2.2	2.9	15	7
总计	39	21.5	51：49	2.16	18.4	29	19.1（49%）

注：100 头牛，总计 3 900kg，其中精饲料 1 100kg、苜蓿 300kg、羊草 200kg、玉米青贮 1 500kg、啤酒糟 800kg，12m³ TMR 车一次混合。

表 5-8 TMR 牛群营养推荐量

营养水平	TMR 牛群				
	干乳牛 TMR	高产牛 TMR	中产牛 TMR	低产牛 TMR	育成牛 TMR
干物质/kg	13～14	23.6～25	22～23	19～21	8～10
产乳净能/(MJ/kg)	5.77	7.03～7.36	6.69～7.03	6.28～6.69	5.44～5.86
脂肪/%	2	5～7	4～6	4～5	
粗蛋白质/%	12～13	17～18	16～17	15～16	13～14
非降解蛋白（RUP）/%	25	34～38	34～38	34～38	32

（续）

营养水平	TMR 牛群				
	干乳牛 TMR	高产牛 TMR	中产牛 TMR	低产牛 TMR	育成牛 TMR
降解蛋白（RDP）/%	70	62~66	62~66	62~66	68
酸性洗涤纤维/%	30	19	21	24	20~21
中性洗涤纤维/%	40	28~35	30~36	32~38	30~33
粗饲料提供的/%	30	19	19	19	
Ca/%	0.6	0.9~1	0.8~0.9	0.7~0.8	0.41
P/%	0.26	0.46~0.5	0.42~0.5	0.42~0.5	0.28
Mg/%	0.16	0.3	0.25	0.25	0.11
K/%	0.65	1~1.5	1~1.5	1~1.5	0.48
Na/%	0.1	0.3	0.2	0.2	0.08
Cl/%	0.2	0.25	0.25	0.25	0.11
S/%	0.16	0.25	0.25	0.25	0.2
钴（Co）/(mg/kg)	0.11	0.11	0.11	0.11	0.11
铜（Cu）/(mg/kg)	16	14	10	9	10
碘（I）/(mg/kg)	0.50	0.88	0.60	0.45	0.30
铁（Fe）/(mg/kg)	20	20	15	14	40
锰（Mn）/(mg/kg)	21	21	20	14	14
硒（Se）/(mg/kg)	0.30	0.30	0.30	0.30	0.30
锌（Zn）/(mg/kg)	26	65	43	65	32
维生素 A/(IU/d)	100 000	100 000	50 000	50 000	40 000
维生素 D/(IU/d)	30 000	30 000	20 000	20 000	13 000
维生素 E/(IU/d)	1000	600	400	400	330

注：1. 引自 NRC 2001 年版所用标准，并根据养殖实际情况做了相应改动。

2. 营养浓度都是以干物质为基础计算。

3. 荷斯坦奶牛成年体重 680kg（不含孕体）；妊娠期日增重 0.67kg（含孕体）。

4. 育成牛营养水平依据 14 月龄营养需要，如果牛群较大时，建议将后备牛群的分群细化，有利于后备牛群的生长发育和饲料成本的控制。

（2）饲料原料成分测定。配制 TMR 时要经常测定原料成分，保证按群配方的准确性。测定时分别遵照 GB/T 6432、GB/T 6433、GB/T 6434、GB/T 6435、GB/T 6436、GB/T 6437 和 GB/T 6438 规定。水分可用微波炉测定。

（3）分群。分群要严格，一般每群头数以 100~200 头为宜，规模小时，可分组饲喂；群间的产乳差距不宜超过 10kg，差距越小越好。育成牛和头产牛单独组群。成母牛饲养规模在 150 头以下的奶牛场（户），分两个牛群，即泌乳群和干乳群。规模在 150 头~300 头的奶牛场，分 3 个牛群，即高产群、低产群和干乳群。规模在 300~500 头的奶牛场，分 4 个牛群，即高产群、中产群、低产群和干乳群。规模在 500 头以上的奶牛场，分 5 个牛群，即高产群、中产群、低产群、干乳前期和干乳后期群。分群饲喂方案见表5-9。

表5-9 分群饲喂方案

群　别	日粮类型					分群标准
	高产牛 TMR	中产牛 TMR	低产牛 TMR	育成牛 TMR	干乳牛 TMR	
高产群	＝					体况评分2.5～3.0分，日产乳30kg以上牛只
中产群		＝				体况评分2.75～3.0分，日产乳25～30kg牛只
低产群			＝			体况评分3.0～3.5分，日产乳25kg以下牛只
干乳群 干乳前期	＝					停乳～产前21d，体况评分3.5～3.75分
干乳群 干乳后期	＝				＝	产前21d～产犊，体况评分3.5～3.75分
育成群				＝		6月龄～产犊，体况评分2.5～3.0分，规模大可间隔3月龄为一群

注：1. "＝"为牛群对应的TMR日粮。

2. 分群时主要依据产乳量，结合体况评分。

3. "群别"视牛群规模大小和日粮配制的可行性，将牛群分为2～5个。

（4）调群。分群饲养后对个别过肥的奶牛应调整到低产群，过瘦的奶牛调整到高产群。对于一些健康方面存在问题和特殊高产奶牛，可根据牛的健康和采食情况，饲喂相应合理的TMR，同时可补饲一定优质粗饲料或精料补充料，以达到适宜的体况。

6. 饲槽管理

（1）颈夹尺寸适宜，应有70～90cm的采食槽位。槽底光滑，浅颜色。

（2）夏天除每天至少3次舍内投喂日粮外，应在运动场设有饲槽增加采食时间，运动场采食槽位要有遮阳棚，减少热应激和防雨淋；冬天增加舍内投喂日粮次数；提高干物质采食量。

（3）班前班后检查饲槽剩料情况，剩料占添加总量3％～5％为宜。

（4）每天清理饲槽，夏季定期刷洗饲槽，并做到不空槽、勤匀槽。

（5）如果牛只采食量下降，要认真分析原因，不要马上降低日粮投放量，以免引起产乳量的急剧下降。

（6）夏季成母牛剩料（回头草）直接投放给后备牛或干乳牛，避免放置时间过长造成发热变质，同时避免与新鲜饲料二次搅拌，引起日粮品质下降。

7. 机械设备使用及维护　按出厂使用说明书执行。

任务实施

（1）学生在指导教师或技术人员指导下，参与全混合日粮的加工、饲喂过程。熟悉组成全混合日粮的配方、各饲料原料营养特点和TMR机械使用。

（2）由指导教师或现场技术员，介绍实习牛场全混合日粮使用情况，注意事项及饲喂技术要点。

📖 学习小结

随着奶牛生产集约化管理程度的提高，对饲养条件和机械化程度要求也越来越高。近年来，在国家农业机械补贴政策的扶持下，TMR 饲养技术得到了快速的推广应用。与传统精粗分饲相比较，TMR 饲养技术给大规模奶牛场带来了新的生机，也是奶牛生产技术的一场革新。应用好这项技术的关键要掌握好日粮配制、加工、评价和饲喂状况，并要定时进行检测和调整。

任务 5.7　分析奶牛 DHI 报告

🔖 任务描述

DHI（dairy herd improvement）国外称牛群改良，国内称奶牛生产性能测定。DHI 体系指通过测定奶牛的产乳量、乳成分、体细胞数并收集相关资料，对其进行分析后，获取一系列反映奶牛群配种、繁殖、饲养、疾病、生产性能等方面的信息，利用这些信息进行有效指导生产管理的过程。DHI 体系是国际上最先进的牧场管理体系，是衡量牛场管理水平的依据。利用 DHI 报告所反映的信息，可以进行饲料配方的制作、牛群结构的调整、疾病防治及乳腺炎的跟踪治疗等工作。

🎯 任务目标

了解 DHI 含义、现状以及基本要求，掌握奶牛场 DHI 测定项目指标，会进行 DHI 报告分析，并能根据分析报告正确指导、调整和组织奶牛生产，有效提高经济效益。

📋 知识准备

1. DHI 体系的含义　DHI 是通过测定奶牛的产乳量、乳成分、体细胞数并收集有关资料，经分析后，形成的反映奶牛场配种、繁殖、饲养、疾病、生产性能等的信息，围绕这些信息可以进行有序、高效的生产管理，也可为奶牛场饲养管理提供决策依据。

2. DHI 体系的现状　在美国、加拿大等发达国家，已有 80% 以上的泌乳牛采用 DHI 体系进行生产管理，而中国只有不足 10% 的泌乳牛采用该体系。1999 年 5 月，中国奶业协会成立了全国 DHI 工作委员会，以促进这一新技术在中国的推广应用。目前，上海、杭州、北京、天津、西安、哈尔滨已经推广应用，运用 DHI 体系在中国已经成为一种趋势。

DHI 体系在牛场的合理应用是提高牛场经济效益和管理水平不可缺少的途径。其重要性在于：①可以最大限度、最为可靠地创造优秀种公牛；②可以为奶牛选种选配提供依据，加速奶牛群体改良；③可以为科学饲养提供依据，不断提高奶牛经营者饲养管理水平；④可以对奶牛健康进行早期预测，为疾病防治提供依据；⑤为奶牛良种登记和评比工作提供依据；⑥可为牛乳合理定价提供科学依据。

3. DHI 工作的基本要求

（1）测定工作的组织和制度要求。由于这项工作投资大、技术性强、影响面广，应由各省（自治区、直辖市）设立独立机构（乳品检测中心）承担。机构内应配置专用采样车辆、专门的化验室、数据处理室及相关采样、分析仪器（牛乳流量计、全自动牛乳成分分析仪、牛乳体细胞计数仪、专用电脑及数据处理软件等），配备经过专门训练、熟练掌握操作要领和服务要求的专职牛乳采样员、化验分析员、数据统计员、报表反馈指导员等。为了增强该项工作的权威性、结果的可靠性以及工作效率，保证此项工作顺利进行，测定结果要求在 7d 内反馈给奶牛场。

（2）对测定对象要求。凡是具有一定规模且愿意开展此项工作的奶牛场均可参加。产犊第 6 天至干乳开始的前一天，健康泌乳奶牛均应测定。平均每月测定一次，连续两次测定的间隔时间在 26～35d。这要求奶牛场工作人员必须与检测部门人员紧密配合。

4. DHI 报告的内容　DHI 报表是对乳样进行乳成分、体细胞（somatic cell count，SCC）分析后，综合牛场系谱、胎次、分娩日期等资料，应用 DHI 软件进行统计而得到的反映牛场现阶段管理水平、疾病防治、选种选配等方面情况的技术性报表。分析报表可以找出牛场生产管理中存在的问题，是牛场以后工作安排的指导性材料。

乳成分分析

目前，报表提供下列信息内容：

（1）序号。为样品测试的顺序。

（2）牛号。采用中国奶协规定的统一编号，共计十位。前五位是所在省份和牛场代号，后五位是出生顺序号。例如某场 2019 年出生的第 32 个母牛的编号为 19032。统一编号增加了数据的准确性，便于建立奶牛档案，进行计算机联网。

（3）分娩日期。是计算其他各项指标的依据，指从分娩第 1 天到本次测乳日的时间，反映了奶牛所处的泌乳阶段，有助于牛群结构的调整。

（4）胎次。是指母牛已产犊的次数，用于计算 305d 预计产乳量。

（5）泌乳时间。是指计算从分娩第 1 天到本次采样的时间，并反映奶牛所处的泌乳阶段。

（6）日产乳量。是指泌奶牛测试日当天的总产乳量。日产乳量能反映牛只、牛群当前实际产乳水平，单位为 kg。

（7）校正乳量。是根据实际泌乳时间和乳脂率校正为泌乳时间 150d、乳脂率 3.5％的日产乳量，用于不同泌乳阶段、不同胎次的牛只之间产乳性能的比较，单位为 kg。例如，204 号牛与 256 号牛某月产乳量基本相同，但是就校正乳量而言，后者比前者高出近 10kg，说明 256 号牛的产乳性能好。

（8）前次乳量。是指上次测定日产乳量，和当月测定结果进行比较，用于说明牛只生产性能是否稳定，单位为 kg。如果乳量降幅太大，应注意观察牛的饮食状况，是否受到应激或发病。例如，266 号牛上月乳量 42.3kg，本月 28kg，相差 14.3kg，泌乳时间为 63d，正处于高峰期。经检查该牛患有蹄病。

（9）累计乳量（L TDM）。指从分娩之日起到本次测乳日该牛的泌乳总量。对于完成胎次泌乳的牛代表胎次产乳量，单位为 kg。

（10）高峰乳量。是指泌乳奶牛本胎次测定中，最高的日产乳量。

（11）高峰日。是指在泌乳奶牛本胎次的测定中，乳量最高时的泌乳时间。

（12）90d产乳量。是指泌乳90d的总产乳量。

（13）305d预计产乳量。是泌乳时间不足305d的乳量，则为预计产乳量，如果达到或者超过305d乳量的，为实际产乳量，单位为kg。

（14）成年当量。是指各胎次产量校正到第五胎时的305d产乳量。一般在第5胎时，母牛的身体各部位发育成熟，生产性能达到最高峰。利用成年当量可以比较不同胎次的母牛在整个泌乳期间生产性能的高低。

（15）泌乳持续力。当个体牛只本次测定日乳量与上次测定日乳量综合考虑时，形成一个新数据，称为泌乳持续力，该数据可用于比较个体的生产持续能力。

（16）乳脂率。是指牛乳所含脂肪的百分比，单位为％。

（17）乳蛋白率。是指牛乳所含蛋白的百分比，单位为％。

（18）脂肪蛋白比（F/P）。指牛乳中乳脂率与乳蛋白率的比值。当乳品加工厂收购政策引入以质论价时，对奶牛场便显得尤为重要。其高低主要受遗传和饲养管理两方面的影响，因此除了选择优良的种公牛外，还需加强饲养管理。脂肪蛋白比是一个较新的概念，正常情况下为1.12～1.13。

（19）累计乳脂量（L TDF）。是计算从分娩之日起到本次测定日时，牛只的乳脂总产量，单位为kg。

（20）累计蛋白量（L TDP）。是计算从分娩之日起到本次测定日时，牛只的乳蛋白总产量，单位为kg。

（21）前次体细胞数。是指上次测定日测得的体细胞数，与本次体细胞数相比较后，反映奶牛场采取的预防管理措施是否得当、治疗手段是否有效。

（22）体细胞数（SCC）。是记录每毫升牛乳中体细胞数量，体细胞包括嗜中性粒细胞、淋巴细胞、巨噬细胞及乳腺组织脱落的上皮细胞等，单位为万个/mL。

（23）体细胞分。将体细胞数线性化而产生的数据。利用体细胞分评估乳损失比较直观明了。

（24）牛乳损失。是指因乳房受细菌感染而造成的牛乳损失，单位为kg（据统计乳损失约占总经济损失的64％）。

（25）繁殖状况（repro state）。指奶牛当前所处的生理状况（配种、怀孕、产犊、空怀）。

（26）预产期（due date）。是根据配种日期及怀孕检查推算而来的。有助于提醒有关工作人员适时停乳，做好产房准备工作，及时将奶牛转入产房，做好接产等工作。

（27）干乳日期及已干乳日。反映了干奶牛的情况，如果干乳时间太长，说明过去存在繁殖问题；干乳时间太短，将影响奶牛体况的恢复和下胎的产乳量。正常的干乳时间应为60d左右。

（28）泌乳期长短。指从产后的第1天到该胎泌乳结束的时间。反映了过去一段时间内牛只及牛场繁殖状况。泌乳期太长，说明存在繁殖等一系列问题，可能是配种问题，也可能是饲养方面的间接影响。这些均直接影响牛场的经济效益。

总之，DHI 所提供的各项内容囊括了奶牛场生产管理的各个方面。它代表着奶牛场生产管理发展的新趋势。因此，掌握和运用其项目，是管理好奶牛场的关键，是牛场技术工作者和管理者必备的技能。

5. DHI 工作的任务　奶牛生产性能测定工作有一系列具体任务，包括乳样采集、乳样测试、数据处理和测试结果的反馈等。

（1）乳样采集。乳样采集是 DHI 工作最重要的一步，采样务必准确，分析测试必须及时。每次测定需对所有泌乳牛逐头取乳样，每头牛的采样量为 50mL，一天 3 次挤乳一般按 4∶3∶3（早∶中∶晚）比例取样，两次挤乳早、晚按 6∶4 的比例取样。测试中心配有专用取样瓶，瓶上有 3 次取样刻度标记，具体采样操作规范见本任务知识拓展。

（2）样品保存与运输。为防止乳样腐败变质，在每份样品中需加入重铬酸钾 0.03g，在 15℃的条件下可保持 4d，在 2～7℃冷藏条件下可保持一周。

采样结束后，样品应尽快安全送达测定实验室，运输途中需尽量保持低温，不能过度摇晃。

（3）乳样测试。乳样测试是 DHI 的中心工作。

①测定设备。实验室应配备乳成分测试仪、体细胞计数仪、恒温水浴箱、保鲜柜、采样瓶、样品架等仪器设备。

②测定原理。实验室依据红外原理做乳成分分析（乳脂率、乳蛋白率），体细胞数是将乳样细胞核染色后，通过电子自动计数器测定得到结果。

DHI 实验室在接收样品时，应检查采样记录表和各类资料表格是否齐全、样品有无损坏、采样记录表编号与样品箱（筐）是否一致。如有关资料不全、样品腐坏、打翻现象超过 10% 的，DHI 实验室将通知重新采样。

③测定内容。乳样测定项目包括牛乳干物质率、乳脂率、乳蛋白率、乳糖率、牛乳体细胞数、日产乳量等。

（4）数据处理。一般由软件进行处理，并生成符合奶牛场需要的综合性能报告。

（5）异常数据的处理。可将下述数据作为鉴定异常的判断标准。如果出现异常数据，必须调查原因后，做详细记录。

乳量：①鉴定日的合计乳量，在 3 次挤乳情况下头胎 40kg 以上、2 胎 50kg 以上、3 胎 55kg 以上，在 2 次挤乳情况下头胎 35kg 以上、2 胎 40kg 以上、3 胎 50kg 以上的数据；②鉴定时第 1 次和第 2 次、第 2 次和第 3 次的乳量比在 50% 以下或 200% 以上的数据；③本月鉴定日的乳量和上月鉴定日的乳量比在 60% 以下或 140% 以上的数据。

乳脂率：①乳脂率在 6.0% 以上或 2.0% 以下的数据；②与上月乳脂率相差在 2% 以上的数据。

蛋白质率：①蛋白质率在 5.0% 以上或 2.0% 以下的数据；②与上月的蛋白质率相差在 2% 以上的数据。

关于上述事项调查的结果：判断结果正确可靠时，作为记录参加统计；不能指出原因时，再次实施现场鉴定；与上月和下月的成绩相比，认为是异常的数据，没有再度现场鉴定，原因不明时，其数据作为"未取得记录"处理。

（6）综合性能报告编制。对于参加 DHI 的奶牛场（户）而言，他们最为关心的是综合性反馈报告。报告内容一般包括以下 5 项，可根据奶牛场需要进行增减。

①奶牛场泌乳性能测定月报。以个体牛为单位，其测定内容参考表 5-10。

表 5-10　奶牛场生产性能测定月报

牛号	分娩日期	干乳时间/d	胎次	上月记录			测定日记录							累计记录					脂肪蛋白比	高峰乳量/kg	高峰日	持续力	90d产乳量/kg	305d	
				产乳量/kg	体细胞数/(万/mL)	线性分	产乳量/kg	脂肪率/%	蛋白率/%	乳糖率/%	干物质率/%	体细胞数/(万/mL)	线性分	乳损失/kg	泌乳时间/d	产乳量/kg	乳脂率/%	蛋白率/%	干物质率/%	日单产/kg					产乳量/kg	乳脂率/%

②牛群平均成绩一览表（表 5-11）。以奶牛场为单位的月汇总表，其内容与"泌乳性能测定月报表"基本相同，增加本月鉴定牛头数以及各统计项目的累计或平均数。

表 5-11　奶牛场牛群平均成绩一览

鉴定头数	鉴定日期	平均胎次	干乳时间	上月记录			测定日记录							累计记录					平均产乳量		305d		高峰日	高峰乳量	持续力
				产乳量	体细胞	线性分	产乳量	乳脂率	蛋白质率	乳糖率	干物质率	体细胞数	线性分	乳损失	泌乳时间	产乳量	乳脂率	蛋白质率	干物质率	日单产	90d	305d	标准乳	乳脂率	乳脂量

③305d 产乳量分布表（表 5-12）。根据不同胎次，统计不同产乳水平的奶牛头数和所占的百分比，统计本月鉴定奶牛占全群成母牛比例。

表 5-12　305d 产乳量分布及泌乳牛率

区分	≤3 000 kg		3 001~4 000 kg		4 001~5 000 kg		5 001~6 000 kg		6 001~7 000 kg		7 001~8 000 kg		8 001~9 000 kg		9 001~10 000 kg		≥10 000 kg		合计		泌乳牛	
指标	头数	%	头数	%	头数	%	头数	%	头数	%	头数	%	头数	%	头数	%	头数	%	头数	%	头数	%
1胎																						
2胎																						
全体																						

④牛乳体细胞数（SCC）分布一览表（表 5-13）。根据不同胎次，统计不同 SCC 水平牛的头数和所占的百分比。

表 5-13 体细胞分布一览

区分	<2.5 万/mL		<4.9 万/mL		<9.7 万/mL		<19.4 万/mL		<38.7 万/mL		<77.3 万/mL		<154.6 万/mL		<309.2 万/mL		<618.3 万/mL		≥618.3 万/mL	
指标	头数	%	头数	%	头数	%	头数	%	头数	%	头数	%	头数	%	头数	%	头数	%	头数	%
1胎																				
2胎																				
全体																				

⑤本月份完成一胎次产奶牛一览表。见表 5-14。

表 5-14 本月完成一胎次产奶牛一览

牛舍	牛号	分娩日期	干乳时间/d	胎次	上月记录			测定日记录			累计记录					脂肪蛋白比	高峰乳量/kg	高峰日	持续力	90d产乳量/kg	305d期待或实际		干乳或淘汰日期	备注	父号
					产乳量/kg	体细胞数	线性分	产乳量/kg	脂肪率/%	蛋白率/%	干物质率/%	产乳量/kg	乳脂率/%	日单产/kg	体细胞数	线性分	乳损失						产乳量/kg	脂肪率/%			

6. DHI 报告（表）分析

（1）牛群产乳量。

①牛群产乳量可以精确提供并衡量每个个体牛产乳的情况，这一结果可以用于分群管理。对于牛群管理者而言，将母牛按产乳水平分群并以群为单位，根据生产水平提供营养平衡的日粮满足奶牛群体需要，是节约饲料和人工成本的有效途径之一。如果营养水平低于牛群的生产水平，最终会导致产乳量降低，乳成分下降，其饲养效果可在测定记录中反映出来。如果营养水平高于奶牛生产水平则生产成本将会增加，一方面浪费了饲料资源，另一方面也会增加因牛只过肥而治疗疾病的开支。

②牛群产乳量也可以作为衡量目前群体生产水平的指标，用于奶牛日粮的配制。其平均产乳量和测定牛头数可以用于各种投入品的预算，当把 305d 预计产乳量和实际产乳量结合分析时可用于本月的预决算，也可以用于长期的预算。牛群产乳量的上升或下降是检验管理水平的最直接指标。

③上月产乳量可用于比较饲养或管理措施改变前后的生产水平变化，通过比较目前的生产水平和上月的水平可以确定出适当饲料配方。与上月产乳量相比，本次测定水平的显著提高或下降，可反映管理水平的高低；或者遇到了较大的应激影响。这提示管理者应尽早找出原因，加以改善。

（2）泌乳时间。正常情况下，无论何时检查牛群平均的泌乳时间应处于 150～170d 为宜，这一指标可以显示牛群繁殖性能及产犊间隔。如果测定数据比这一水平高得多，表明存在繁殖问题，奶牛管理者可以用此手段来监测牛群繁殖状况，然后再检查影响繁殖的因素，使其得到改善。

（3）高峰乳量。高峰乳量与总产乳量之间存在密切的正相关关系。奶牛高峰产乳量每提高1kg，则泌乳期总产乳量将会随之提高200kg。如果人们希望产乳量提高，必须注意峰值乳量。

（4）峰值比。以一胎牛的高峰值除以其他胎次高峰值，得到峰值比（表5-15）。

表5-15　奶牛产乳峰值与平均产乳量的关系

平均高峰值/kg		峰值比/%	平均产乳量/kg
一胎	其他胎次		
20.9	26.8	78	5 443
25.0	31.6	79	6 577
27.2	35.4	77	7 484
29.9	39.0	77	8 392
32.2	42.6	76	9 290
34.9	45.4	77	10 433

一般牛群的峰值比变化范围76%～79%，如果峰值比不在正常范围内，应找出其原因。例如该值小于75%时，提示人们二胎以上的成母牛比一胎牛好得多，反过来说明一胎牛或育成牛的饲养或管理可能出了失误。就应思考如下一些问题：

①头胎牛的平均大小和年龄是否合适，这可能暗示营养管理方面的问题。

②头胎牛的遗传能力如何，这可能暗示过去用了品质差的公牛。

③头胎牛开始产乳时是否有临床乳腺炎或很高的体细胞数，这可能暗示牛舍卫生和围产期管理方面的转变。

④头胎牛是否有时间来适应生长期到泌乳期日粮的转变。

⑤是否有充足的采食空间。

如果发现比例高于80%，表明在牛群中头胎牛比成母牛表现好。但是应注意，在相对的基础上，一胎牛是否真的比老牛遗传水平高？如果是的话，说明已达到奋斗的目标；如果不是必须找出其原因：如干奶牛的膘情是否适当？干奶牛营养配方是否适当？在老牛群中是否存在泌乳早期乳腺炎？如果事实如此，是什么原因造成的？

（5）峰值日。奶牛一般在产后6周左右达到其产乳高峰。如果每月测定一次，峰值日将发生在第二次测定时，这一数值应当低于70d。如果高峰日大于70d，暗示有潜在的乳量损失。应当检查在干乳期长短、干乳牛饲料配方、产犊时的膘情、围产期管理、泌乳早期奶牛日粮营养供给等方面是否存在问题。

（6）乳脂率和乳蛋白率。乳脂率和乳蛋白率可以指示营养状况。乳脂率低可能是瘤胃功能不佳、代谢紊乱、饲料组成或饲料物理形式有问题等的指示性指标。如果产后前100d乳蛋白率很低，可能的原因是干乳牛日粮差，产犊时膘情差，泌乳早期日粮糖类缺乏，蛋白含量低，日粮中可溶性蛋白或非蛋白氮含量高，可消化蛋白和不可消化蛋白比例不平衡，配方中包含了高水平的瘤胃活性脂肪。正常情况下，低脂肪率可分两类：

第一类牛特征：牛只体重增加；过量的精料采食（高于体重的2.5%）；乳脂率低（<2.8%）。主要原因是瘤胃功能不正常。缓解办法：降低精料采食，避免泌乳早期精料比例过大；提高粗纤维水平或改变其物理形式；添加缓冲剂；纠正蛋白质的缺乏；去掉日粮中多余的油脂成分；饲喂优质青贮；增加饲喂次数。

第二类牛特征：牛只消瘦；干物质采食量低；乳脂率2.5%～3.2%；产乳峰值低；峰值日大于120d。引起低脂的原因：能量不足，饲料配方不平衡。纠正的方法：平衡日粮营养，提供高质量的饲料，增加干物质采食量，补充高能量精料。

另外，脂肪蛋白比即牛乳乳脂率和乳蛋白率的比值，也是衡量饲养管理和牛乳质量的有效指标，通常该比值为1.12～1.13。高脂低蛋白说明日粮中可能添加了过量脂肪或是可消化蛋白不足，而低脂高蛋白则很可能是日粮中缺乏纤维素的缘故。

（7）体细胞计数（SCC）。测定鲜牛乳中的体胞数，是判断乳腺炎有无和轻重程度的有力手段。微生物的侵入，是引起乳腺炎的主要原因。因微生物的侵入，使乳房局部血流量增加，血管通透性增强，造成嗜中性粒细胞和单核细胞等白细胞在有炎症的局部游离，乳汁中细胞数及种类发生变化。

奶牛一旦患有乳腺炎，乳量、乳质都会有相应的变化。临床性乳腺炎的变化更加显著，所损失的乳量将会达到20%～70%，个别牛甚至没有乳。患有乳腺炎的乳与正常乳的不同点主要是乳干物质含量减少及各种乳成分的含量发生变化。这种化学性的变化因乳腺炎的程度和类型而异，如果达到很严重的程度，乳中成分接近血液的成分。如果牛乳中体细胞数的含量达到10万个/mL，乳脂率将会减少0.01%，无脂固形物将减少0.019%，蛋白质减少0.001%。另外，因乳房患有炎症，乳糖的含量也会损失10%～20%。虽然乳糖与盐类都与渗透压有关，但是由于感染血管的通透性增强，由血液流入乳中的盐类增加，与乳糖分泌的减少相互作用，使乳液渗透压上升。无脂固形物的一半是乳糖，所以，乳糖的减少导致无脂固形物降低（无脂固形物可降低5%～15%）。乳中磷和钙的含量将会减少，而钠和氯的含量却稍有增加。pH上升，滴定酸度下降15%～20%。奶牛患乳腺炎以后，乳的质量将有所降低：无脂固形物含量降低、凝聚力减退、热稳定性差。如果残留有抗生素，还会影响乳制品的风味和质量。

当前，我国奶牛患隐性乳腺炎的比例较高，可达20%～70%，给生产带来巨大损失（表5-16）。

表5-16 隐性乳腺炎与乳量损失

体细胞/（万个/mL)	20～30	30～50	50～100	100～200	＞200
损失/%	2	4	8	15	＞20

计算公式：$Y=[X\div(现在乳量+X)]\times100\%$

式中，Y为损失率；X为损失乳量。

一胎牛和二胎牛由于SCC提高引起潜在的305d乳量损失见表5-17。

牛乳中体细胞的种类和数量，因种种原因在不断地变化，除了病因之外，还有因生理上的原因而产生变动。

①由年龄而发生的变化：经产牛牛乳中的体细胞数要比初产牛多，也就是说，年龄越大，乳中的体细胞数越多。增加最多的是多形核白细胞，其次是单核细胞和淋巴细胞。随年龄的增加多形核白细胞的数量也在增加，所以，年龄大的牛被感染的机会就多。

表 5-17　一胎牛和二胎牛隐性乳腺炎与乳量损失

一胎牛 SCC 引起的潜在的 305d 乳量损失	
SCC 计数/(万个/mL)	乳损失量/kg
<15	0
15～30	180
30～50	270
50～100	360
>100	454

二胎牛 SCC 引起的潜在的 305d 乳量损失	
SCC 计数/(万个/mL)	乳损失量/kg
<15	0
15～30	360
30～50	550
50～100	725
>100	900

②泌乳的变化：泌乳末期接近干乳的牛，体细胞的数量比产乳旺期要多。随着泌乳阶段的推进，体细胞数也在增加。到泌乳后期，因乳量的减少，细胞浓度随之上升，细胞数也就增加。如果没有疾病，细胞的种类主要是上皮细胞。如果患有疾病，主要是多形核白细胞增加。体细胞数与泌乳时间这两项结合使用可以确定与乳房健康相关的问题在什么时候发生。如果高的体细胞在泌乳早期发生，可能预示着较差的干乳期治疗，或可能是干乳牛舍和产房卫生条件太差；如果泌乳早期体细胞很低，但在泌乳期持续上升，可能预示着挤乳程序有问题或挤乳设备有问题。如果是这样的情况，应该检查挤乳过程和设备以发现问题，如果这些问题得以解决，体细胞就会下降。二者结合起来考虑预示问题在什么时候发生，也可以显示治疗是否有利可图。例如，如果高体细胞数在产乳高峰期发生，有很大的机会解决这一问题，而且解决问题后提高的产量能够回报治疗的成本。

③前后两次体细胞数的变化：前后两次测定之间细胞数的变化可反映管理措施变化后的效果，也提供了未来的变化趋势。如果体细胞数还在提高，说明问题未解决；如果在下降，说明管理有效。前次体细胞数可以说明是什么种类的细菌引起的乳腺炎，如果体细胞持续很高，常预示是传染性的乳腺炎，是由葡萄球菌或链球菌引起的，一般在挤乳时传；如果体细胞计数低，接着高，再接着低，预示着是环境型的乳腺炎，一般与卫生问题有关。

任务实施

本任务内容为奶牛生产性能测定，是当前国内推行的一项新技术，涉及内容较多，步骤烦琐。因此，本节课教学时，首先通过理论教学，使学生弄清楚所涉及的基本概念、内容和测定方法。在此基础上，教师可结合实施 DHI 测定的奶牛场数据分析，让学生掌握 DHI 测定和分析方法，达到在奶牛生产上推广应用的目的。

学习小结

奶牛群改良进展的宗旨就是为育种工作服务。从本质上说它是通过建立一套准确完整的奶牛生产性能测定记录体系，并以制度化、网络化的形式，使测定的记录资源达到共享。DHI 资料有许多用途，但具体到育种上，DHI 网络可在国内外开展奶牛选种育种。首先，它为青年种公牛的选种提供了后裔测定所需的所有数据和可靠资料，利用相关软件可以在较短时间之内准确地将优秀的种公牛选拔出来。其次，人们可以在 DHI 测定数据网络中心，查阅到相关种公牛的育种资料，更好地搞好本地或本场奶牛的选配工作，从而避免盲目引种，加速奶牛改良进程。

知识拓展

DHI 采样操作规范

（一）采样前准备

清点所用流量计数量，采样瓶数量，采样记录表等。

开始挤乳前 15min 安装好流量计，安装时注意流量计的进乳口和出乳口，确保流量计倾斜度在±5℃，以保证读数准确。在采样记录表上填好牛场号、班组号、产乳量。

（二）采样操作

（1）每头牛的采样量为 50mL，三次挤乳一般按 4∶3∶3（早∶中∶晚）比例取样。

（2）每次采样要准确读数，正确记录。读数时眼睛应平视流量计刻度。发现流量计流量有明显出入时，应及时查明原因并予以处理。

（3）每次采样必须经过两个容器反复混合至少三次，再倒入采样瓶。

（4）将乳样从流量计中取出后，应把流量计中的剩乳完全倒空，不能有叠乳现象。

（5）每完成一次取样，确保采样瓶中的防腐剂完全溶解，并与乳样混匀。

（6）采样结束后，样品箱必须放在安全的地方，天气炎热时，可将乳样放置于冷藏室（2～7℃），不可冷冻，或放在通风阴凉处，避免阳光直射。

（7）若有样品倒翻，在采样记录表上做好记录，确保采样记录表上的数量与样品箱内的数量相符。

（8）样品筐（箱）的标签上应准确填写牛场名称、牛舍号或筐（箱）号；采样记录表应填写取样日期、牛场名称、牛舍或筐（箱）号、牛号、日产乳量，核对后由取样人签名。

（三）流量计的清洗

每班次采样结束后，应将流量计清洗干净。

（四）不同挤乳方式的采样注意点

1. 管道式挤乳　流量计的个数与挤乳杯组数一致，流量计的悬挂必须与地面垂直。保证计量准确。

2. 挤乳台挤乳　采样前先将牛号从小到大排序，以方便查找和记录。有自动产量记录功能的无须在采样记录表上填写。

3. 手工挤乳　取样时应有磅秤或弹簧秤（使用前需用标准砝码校正），取样器及搅拌器。

项目6 育肥牛饲养管理

【思政目标】提高科学技术就是第一生产力的认识，树立学习、应用先进的科学技术生产优质畜牧产品的信念，致力于建设农业强国的远大目标。

随着社会经济的不断发展，高档牛肉的消费水平逐渐增长，价格居高不下，主要原因是繁殖母牛数量下降，优良品种资源匮乏，规模化程度不高。目前，在农产品价格较高的情况下，要根本解决高档牛肉产量的问题，走饲养乳肉兼用型品种之路是一条捷径。在乳品加工企业大发展的今天，改变单一饲养乳用型品种的模式，逐渐向乳肉兼用型发展，繁殖母牛以产乳为主，公牛育肥，既增加高档牛肉的产量，又会增加经济效益。例如，西门塔尔牛产乳量能达到 4 000kg 以上，但目前，一些地区只将其当肉牛养，不挤乳，长期下去，会失去泌乳生理机能；而一些荷斯坦奶牛品种养殖数量较多地区，由于受优质饲料不足和科学饲养管理水平限制，产乳量并不高，所生公犊经黑龙江一些规模化奶牛场育肥尝试，效果不理想。当务之急，开发兼用型品种资源，用"乳肉"双腿走养牛经营之路是睿智的选择。

任务6.1 生产育肥牛

任务描述

育肥牛主要是指 1~2 岁的公牛，经育肥后，达到出栏体重要求，一般在 500kg 以上进行屠宰，满足市场高档牛肉的供应。选择优良的品种或其杂交组合后代，6 月龄前，即犊牛阶段，按照荷斯坦乳用犊牛饲养管理技术进行培育，6 月龄到出栏，根据体重和预期增重的要求，充分利用青贮和酒糟等粗饲料，适当补充精饲料，合理配制日粮，通过科学管理，在预定的时间内达到设计的出栏体重目标。

任务目标

使学生了解育肥牛生长发育规律，熟悉高档牛肉生产过程，掌握育肥牛的生产环节和饲养管理技术，能够合理配制肉牛育肥日粮，并进行产肉性能评定，锻炼学生独立解决生产实际问题的能力，为将来就业和自主创业奠定坚实基础。

知识准备

1. 育肥牛体重增长规律 增重受遗传和饲养两方面的影响。增重的遗传能力较强，断乳后增重速度的遗传力为 0.5~0.6，是选种的重要指标。妊娠期间，胎儿在 4 个月以前的生长速度缓慢，以后生长变快，分娩前的速度最快。犊牛的初生重与遗传、孕牛的饲养管理和妊娠期长短有直接关系。初生重与断乳重呈正相关，也是选种的重要指标。

　　胎儿身体各部分的生长特点，在各时期有所不同。一般胎儿在早期头部生长迅速；以后四肢生长加快，在整个体重中的比重不断增加。维持生命的重要器官，如头、内脏、四肢等发育较早，肌肉次之，脂肪发育最迟。

　　在充分饲养的条件下，出生后到断乳生长速度较快，断乳至性成熟最快，性成熟后逐渐变慢，到成年基本停止生长。从年龄看，12月龄前生长速度快，以后逐渐变慢（图6-1）。

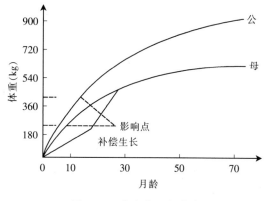

图6-1　肉牛的生长曲线

　　生长发育最快的时期，也是把饲料营养转化为体重的效率最高的时期。掌握这个特点，在生长较快的阶段给予充分的营养，便可在增重和饲料转化率上获得最佳的经济效果。

　　2. 补偿生长　在生产实践中，常见到牛在生长发育的某个阶段，由于饲料不足造成生长速度下降，一旦恢复高营养水平饲养，则其生长速度比未受限制饲养的牛只要快，经过一定时期的饲养后，仍能恢复到正常体重，这种特性称为补偿生长。

　　根据这一特性，生产中常选择架子牛进行育肥，往往获得更高的生长速度和经济效益。但需注意，补偿生长不是在任何情况下都能获得的。

　　（1）生长受阻若发生在初生至3月龄或胚胎期，以后很难补偿。

　　（2）生长受阻时间越长，越难补偿，一般以3个月内，最长不超过6个月补偿效果较好。

　　（3）补偿能力与进食量有关，进食量越大，补偿能力越强。

　　（4）补偿生长虽能在饲养结束时达到所要求的体重，但总的饲料转化率低，体组织成分要受到影响，比正常生长的牛骨比例高、脂肪比例低。

　　3. 体组织的生长规律　牛体组织的生长直接影响到体重、外形和肉的质量。肌肉、脂肪和骨为三大主要组织。

　　（1）肌肉的生长。从初生到8月龄强度生长，8～12月龄生长速度减缓，18月龄后更慢。肉的纹理随年龄增长而变粗，因此青年牛的肉质比老年牛嫩。

　　（2）脂肪的生长。12月龄前较慢，稍快于骨，以后变快。生长顺序是先贮积在内脏器官附近，即网油和板油，使器官固定于适当的位置，然后是皮下，最后沉积到肌纤维之间形成"大理石"花纹状肌肉，使肉质变得细嫩多汁，说明"大理石"状肌肉必须饲养到一定肥度时才会形成。老年牛经育肥，使脂肪沉积到肌纤维间，也可使肉质变好。

（3）骨骼的生长。骨骼在胚胎期生长速度快，出生后生长速度变慢且较平稳，并最早停止生长。三大组织的生长模式见图6-2。

4. 育肥牛饲养技术

（1）饲喂时间。黎明和黄昏前后，是牛每天采食最紧张的时刻，尤其在黄昏采食频率最高。因此，无论舍饲还是放牧，早晚两头是喂牛的最佳时间。

多数牛的反刍在黑夜进行，特别是天刚黑时，反刍活动最为活跃。因此，在夜间应尽量减少干扰，使其充分消化粗饲料。

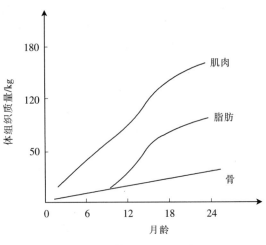

图6-2 体组织生长规律

（2）饲喂次数。肉牛的饲喂可采用自由采食或定时定量饲喂两种方法。我国肉牛专家蒋洪茂等的研究表明，犊牛、架子牛自由采食的饲喂效果均优于定时定量饲喂；目前，我国肉牛企业多采用每天饲喂2次的方法。

自由采食牛可根据其自身的营养需求采食到足够的饲料，达到最高增重，并能有效节约劳动力，一个劳动力可管理100～150头牛，同时也便于大群管理，适合机械化、电子化管理。而采用定时定量饲喂时，牛不能根据自身需求采食饲料。因此，限制了牛的生长发育速度。但饲料浪费少，粗饲料利用率高，并便于观察牛只采食、健康状况。

（3）饲喂顺序。随着饲喂机械化程度越来越高，应逐渐推广全混合日粮（TMR）喂牛，提高牛的采食量和饲料利用率。

不具备条件的牛场，可采用精、粗料分开饲喂的方法。为保持牛的旺盛食欲，促其多采食，应遵循"先干后湿、先粗后精、先喂后饮"的饲喂顺序，坚持少喂勤添、循环上料，同时要认真观察牛的食欲、消化等方面的变化，及时做出调整。

（4）饲料更换。在育肥牛的饲养过程中，随着牛体重的增加，各种饲料的比例也会有所调整，在饲料更换时应采取逐渐更换的办法，应该有3～5d的过渡期。在饲料更换期间，饲养管理人员要勤观察，发现异常，应及时采取措施。

（5）饮水。育肥牛采用自由饮水法最为适宜。在每个牛栏内装有能让牛随意饮到水的饮水碗。冬季北方天冷，要防止饮水管冻坏。人工饮水时每天至少3次。

（6）新引进牛只的饲养。对新引进牛只饲养，重点是解除运输应激，使其尽快适应新的环境。

①及时补水。牛经过长距离、长时间的运输，胃肠食物少，体内缺水严重。因此对牛补水是首要的工作。补水方法是：第一次补水，饮水量限制在15～20kg，切忌暴饮，每头牛补人工盐100g；间隔3～4h后，第二次饮水，此时可自由饮水，

水中掺些麸皮效果会更好。

②日粮逐渐过渡到育肥日粮。开始时，只限量饲喂一些优质干草，每头牛4～5kg，加强观察，检查是否有厌食、下痢等症状。以后，随着食欲的增加，逐渐增加干草喂量，添加青贮、块根类饲料和精饲料，经5～6d，可逐渐过渡到育肥日粮。

③给牛创造舒适的环境。牛舍要干净、干燥，不要立即拴系，宜自由采食。围栏内要铺垫草，保持环境安静，让牛尽快消除倦躁情绪。

（7）育肥期的分阶段饲养。生产中常把育肥期分成两个阶段，即生长育肥阶段和成熟育肥阶段。具体饲喂方法如下：

①生长育肥期。饲喂富含蛋白质、矿物质、维生素的优质粗料、青贮饲料，保持良好生长发育的同时，使消化器官得到锻炼。因为该阶段的重点是促进架子牛的骨骼、内脏、肌肉的生长；所以，此阶段精饲料喂量要限制，喂量不超过牛体重的1.5%。该阶段日增重不宜追求过高，每头日增重0.7～0.8kg为宜。

②成熟育肥期。经生长育肥期的饲养，骨骼已发育完好，肌肉也有相当程度的生长。因此，此期的饲养任务主要是改善牛肉品质，增加肌肉纤维间脂肪的沉积量。因此，肉牛日粮中粗饲料的比例不宜超过30%～40%，日采食量达到牛活重的2.1%～2.2%，在屠宰前100d左右，日粮中增加能量饲料，进一步改善牛肉品质。肉牛生产过程中，最后脂肪的沉积程度，根据牛肉生产的需要来确定。高档牛肉生产，需要有足够的脂肪沉积。

5. 育肥牛管理技术

（1）合理分群。育肥前应根据育肥牛的品种、体重大小、性别、年龄、体质强弱及膘情情况合理分群。一群牛头数15～20头为宜，牛群过大易发生争斗；过小不利于劳动生产效率的提高。临近夜晚时分群易成功，同时要有人不定时地观察，防止争斗。

（2）及时编号。编号对生产管理、称重统计和防疫治疗工作都具有重要意义。编号可在犊牛出生时进行，也可在育肥前进行。采用易地育肥时，应在牛购进场后立即编号，并换缰绳。编号方法多采用耳标法。

（3）定期称重。增重是肉牛生产性能高低的重要指标。为合理分群和及时了解育肥效果，要进行育肥前称重、育肥期称重及出栏称重。育肥期最好每月称重1次，既不影响育肥效果，又可及时挑选出生长速度慢甚至不长的牛，随时处理。称重一般是在早晨饲喂前空腹时进行，每次称重的时间和顺序应基本相同。

（4）限制运动。到育肥中、后期，每次喂完后，将牛拴系在短木桩或休息栏内，缰绳系短，长度以牛能卧下为宜，缰绳长度一般不超过80cm，以减少牛的活动消耗，提高育肥效果。此期牛在运动场的目的，主要是接受阳光和呼吸新鲜空气。

（5）每天刷拭牛体。随着肉牛育肥程度加大，其活动量越来越小。坚持每天上下午各刷拭牛体1次，每次5～10min。以增加血液循环，提高代谢效率。

（6）定期驱虫。寄生虫病的发生具有地方性、季节性流行特征，且具有自然疫源性。因此，加强预防尤为重要。肉牛转入育肥期之前，应做一次全面的体内外驱虫和防疫注射；育肥过程中及放牧饲养的牛都应定期驱虫。外购牛经检查健康后方可转入生产牛舍。

寄生虫病的治疗，要采取"标本兼治，扶正祛邪"的原则，采用特效药物驱虫和对症治疗。使用驱虫、杀虫药物要剂量准确、对症。在进行大规模、大面积驱虫工作之前，必须先小群试验，取得经验并肯定其药效和安全性后，再开展全群的驱虫工作。

（7）加强防疫、消毒工作。每年春秋检疫后对牛舍内外及用具进行消毒；每出栏一批牛，都要对牛舍进行一次彻底清扫消毒；严格防疫卫生管理，谢绝参观；结合当地疫病流行情况，进行免疫接种。

（8）适时去势。现在，国际上育肥牛场普遍采用不去势公牛育肥。2岁前的公牛宜采取公牛育肥，生长快、瘦肉率高、饲料报酬高；2岁以上的公牛及高档牛肉的生产，宜去势后育肥，否则不便管理，会使肉脂有膻味，影响胴体品质。如需要去势，去势时间最好在育肥开始前进行。无论有血去势还是无血去势，愈合恢复的时间大约在半个月，这期间牛的生长较缓慢，愈合后，方可进入育肥期。

（9）及时出栏。肉牛及时出栏，对提高养殖经济效益及保证牛肉品质都具有极其重要的意义。活牛体重达到500kg以上，胸部、腹肋部、腰部、坐骨部、下𩑶部内侧及阴囊部脂肪沉积良好，就可以出栏。

6. 架子牛育肥技术 架子牛通常是指未经育肥或不够屠宰体重的牛。架子牛育肥是目前我国肉牛育肥的主要方式。育肥前，要了解市场牛源、品种、价格和疫区情况，做出正确决定后，选择交通方便、饲料丰富的地点进行育肥。

（1）选择架子牛。牛育肥前的状况与育肥速度和牛肉品质关系很大，是确保育肥效率的首要环节。因此，在选择架子牛时要考虑品种、年龄、体重、性别、体质外貌、健康状况及市场价格等因素。

①品种。应选择肉用牛的杂交后代，如夏洛莱牛、利木赞牛、西门塔尔牛（图6-3）、海福特牛、皮埃蒙特牛等与本地牛的杂交后代，这类牛增重快，饲料转化率高。

②年龄和体重。牛的增重速度、胴体质量、饲料报酬均与牛的年龄密切相关。架子牛的年龄最好是1.5～2.0岁。架子牛的体重一

图6-3 西门塔尔杂交牛育肥

般以12～18月龄、体重在300～400kg较好。计划饲养100～150d后出售。秋天购架子牛第2年出栏的，应选购1岁左右的牛较合适。

③性别。选择性别顺序依次为公牛、去势公牛、母牛。因为公牛的生长速度和饲料利用率要高于去势公牛5%～10%，去势公牛高于母牛10%左右，公牛有较大的眼肌面积，出肉率高。

④体型外貌。架子牛选择要以骨架选择为重点，而不过于强调其膘情的好坏。

具体要求：嘴阔、唇厚，上、下唇对齐，坚强有力，采食能力强；体高身长，胸宽而深，尻部方正，背腰宽广，后裆宽；四肢粗壮，蹄大有力，性情温顺的牛生长潜力大。

⑤健康状况。架子牛的健康状况要从以下几个方面加以注意：

a. 精神状态。牛精神不振，两眼无神，眼角分泌物多，胆小易惊，鼻镜干燥，行动倦怠，这种牛很可能健康状况不佳。

b. 发育情况。若牛被毛粗乱，体躯短小，浅胸窄背、尖尾，表现出严重饥饿，营养不良。说明早期可能生过病或有慢性病，生长发育受阻，不宜选购。

c. 肢蹄。看牛站立和走路的姿势，检查蹄底。若出现肢蹄疼痛，肢端怕着地，抬腿困难，前肢、后肢表现明显的 X 形或 O 形，或蹄匣不完整，要谨慎选购，当拴系饲养，地面较硬时，该病可导致牛中途淘汰。

d. 其他疾病。观察牛的采食、排便、反刍等。初步确立是否患有消化道疾病等。

（2）运输架子牛。运输过程中，要证件齐全，如准运证、兽医卫生健康证（包括非疫区证明 、检疫证）等。并要注意运输应激的预防。

做到装运前合理饲喂，具有轻泻性的饲料要在装运前 3～4h 停喂，不能过量饮水。装运过程中切忌粗暴行为。

另外，可在运输前服用药物，以减少应激反应的发生。常用的有：运输前 2～3d，每头牛每天口服或注射维生素 A 25 万～100 万 IU；装运前，肌内注射 2.5% 的氯丙嗪，每 100kg 体重的剂量为 1.7mL，此法在短途运输中效果更好。

（3）架子牛育肥的方法。根据各地饲料资源不同，可采用不同的育肥方案。现介绍适宜于我国广大农区推广使用的育肥方案。

①玉米青贮饲料育肥。青贮饲料制作方便，育肥效果好，不仅适用于青年牛的育肥，也适用于成年牛的催肥。

体重为 300～350kg、日增重 1.0kg 的架子牛以青贮饲料为主的日粮组成，参考表 6-1。由于玉米青贮在日粮中分量大，饲喂中要从 10kg 开始，经 1 周时间逐步达到计划定量。

表 6-1 青贮饲料为主的日粮组成

单位：kg

饲 料	第一阶段（30d）	第二阶段（30d）	第三阶段（30d）
玉米青贮	15	20	25
玉米秸	3	3.0～3.5	3.0～3.5
混合精料	0.5	1	2
食 盐	0.03	0.03	0.03
预混料	0.02	0.04	0.08

玉米青贮
饲料制作

青贮饲料
品质鉴定

②酒糟育肥。以酒糟为主要饲料育肥牛，是我国的传统方法。用酒糟喂牛应注意的事项：酒糟要新鲜，温度适中；酒糟喂量要逐渐增加，秸秆要铡短，将酒糟拌入，一起让牛采食，有利于牛的反刍；以刺激牛的食欲；饲喂顺序应先喂酒糟，再

喂精料，精料在七八成饱时拌入，以保证其旺盛的食欲和饱食；如发现牛体出现湿疹、膝部与球关节红肿、腹部臌胀等症状，应暂停喂给，适当增加干草喂量，以调整其消化机能。

从300kg体重至出栏（500kg以上），以酒糟为主的架子牛育肥日粮组成参考表6-2，此方案日增重达1.5kg以上。

表6-2 酒糟为主的日粮组成

单位：kg

饲料种类	前期（20～30d） 300kg体重	中期（40～60d） 350kg体重	后期（20～30d） 450kg体重
酒糟	15	20	20
玉米秸	3	3	5
混合精料	2	2	2.5

混合精饲料配方：玉米82％、棉粕11％、尿素1.5％、苏打1.5％、预混料4％。如果不用尿素，棉粕用量在原基础上增加9％。如不用棉粕可用豆粕或豆饼，但要增加成本。

铡短的玉米秸秆可自由采食。日喂2次，3次饮水；上述三种饲料混合后饲喂效果更好。

③混合精料育肥。即用高能日粮强度育肥。谷实类饲料催肥在我国只可短期采用，多用于出栏前的强度育肥和改善肉质，用于大型良种及改良牛效果较好，而一般黄牛品种饲料报酬低，不宜采用。精饲料的添加要逐渐进行，注意观察牛的消化情况，防止瘤胃臌胀和腹泻。

方案举例：选择1.5～2岁、体重300kg左右的架子牛，混合精料配比为：玉米75％～80％，麦麸5％～10％，豆饼10％～20％，食盐1％～2％，添加剂1％。

第一阶段（15～20d）：精粗比为40∶60，精饲料日给量1.5～2.0kg；

第二阶段（40～50d）：精粗比为（60～70）∶（40～30），精饲料日给量3.0～4.0kg；

第三阶段（30～40d）：精粗比为（70～80）∶（30～20），精饲料日给量4.0～5.0kg。

氨化秸秆肥牛、甜菜渣肥牛、放牧肥牛等，也是肉牛育肥的好方法，有条件的地区应大力提倡和推广。

7. 提高肉牛育肥效果的技术措施

（1）一般措施。包括选择育肥潜力大的个体，如杂交品种、公犊、适宜的年龄、良好的体型外貌等；合理的日粮配方和饲养方案；创造良好的育肥环境，抓住育肥的有利季节，在四季分明的地区，春秋季育肥效果好，牧区肉牛出栏以秋末为佳，冬季育肥要注意防寒；加强防疫与检疫，保证健康。

（2）精料中添加尿素。牛可利用非蛋白氮（NPN）中的氮素，合成大量优质菌体蛋白，成为其蛋白质营养的重要来源之一，因此，饲料中添加少量非蛋白氮，可节省大量蛋白质饲料，降低成本。尿素是应用最广、最早的一种非蛋白氮饲料。

最常用的方法，是将尿素与精饲料均匀混合后饲喂。按照体重计，每100kg体重喂20～30g；按精料计算占2%～3%；按日粮干物质计，则为1%。

在肉牛饲料中添加尿素时，要避免氨中毒。尿素虽然是一种很好的蛋白质补充料，可以为牛提供氮素，但却不能提供其他营养。因此，利用尿素补充蛋白质时，必须同时补充能量、矿物质和维生素，才能收到应有的效果。

（3）使用瘤胃素。瘤胃素的有效成分为瘤胃素钠盐，是目前国内外广泛使用的肉牛饲料添加剂之一，无残留，无须停药期。它的作用机制是：通过减少瘤胃甲烷气体能量损失和饲料蛋白质降解及脱氨损失，控制和提高瘤胃发酵效率，发挥最高的饲料报酬。

试验研究表明：放牧肉牛及粗饲料为主的舍饲牛，每头每日添加150～200mg，日增重比对照组提高13.5%～15%，每千克增重减少饲料消耗7.5%。

添加方法：每头牛每日喂量为50～360mg，常用量为100～200mg，360mg为最高剂量。全价日粮，每千克精料混合料添加40～60mg。具体饲喂时，应有一周的过渡期，即1～7d，每头每日饲喂60mg瘤胃素钠，8d后剂量逐渐加大，渐渐达到标准规定量。

（4）添加微量元素。微量元素如铁、锌、锰、铜、钴、碘、硒等需通过添加剂补充。育肥肉牛每千克日粮干物质中微量元素添加量为：硫酸铜32mg，硫酸亚铁254mg，硫酸锌135mg，硫酸锰128mg，氯化钴0.42mg，碘化钾0.67mg，亚硒酸钠0.46mg。

使用微量元素添加剂时，要根据饲料中微量元素余缺情况，确定添加剂的种类和数量。添加时一定要与饲料混合均匀。

（5）添加维生素。使用维生素添加剂时，应注意其稳定性和生物学效价，妥善保存，避免失效。大量饲喂青绿饲料时，可考虑少添或不添维生素添加剂。但在以黄干秸秆为主要粗料，无青绿饲料或用酒糟育肥牛时，要注意维生素A、维生素D、维生素E的补充。因为牛机体自身能够合成B族维生素、维生素K及维生素C，因此，除犊牛外，日粮中不用额外添加上述维生素。

每千克肉牛日粮干物质维生素添加量为：维生素A添加剂（20万IU/g）14mg，维生素D_3添加剂（1万IU/g）28mg，维生素E（20万IU/g）0.38～3g。另外，烟酸对肉牛的生产性能也有较大影响。肉牛每千克日粮干物质中可添加100mg，有利于提高日增重和饲料转化率。

（6）缓冲剂。当给牛饲喂大量能产酸的饲料，如精料、酒糟、青贮等时，会影响体内酸碱平衡和食欲，瘤胃微生物的活力也会被抑制，降低饲料的消化利用率，严重的会导致瘤胃酸中毒。

常用的缓冲剂是碳酸氢钠（小苏打）和氧化镁。可单独添加，小苏打用量为占精料的1%～2%，氧化镁为0.3%～0.6%，也可同时添加。

8.高档牛肉生产技术　由于各国传统饮食习惯不同，高档牛肉的标准各异，但通常是指优质牛肉中的精选部分。高档牛肉占牛胴体的比例最高可达12%。一头高档肉牛的高档牛肉仅占体重的5%左右，而其产值却占到1头牛总产值的47%左右。因此，其发展前景非常广阔。

（1）高档牛肉的标准。

①年龄与体重要求。牛30月龄以内；屠宰重为500kg以上；达满膘，体型呈长方形，腹部下垂，背平宽，皮较厚，皮下有较厚的脂肪。

②胴体及肉质要求。胴体表面脂肪的覆盖率达80％以上，背部脂肪厚度为8～10mm，第12、13肋骨脂肪厚为10～13 mm，脂肪洁白、坚挺；胴体外型无缺损；肉质柔嫩多汁，剪切值在3.62kg以下的出现次数应在65％以上；大理石纹明显；每条牛柳（内里脊）2kg以上，每条西冷（外里脊）5kg以上，每条眼肉6kg以上。

（2）高档牛肉生产模式。实行产业化经营模式是生产高档牛肉当务之急，在具体工作中，重点把握以下环节：

①建立架子牛生产基地。生产高档牛肉，必须建立肉牛基地，以保证牛源供应。我国现有的地方良种或它们与引进的国外肉用、兼用品种牛的杂交牛，经良好饲养，均可达到进口高档牛肉水平。根据我国生产力水平，现阶段架子牛饲养应以专业乡、专业村、专业户为主，采用全舍饲或半舍饲半放牧的饲养方式，夏季白天放牧，晚间舍饲，补饲少量精料，冬季全天舍饲，寒冷地区扣上塑膜暖棚。舍饲阶段，饲料以秸秆、牧草为主，适当添加一定量的酒糟和少量的玉米、豆饼。

②建立育肥牛场。当架子牛饲养到12月龄左右，体重达300kg左右时，集中到育肥场育肥。育肥前期，采取粗料日粮过渡饲养1～2周。然后应用增重剂和添加剂，实行短缰拴系，自由采食，自由饮水。经150d育肥后，即可出栏屠宰。图6-4是加拿大肉牛育肥场。

图6-4 肉牛育肥场

③建立现代化肉牛屠宰生产线。高档牛肉生产有别于一般牛肉，从屠宰设备、胴体处理、胴体分割到冷藏和运输，应均需达到较高的现代化水平。屠宰生产线（图6-5）根据各地的生产实践，要注意以下几点：

图6-5 屠宰生产线

第一，肉牛的屠宰月龄必须在30月龄以内，30月龄以上的肉牛，一般是不能生产出高档牛肉的。

第二，屠宰体重在500kg以上，因牛肉块重与体重呈正相关，体重越大，肉块的绝对质量也越大。其中：牛柳质量占屠宰重的0.84％～0.97％，西冷质量占1.92％～2.12％，去骨眼肉质量占5.0％左右，这三块肉产值可达一头牛总产值的50％左右；臀肉、大米龙、小米龙、膝圆、腰肉的质量占屠宰重的8.0％～10.9％，这五块肉的产值占一头牛产值的15％～17％。

第三，屠宰胴体要进行成熟处理。普通牛肉生产实行热胴体剔骨，而高档牛肉生产则不能，胴体要求在温度 0～4℃条件下吊挂 7～9d 后才能剔骨。这一过程也称胴体排酸，对提高牛肉嫩度极为有效。

第四，胴体分割要按照用户要求进行。一般情况下，牛肉割分为高档牛肉、优质牛肉和普通牛肉三部分。高档牛肉包括牛柳、西冷和眼肉三块；优质牛肉包括臀肉、大米龙、小米龙、膝圆、腰肉、腱子肉等；普通牛肉包括前躯肉、脖领肉、牛腩等。

（3）高档肉牛生产技术要点。

①育肥期和出栏体重。生产高档牛肉的牛，育肥期不能过短，一般为 12 月龄牛的育肥期为 8～9 个月，18 月龄牛为 6～8 个月，24 月龄牛为 5～6 个月。出栏体重应达 500kg 以上，否则牛肉的品质就达不到应有的级别。因此，育肥高档肉牛既要求控制牛的年龄，又要求达到一定的宰前体重，两者缺一不可。

②强度育肥。用于生产高档牛肉的优质肉牛必须经过 100～150d 的强度育肥。犊牛及架子牛阶段可以放牧饲养，也可以围栏或拴系饲养，在这一阶段，日粮以粗饲料为主，精料占日粮的 25% 左右，日粮中粗蛋白质含量为 12%。但最后阶段必须经过 100～150d 的强度育肥，日粮以精料为主。此期间所用饲料必须是品质较好的，对胴体品质有利的饲料。

③胴体脂肪颜色。高档肉牛胴体脂肪要求为白色。一般育肥法为黄色，原因是粗饲料中含有较多的叶黄素，其与脂肪附着力强。控制黄脂的方法：一是减少粗饲料；二是应用饲料热喷技术，以破坏叶黄素。

④饲养与饲料。高档牛肉生产对饲料营养和饲养管理的要求较高。1 岁左右的架子牛阶段可多用青贮、干草和切碎的秸秆，当体重 300kg 以上时逐渐加大混合精料的比例。最后两个月要调整日粮，不喂含各种能加重脂肪组织颜色的草料，如大豆饼粕、黄玉米、南瓜、胡萝卜、青草等。多喂能使脂肪白而坚硬的饲料，如麦类、麸皮、麦糠、马铃薯和淀粉渣等，粗料最好用含叶绿素、叶黄素较少的饲草，如玉米秸、谷草、干草等。并提高营养水平，增加饲喂次数，使日增重达到 1.3kg 以上。

（4）屠宰工艺。屠宰前先进行检疫，并停食 24h，停水 8h，称重，然后用清水冲淋洗净牛体，冬季要用 20～25℃的温水冲淋。

屠宰的工艺流程：电麻击昏→屠宰间倒吊→刺杀放血→剥皮（去头、蹄和尾）→去内脏→胴体劈半→冲洗、修整、称重→检验→胴体分级编号。

（5）胴体嫩化处理。牛肉嫩度是高档与优质牛肉的重要质量指标。嫩化处理又称为排酸或成熟处理，是提高嫩度的重要措施，其方法是在专用嫩化间，温度 0～4℃，如图 6-6 所示，相对湿度 80%～85% 条件下吊挂 7～9d（称吊挂排酸）。这样牛肉经过充分的成熟过程，在肌肉内部一些酶的作用下发生一系列生化反应，使肉的酸度下降，嫩度极大提高。

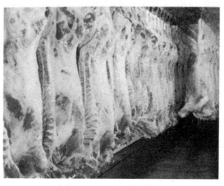

图 6-6　0～4℃排酸

（6）胴体分割与包装。严格按照操作规程和程序，将胴体按不同档次和部位进行切块分割，精细修整。高档部位肉有牛柳、西冷和眼肉（牛体背部，一端与外脊相连，另一端在第5～6胸椎间）三块，均采用快速真空包装，然后入库速冻，也可在0～4℃冷藏柜中保存销售。

9. 肉牛生产性能的评定

（1）生长育肥期主要指标的计算。

①初生重与断乳重。初生重是指犊牛被毛擦干，在哺乳前的实际质量。断乳重是指犊牛断乳时的体重。肉牛一般都随母哺乳，断乳时间很难一致。因此，在计算断乳重时，需校正到统一断乳时间，以便比较。另外，因断乳重除遗传因素外，受母牛泌乳力影响很大，故计算校正断乳重时还应考虑母牛年龄因素。计算公式：

$$校正断乳重 = \left[\frac{实际最后体重 - 初生重}{实际断乳时间} \times 校正断乳时间 + 初生重\right] \times 母牛年龄因素$$

断乳时间多校正到200d或210d。母牛年龄因素：2岁为1.15，3岁为1.10，4岁为1.05，5～10岁为1.00，11岁以上为1.05。

②断乳后增重。为了比较断乳后的增重情况，应采用校正的周岁（365d）或1.5岁（550d）体重。计算公式：

$$校正的365d体重 = \frac{实际最后体重 - 实际断乳体重}{饲养时间} \times (365 - 校正断乳时间) +$$

校正断乳重

$$校正的550d体重 = \frac{实际最后体重 - 实际断乳体重}{饲养时间} \times (550 - 校正断乳时间) +$$

校正断乳重

③平均日增重。计算日增重需定期测定各阶段的体重。计算公式：

$$日增重 = \frac{期末重 - 期初重}{期初至期末的饲养时间}$$

④饲料利用率。饲料利用率与增重速度之间存在着正相关，是衡量牛对饲料的利用情况及经济效益的重要指标。应根据总增重、净肉重及饲养期内的饲料消耗总量来计算每千克体重（或净肉重）的饲料消耗量，多用干物质或能量表示。计算公式：

$$增加1kg体重需饲料干物质（kg）或能量（MJ） = \frac{饲养期内共消耗饲料干物质（kg）或能量（MJ）}{饲养期内净增重（kg）}$$

$$生产1kg肉需饲料干物质（kg）或能量（MJ） = \frac{饲养期内共消耗饲料干物质（kg）或能量（MJ）}{屠宰后的净肉重（kg）}$$

（2）肥度评定。目测和触摸是评定肉牛育肥程度的主要方法。目测主要观察牛体大小、体躯宽窄和深浅度，腹部状态、肋骨长度和弯曲程度以及垂肉、肩、背、腰角等部位的肥满程度。触摸是以手触测各主要部位的肉层厚薄和脂肪蓄积程度。通过肥度评定，结合体重估测，可初步估计肉牛的产肉量。肉牛肥度评定分为5个等级，标准见表6-3。

表 6-3　肉牛宰前肥度评定标准

等　级	评　定　标　准
特等	肋骨、脊骨和腰椎横突都不明显，腰角与臀端呈圆形，全身肌肉发达，肋部丰满，腿肉充实，并向外凸出和向下延伸
一等	肋骨、腰椎横突不显现，但腰角与臀端未圆，全身肌肉较发达，肋部丰满，腿肉充实，但不向外凸出
二等	肋骨不甚明显，尻部肌肉较多，腰椎横突不甚明显
三等	肋骨、脊骨明显可见，尻部如屋脊状，但不塌陷
四等	各部关节完全暴露，尻部塌陷

（3）屠宰测定。

①屠宰指标测定。

宰前重：称取停食 24h、停水 8h 后临宰前体重。

宰后重：称取屠宰放血后的质量或宰前重减去血重。

血重：称取屠宰放出血的质量，即宰前重与宰后重之差。

胴体重：称取屠体除去头、皮、尾、内脏器官、生殖器官、腕跗关节以下四肢而带肾及周围脂肪的质量。

净肉重：称取胴体剔骨后的全部肉重。

骨重：称取胴体剔除肉后的全部质量。

②胴体测定。测量指标见图 6-7。

胴体长：自耻骨缝前缘至第 1 肋骨前缘的长度。

胴体胸深：自第 3 胸椎棘突的胴体体表至胸骨下部体表的垂直深度。

胴体深：自第 7 胸椎棘突体表至第 7 胸骨体表的垂直深度。

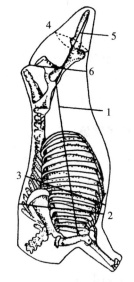

图 6-7　胴体测量示意
1. 胴体长　2. 胴体胸深
3. 胴体深　4. 胴体后腿围
5. 胴体后腿长　6. 胴体后腿宽

胴体后腿围：在股骨与胫腓骨连接处的水平围度。

胴体后腿长：耻骨缝前缘至跗关节的中点长度。

胴体后腿宽：去尾的凹陷处内侧至同侧大腿前缘的水平距离。

大腿肌肉厚：腿后侧胴体体表至股骨体中点垂直距离。

背脂厚：第 5～6 胸椎处的背部皮下脂肪厚。

腰脂厚：第 3 腰椎处皮下脂肪厚。

③屠宰指标计算。

屠宰率计算公式：

$$屠宰率 = \frac{胴体重}{宰前重} \times 100\%$$

肉用牛的屠宰率为 58%～65%，兼用牛为 53%～54%，乳用牛为 50%～51%。

肉牛屠宰率超过50%为中等，超过60%为高指标。

净肉率计算公式：

$$净肉率＝\frac{净肉重}{宰前重}×100\%$$

良种肉牛在较好的饲养条件下，育肥后净肉率在45%以上。早熟种、幼龄牛、肥度大和骨骼较细者净肉率高。

胴体产肉率计算公式：

$$胴体产肉率＝\frac{净肉重}{胴体重}×100\%$$

胴体产肉率一般为80%~88%。

（4）肉骨比。又称产肉指数。计算公式：

$$肉骨比＝\frac{净肉重}{骨重}$$

肉用牛、兼用牛、乳用牛的肉骨比分别为5.0、4.1和3.3。肉骨比随胴体重的增加而提高，胴体重185~245kg时，肉骨比为4∶1，310~360kg时为5.2∶1。

眼肌面积：眼肌面积是评定肉牛生产潜力和瘦肉率大小的重要技术指标之一。它是指倒数第1和第2肋骨间脊椎上背最长肌（眼肌）的横截面积（单位：cm^2）。

测定方法是：在第12、13肋骨间切开，在第12肋骨后缘用硫酸纸将眼肌面积描出，用求积仪或方格透明卡片（每格$1cm^2$）计算出眼肌面积。

🔧 任务实施

（1）参观中小型肉牛场，了解该牛场育肥的方式、肉牛品种、生产技术手段和供销等情况。

（2）由指导教师或技术员介绍牛场生产管理情况。

（3）要求每位学生上交一篇关于"育肥牛饲养管理方案"论文。内容包括：调查当地品种、饲草饲料资源、育肥方法、技术手段以及管理方法等。

📖 学习小结

增重速度是衡量育肥牛饲养管理的直接指标。要达到育肥牛快速生长，短期出栏，并使成本最小化，选择适龄优良品种或杂交后代，创造适宜的环境条件，充分利用农副产品和粗饲料，在科学配制日粮的基础上，增加干物质进食量是关键。

任务6.2 鉴别牛肉品质

💬 任务描述

优质牛肉不仅满足广大消费者的需求，也是推动我国肉牛业的全面进步、增加国际竞争力的重要途径。目前，世界上的牛肉分级体系以美国、日本、澳大利亚的为主，我国的牛肉质量分级标准已于2010年通过农业部组织的专家修订并开始实施。鉴别牛肉品质优劣主要通过指标感官对比或测量来完成，必要时可以通过加工品尝进行鉴别。

任务目标

了解牛胴体分割方法，熟悉胴体分级和牛肉食用品质及鉴定指标，掌握胴体分级和牛肉食用品质及鉴定方法。

知识准备

以牛肉分级员从事的主要工作来介绍。

1. 牛胴体分割　将标准的牛胴体二分体首先分割成臀腿肉、腹部肉、腰部肉、胸部肉、肋部肉、肩颈肉、前腿肉、后腿肉共八部分，参考图 6-8。在此基础上再进一步分割成牛柳、西冷、眼肉、上脑、胸肉、腱子肉、腰肉、臀肉、膝圆、大米龙、小米龙、腹肉、嫩肩肉 13块不同的肉块（图 6-9）。

（1）牛柳。牛柳又称里脊，即腰大肌。分割时先剥去肾脂肪，沿耻骨前下方将里脊剔出，然后由里脊头向里脊尾逐个剥离腰椎横突，取下完整的里脊。

（2）西冷。西冷又称外脊，主要是背最长肌。分割时首先沿最后腰椎切下，然后沿眼肌腹壁侧（离眼肌 5～8cm）切下。再在第 12～13胸肋处切断胸椎，逐个剥离胸、腰椎。

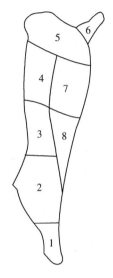

肉牛屠宰与胴体分割

图 6-8　牛胴体部位分割示意
1. 后腿肉　2. 臀腿肉　3. 后腰肉
4. 肋部肉　5. 颈肩肉　6. 前腿肉
7. 胸部肉　8. 腹部肉

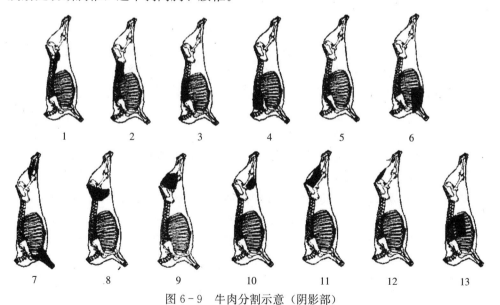

图 6-9　牛肉分割示意（阴影部）

1. 牛柳　2. 西冷　3. 眼肉　4. 上脑　5. 嫩肩肉　6. 胸肉　7. 腱子肉
8. 腰肉　9. 臀肉　10. 膝圆　11. 大米龙　12. 小米龙　13. 腹肉

（3）眼肉。眼肉主要包括背阔肌、肋最长肌、肋间肌等。其一端与外脊相连，另一端在第5～6胸椎处，分割时先剥离胸椎，抽出筋腱，在眼肌腹侧距离为8～10cm处切下。

（4）上脑。上脑主要包括背最长肌、斜方肌等。其一端与眼肉相连，另一端在最后颈椎处。分割时剥离胸椎，去除筋腱，在眼肌腹侧距离为6～8cm处切下。

（5）嫩肩肉主要是三角肌。分割时沿眼肉横切面的前端继续向前分割，可得一圆锥形的肉块，便是嫩肩肉。

（6）胸肉。胸肉主要包括胸升肌和胸横肌等。在剑状软骨处，随胸肉的自然走向剥离，修去部分脂肪即成一块完整的胸肉。

（7）腱子肉。腱子分为前、后两部分，主要是前肢肉和后肢肉。前牛腱从尺骨端下刀，剥离骨头，后牛腱从胫骨上端下切，剥离骨头取下。

（8）腰肉。腰肉主要包括臀中肌、臀深肌、股阔筋膜张肌。在臀肉、大米龙、小米龙、膝圆取出后，剩下的一块肉便是腰肉。

（9）臀肉。臀肉主要包括半膜肌、内收肌、股薄肌等。分割时把大米龙、小米龙剥离后便可见到一块肉，沿其边缘分割即可得到臀肉。也可沿着被切的盆骨外缘，再沿本肉块边缘分割。

（10）膝圆。膝圆主要是臀股四头肌。当大米龙、小米龙、臀肉取下后，能见到一块长圆形肉块，沿此肉块周边（自然走向）分割，很容易得到一块完整的膝圆肉。

（11）大米龙。大米龙主要是臀股二头肌。与小米龙紧接相连，故剥离小米龙后大米龙就完全暴露，顺该肉块自然走向剥离，便可得到一块完整的四方形肉块即为大米龙。

（12）小米龙。小米龙主要是半腱肌，位于臀部。当牛后腱子取下后，小米龙肉块处于最明显的位置。分割时可按小米龙肉块的自然走向剥离。

（13）腹肉。腹肉主要包括肋间内肌、肋间外肌等，也即肋排，分无骨肋排和带骨肋排。一般包括4～7根肋骨。

2. 牛胴体分级　胴体的等级直接反映肉畜的产肉性能及肉的品质优劣，无论对于生产还是消费都具有很好的规范和导向作用，有利于形成优质优价的市场规律，有助于产品向高质量的方向发展。

优质牛肉：育肥牛按规范工艺屠宰、加工，品质达到本标准中优二级以上（包括优二级）的牛肉称为优质牛肉。

排酸：指牛被宰杀后，其胴体或分割肉通常在1～4℃无污染的环境内放置一段时间，使肉的pH上升、酸度下降、嫩度和风味得到改善的过程。

生理成熟度：反映牛的年龄。评定时根据胴体脊椎骨（主要是最末3个胸椎）棘突末端软骨的骨化程度来判断，骨化程度越高，牛的年龄越大。除骨质化判定外亦可依照门齿变化来判断年龄。

胴体：肉畜经屠宰、放血后除去鬃毛、内脏、头、尾及四肢下部（腕及关节以下）后的躯体部分。

（1）指标介绍及评定方法。胴体冷却后，在充足的光线下，对12～13肋间眼肌切面处对下列指标进行评定。

①大理石花纹。大理石花纹是指眼肌肉内的脂肪，一般按肌肉内脂肪斑纹来确认，并以其数量进行人工判断。

大理石花纹与可口性的所有因子几乎都成正相关，如风味、多汁性和嫩度。大理石花纹对鲜肉产品的颜色稳定性起关键作用。大理石花纹又是确定胴体等级的关键因子。在美国农业部标准中，有少量大理石花纹的评作"精选减"的等级，若一片胴体达不到"精选减"等级就不符合评等的要求。

评定大理石纹时，采用对照大理石花纹等级图片（大理石花纹等级图给出的是每级中花纹的最低标准），来确定眼肌横切面处大理石花纹等级。大理石花纹分为5个等级，分别为丰富（5级）、较丰富（4级）、中等（3级）、少量（2级）和几乎没有（1级），见图6-10～图6-14。大理石花纹等级评定示范参考图6-15。

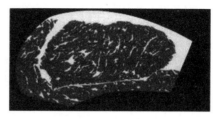

图6-10　丰　富

大理石花纹
等级

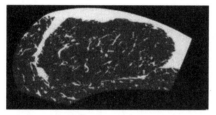

图6-11　较丰富

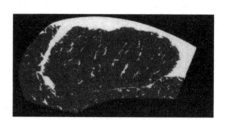

图6-12　中　等

图6-13　少　量

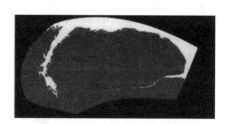

图6-14　几乎没有

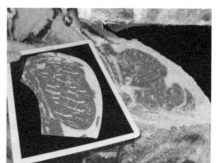

图6-15　大理石花纹等级评定示范

大理石花纹
等级评定
示范

②生理成熟度。以门齿变化和脊椎骨（主要是最后三根胸椎）棘突末端软骨的骨质化程度为依据来判断生理成熟度，如脊椎突出部软骨纽的骨化、荐椎凸出部软骨的骨化和肋排软骨的骨化。生理成熟度分为 A、B、C、D、E 五级。A 级最年轻，E 级在 72 月龄以上。成熟度又称"年龄"，因牛肉嫩度直接与其年龄相关。牛长老时其结缔组织由于钙化而发硬，因此幼嫩胴体才理想。

③颜色。牛肉颜色是重要的质量特征，牛肉的理想色为典型的"樱桃红"。牛肉颜色发黑、发污是年龄老化标志。牛肉颜色发浅多数是来自于青年牛。

评定方法是对照肌肉色评级图谱（图 6-16），判断眼肌切面处颜色的等级。分为 8 级，1 级最浅，8 级最深，其中 4 级和 5 级为最佳肉色。

肌肉颜色
等级

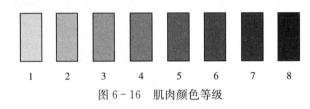

图 6-16　肌肉颜色等级

④眼肌面积。在 12~13 肋间的背最长肌横切面处，用方格网直接测出眼肌的面积。具体方法见图 6-17。

⑤背膘厚度的测定。向在 12～13 肋间的背最长肌横切面处，从靠近脊柱一侧算起，在眼肌长度的 3/4 处，垂直于外表面测量背膘的厚度。具体测定方法见图 6-18。

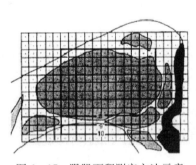

图 6-17　眼肌面积测定方法示意

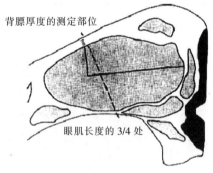

背膘厚度的测定部位

眼肌长度的 3/4 处

图 6-18　背膘厚度测定方法示意

（2）胴体的等级标准确定。

①质量级。主要由大理石纹和生理成熟度决定，并参考肉的颜色进行微调。原则上是大理石纹越丰富，生理成熟度越低，即牛龄越小，级别越高。其具体评定方法是先根据大理石纹和生理成熟度确定等级，然后对照颜色进行调整。当等级由大理石纹和生理成熟度两个指标确定后，若肉的颜色过深或过浅，则要对原来的等级酌情进行调整，一般来说要在原来等级的基础上降一级。

②产量级。初步选定由胴体重、眼肌面积和背膘厚度测算出肉率，出肉率越高等级越高。眼肌面积与出肉率成正比，眼肌面积越大，出肉率越高；而背膘厚度与出肉率成反比。

3. 牛肉的食用品质及其评定

（1）肉色。对肉及肉制品的评价，人们大都从色、香、味、嫩等几个方面来评价，其中给人的第一印象就是颜色。牛肉色泽指肉的颜色和光泽，是衡量牛肉品质的最重要指标之一。肉的颜色主要取决于肌肉中的色素物质——肌红蛋白和血红蛋白，如果放血充分，前者占肉中色素的 $80\%\sim90\%$，占主导地位。所以肌红蛋白的多少和化学状态变化造成不同动物、不同肌肉的颜色深浅不一，肉色千变万化，从紫色到鲜红色、从褐色到灰色，甚至还会出现绿色。

①肌红蛋白及其化学变化。肌红蛋白（myoglobin，Mb）是一种复合蛋白质，相对分子质量在 17 000 左右，由一条多肽链构成的珠蛋白和一个血红蛋白组成，血红蛋白是由四个吡咯形成的环上加上铁离子所组成的铁卟啉，其中铁离子可处于还原态（Fe^{2+}）或氧化态（Fe^{3+}），处于还原态的铁离子能与 O_2 结合，氧化后则失去 O_2，氧化和还原是可逆的，所以肌红蛋白在肌肉中起着载氧的功能。

肌红蛋白（Mb）本身是紫红色，与氧结合可生成氧合肌红蛋白，为鲜红色，是新鲜肉的象征；Mb 和氧合 Mb 均可以被氧化生成高铁肌红蛋白，呈褐色，使肉色变暗；有硫化物存在时 Mb 还可被氧化生成硫代肌红蛋白，呈绿色，是一种异色；Mb 与亚硝酸盐反应可生成亚硝基肌红蛋白，呈粉红色，是腌肉的典型色泽；Mb 加热后蛋白质变性形成球蛋白氯化血色原，呈灰褐色，是熟肉的典型色泽。氧合肌红蛋白和高铁肌红蛋白的形成和转化对肉的色泽最为重要。因为前者为鲜红色，代表着肉新鲜，为消费者所钟爱。而后者为褐色，是肉放置时间长久的象征。如果不采取任何措施，一般肉的颜色将经过两个转变：第一个是由紫红色转变为鲜红色，第二个是由鲜红色转变为褐色。第一个转变很快，在肉置于空气 30min 内就发生，而第二个转变快者几小时，慢者几天。转变的快慢受环境中 O_2 分压、pH、细菌繁殖程度和温度等诸多因素的影响。减缓第二个转变，即由鲜红色转为褐色，是保色的关键所在。

②影响肉色稳定的因素。肉在贮存过程中因为肌红蛋白被氧化生成褐色的高铁肌红蛋白，使肉色变暗，品质下降。当高铁肌红蛋白含量不大于 20% 时肉仍然呈鲜红色，达 30% 时肉显示出稍暗的颜色，在 50% 时肉呈红褐色，达到 70% 时肉就变成褐色，所以防止和减少高铁肌红蛋白的形成是保持肉色的关键。采取真空包装、充气包装、低温存贮、抑菌和添加抗氧化剂等措施可达到以上目的。不同因素对肉色的影响归纳于表 6-4。

表 6-4　影响肉色的因素

因　素	影　响
肌红蛋白含量	含量越多，颜色越深
品种、解剖位置	牛、羊肉颜色较深，猪次之，禽腿肉为红色，而禽胸肉为浅白色
年龄	年龄越大，肌肉 Mb 含量越高，肉色越深
运动	运动量大的肌肉，Mb 含量高，肉色深
pH	终 pH$>$6.0，不利于氧合 Mb 形成，肉色黑暗

（续）

因　素	影　响
肌红蛋白的化学状态	氧合 Mb 呈鲜红色，高铁 Mb 呈褐色
细菌繁殖	促进高铁 Mb 形成，肉色变暗
电刺激	有利于改善牛、羊的肉色
宰后处理	迅速冷却有利于肉保持鲜红颜色 放置时间加长，细菌繁殖、温度升高均促进 Mb 氧化，肉色变深
腌制（亚硝基形成）	生成亮红色的亚硝基肌红蛋白，加热后形成粉红色的亚硝基血色原

③黑切牛肉。黑切牛肉早在 20 世纪 30 年代就引起注意，因为颜色变黑使肉的商品价值下降，这个问题现在仍然存在。黑切牛肉除肉色发黑外，还有 pH 高、质地硬、系水力高、氧的穿透能力差等特征。应激是产生黑切牛肉的主要原因，任何使牛应激的因素都在不同程度上影响黑切牛肉的发生。

宰后动物肌肉主要依靠糖酵解利用糖原产生能量来维持一些耗能反应。糖酵解的终产物是乳酸，由于它的积累使肌肉 pH 在 4～24h 从 6.8 下降到 5.5 左右。当 pH 低于 5.6 时肌肉线粒体摄氧功能就被抑制。而受应激的动物肌肉中的糖原消耗较多，以至于没有足够的糖原来进行糖酵解，也就没有足够的乳酸使 pH 下降，一般 1g 肌肉中需要 $100\mu mol$ 乳酸才能使 pH 下降至 5.5，应激动物肌肉只能产生 $40\mu mol$ 的乳酸，只能使 pH 降到 6.0 左右，这样肌肉中的线粒体摄氧功能没有被抑制，大量的氧被线粒体摄去，在肉的表面能氧合肌红蛋白的氧气就很少，抑制了氧合肌红蛋白的形成，肌红蛋白大都以紫色的还原形式存在，使肉色发黑。

黑切牛肉容易发生于公牛，一般防范措施是减少应激，如上市前给予较好的饲养，尽量减少运输时间，长途运输后要及时补饲，注意分群，避免打斗、爬跨等现象。

④评定。优质鲜牛肉的肌肉有光泽，色鲜红或深红；脂肪呈乳白或淡。次质鲜牛肉肌肉色稍暗，用刀切开截面尚有光泽，脂肪缺乏光泽。优质冻牛肉（解冻后）肌肉色鲜红，有光泽；脂肪呈乳白色或微黄色。次质冻牛肉（解冻后）肌肉色稍暗，肉与脂肪缺乏光泽，但切面尚有光泽。

（2）嫩度。嫩度是肉的主要食用品质之一，它是消费者评判肉质优劣的最常用指标。肉的嫩度指肉在食用时口感的老嫩，反映了肉的质地（texture），由肌肉中各种蛋白质结构特性决定。

①影响嫩度的因素。影响肉嫩度的因素及其作用结果综合列于表 6-5。

表 6-5　影响肉嫩度的因素

因　素	影　响
年龄	年龄越大，肉也越老
运动	一般运动多的肉较老
性别	公畜肉一般较母畜和腌畜肉老
大理石纹	与肉的嫩度有一定程度的正相关

（续）

因　　　素	影　　　响
成熟（aging）	改善嫩度
品种	不同品种的畜禽肉在嫩度上有一定差异
电刺激	可改善嫩度
成熟（conditioning）	尽管和 aging 一样均指成熟，而又特指将肉放在 $10\sim15$℃环境中解僵，这样可以防止冷收缩
肌肉	肌肉不同，嫩度差异很大，源于其中的结缔组织的量和质不同所致
僵直	动物宰后将发生死后僵直，此时肉的嫩度下降，僵直过后，成熟肉的嫩度得到回复
解冻僵直	导致嫩度下降，损失大量水分

②肉的人工嫩化。人们很早就知道可以人为地使肉嫩化，如击肉及将肉切成小块以达到破坏其结构和结缔组织的目的。还有用醋、酒、盐及酶类物质浸泡，以嫩化肉。下面介绍几种人工嫩化方法。

酶：500 年前墨西哥印第安人为了使肉柔嫩可口，将要煮的肉用巴婆果叶包起来。后来人们发现这种植物叶子含有对肌肉起作用的水解酶类。当人们认识到酶可以使肉变嫩，便发展了一系列技术，如将肉浸泡在含酶溶液中；或将含酶溶液直接泵入肌肉的血管系统，通过微血管等使其溶入肉中。现在已开发出多种酶嫩化剂，有粉状、溶液、气雾液等，既可供家庭使用，也可用于工厂化规模生产线上，非常方便实用。

电刺激：对动物胴体进行电刺激有利于改善肉的嫩度，这主要是因为电刺激引起肌肉痉挛性收缩，导致肌纤维结构破坏，同时电刺激可加速家畜宰后肌肉的代谢速率，使肌肉尸僵发展加快，成熟时间缩短。

电刺激对牛羊肉嫩度改善较大，据美国对 1 200 头牛胴体电刺激的结果表明，嫩度可提高 23%，对猪肉进行电刺激嫩化效果不如牛羊，通常只有 3% 左右。

成熟技术：提高肉类嫩度最有效、最常用的方法之一就是成熟技术，即将肉在 $0\sim4$℃下进行长时间成熟，在成熟过程中肌肉的骨架蛋白发生降解，肉的保水性提高，嫩度和风味得到改善。在牛肉成熟过程中，肌肉骨架蛋白降解，从而导致嫩度改善的主要作用来自 calpains 酶系统。任何一项技术都不能替代肉在适当条件下的贮藏和成熟。对牛肉来讲最短的成熟时间是 14d，14d 后约有 80% 的嫩度被缓解。如果牛品种中含有 33% 以上的 Bosindicus 血液，必须延长牛肉成熟时间才能达到所需嫩度。

嫩化吊挂技术：通常半胴体在跟腱部吊挂，而嫩化吊挂是在不劈半的情况下在臀骨处吊挂牛胴体。嫩化吊挂可以拉伸牛后部位肌肉，使背最长肌、半膜肌、半腱肌的肌节长度增加，肌纤维直径减小，使后部位肉嫩度提高，但并不改善腰大肌的嫩度。由于此技术没有拉伸前部肌肉，因而前部牛排嫩度没有变化。由于骨盆吊挂技术的设备成本不高，且能有效提高后部牛排的嫩度，因此这项技术在许多国家得到广泛应用，尤其是在生产高附加值的品牌牛肉时常常采用。但骨盆吊挂时所需要的冷藏空间较大，扩充冷藏空间的费用有时高于因吊挂提高肉质而带来的经济效益，使得这一技术在应用上具有一定的局限性。

钙离子溶液注射技术：将钙离子溶液注入肉中来改善牛肉的嫩度，是在钙激活酶被证明是宰后降解肌肉骨架蛋白的主要酶类后发展起来的一项技术。最初的研究是将牛肉浸泡在钙离子溶液中，后来发展为通过动脉向胴体注射钙离子溶液，最后发展到向分割肉块中注射钙离子溶液。

在宰后的任何时间对牛肉用钙离子溶液处理都会有嫩化效果，且不会引起肉的过度嫩化。

③嫩度的评定。对肉嫩度的主观评定主要根据其柔软性、易碎性和可咽性来判定。柔软性即舌头和颊接触肉时产生触觉，嫩肉感觉软糊而老肉则有木质化感觉；易碎性，指牙齿咬断肌纤维的容易程度，嫩度很好的肉对牙齿无多大抵抗力，很容易被嚼碎；可咽性可用咀嚼后肉渣剩余的多少及吞咽的容易程度来衡量。对肉嫩度的客观评定是借助于仪器来衡量切断力、穿透力、咬力、剁碎力、压缩力、弹力和拉力等指标，而最通用的是切断力，又称剪切力（shear force）。即用一定钝度的刀切断一定粗细的肉所需的力量，以 kg 为单位。一般来说如剪切力值大于 4kg 的肉就比较老了，难以被消费者接受。

（3）风味。肉的风味由肉的滋味和香味组合而成，滋味的呈味物质是非挥发性的，主要靠人的舌面味蕾（味觉器官）感觉，经神经传导到大脑反映出味感。香味的呈味物质主要是挥发性的芳香物质，主要靠人的嗅觉细胞感受，经神经传导到大脑产生芳香感觉，如果是异味物，则会产生厌恶感和臭味的感觉。

风味主要由脂肪、核糖、蛋白质及其降解产物在受热过程中反应产生，游离氨基酸、肌苷、有机酸、核苷酸等是呈风味物质的重要前体物，芳香族化合物、含硫化合物和脂肪分解的产物对风味有重要影响。

①滋味物质。从表6-6可看出，肉中的一些非挥发性物质与肉滋味的关系，其中甜味来自葡萄糖、核糖和果糖等；咸味来自一系列无机盐和谷氨酸盐及天冬氨酸盐；酸味来自乳酸和谷氨酸等；苦味来自一些游离氨基酸和肽类；鲜味来自谷氨酸钠（MSG）以及核苷酸（IMP）等。另外 MSG、IMP 和一些肽类除给肉以鲜味外，同时还有增强以上四种基本味的作用。

表6-6 肉的滋味物质

滋 味	化 合 物
甜	葡萄糖、果糖、核糖、甘氨酸、丝氨酸、苏氨酸、赖氨酸、脯氨酸、羟脯氨酸
咸	无机盐、谷氨酸盐、天冬氨酸盐
酸	天冬氨酸、谷氨酸、组氨酸、天冬酰胺、琥珀酸、乳酸、二氢吡咯羧酸、磷酸
苦	肌酸、肌酐酸、次黄嘌呤、鹅肌肽、肌肽、其他肽类、组氨酸、精氨酸、蛋氨酸、缬氨酸、亮氨酸、异亮氨酸、苯丙氨酸、色氨酸、酪氨酸
鲜	MSG、$5'$-IMP、$5'$-GMP，其他肽类

②芳香物质。生肉不具备芳香性，烹调加热后一些芳香前体物质经脂肪氧化、

美拉德褐变反应以及硫胺素降解产生挥发性物质，赋予熟肉芳香性。据测定，芳香物质的90%来自脂质反应，其次是美拉德褐变反应，硫胺素降解产生的风味物质比例最小。虽然后两者反应所产生的风味物质在数量上不到10%，但并不能低估它们对肉风味的影响，因为肉风味主要取决于最后阶段的风味物质，另外对芳香的感觉并不绝对与数量呈正相关。纯正的牛肉风味来自于瘦肉，受脂肪影响很小，牛肉的呈味物质主要来自硫氨素降解，代表了肉的基本风味。

③影响风味的因素。对肉的风味能产生影响的因素及其作用结果列于表6-7。

表6-7　影响风味的因素

因　素	影　　响
年龄	年龄越大，风味越浓
物种	物种间除风味外还有特异性异味，如牛羊膻味、猪味和鱼腥味等
脂肪	风味的主要来源之一
氧化	氧化加速脂肪产生酸败味，随温度增加而加速
饲料	饲料中鱼粉腥味、牧草味，均可带入肉中
腌制	抑制脂肪氧化，有利于保持肉的原味
细菌繁殖	产生腐败味

④评定。风味主要由品尝专家品尝决定，如鲜、膻和咸味等。

（4）系水力。肌肉系水力是一项重要的肉质性状，它不仅影响肉的色香味、营养成分、多汁性、嫩度等食用品质，而且有着重要的经济价值。利用肌肉有系水潜能这一特性，在其加工过程中可以添加水分，从而可以提高出品率。如果肌肉保水性能差，那么从家畜屠宰后到肉被烹调前这一段过程中，肉因为失水而失重，造成经济损失。

系水力指牛肉受到外力作用时，其保持原有水分与添加水分的能力，以百分率表示。所谓的外力指压力、切碎、冷冻、解冻、贮存、加工等。一般牛肉含水量60%，其中3%～5%为结合水，95%～97%为游离水。研究结果表明，肌肉中蛋白质含量越高，其系水力越大（刘冠勇等，2000）。同时肌肉脂肪含量高，保水性有增大的倾向（喻兵兵等，2004）。系水力不仅影响加工肉的产量、颜色和结构等，还影响鲜肉的色泽、质地、嫩度、营养和风味等食用品质（万发春等，2004）。

①影响系水力因素。影响系水力的因素很多，如宰前因素包括品种、年龄、运输、囚禁、饥饿、能量水平、身体状况等；屠宰后的贮藏冷冻、解冻、加温、潮湿等均导致系水力降低。系水力降低，营养成分流失，熟调食品发干乏味，适口性恶化，食用价值低。

pH对系水力的影响：pH对系水力的影响实质是蛋白质分子的净电荷效应。蛋白质分子所带有的净电荷对系水力有双重意义：一是净电荷是蛋白质分子吸引水分的强有力中心；二是净电荷增加蛋白质分子之间的静电斥力，使结构松散开，留下容水的空间。当净电荷下降，蛋白质分子间发生凝聚紧缩，系水力下降。

肌肉pH接近蛋白质等电点（pH 5.0～5.4），正负电荷基数接近，反应基减少到最低值，这时肌肉的系水力也最低。

空间效应对系水力影响（尸僵）：动物死亡后由于没有足够的能量解开肌动球蛋白，肌肉处于收缩状态，其中空间减少，导致系水力下降，随着成熟的发生，尸僵逐渐消失，系水力又重新回升。

加热过程对系水力的变化：肉加热时系水力明显降低，肉汁渗出。这是由于蛋白质受热变性，使肌纤维紧缩，空间变小，不易流动水被挤出。

盐对肌肉系水力的影响：取决于肌肉的pH，当pH大于等电点（IP），盐可提高系水力；当pH<IP时，盐起脱水作用使系水力下降。这是因为NaCl中的Cl⁻，当pH>IP时，Cl⁻提高净电斥力，蛋白质分子内聚力下降，网状结构松弛，保留较多的水分；当pH<IP时，Cl⁻降低电荷的斥力，使网状结构紧缩，导致系水力下降。

②评定。简要介绍压力法测定系水力。

取样：1cm厚，直径2.5cm的"肉饼"；吸水纸/滤纸，包好，放在压力计台面上，施加一定压力（如35kg）维持一定时间。

测定：面积法是根据被压扁肉的面积、纸湿面积，样品质量，滤纸特性系数，压力大小，时间，最后代入经验公式，得样品持水性，H_2O自由水（%）；重量法是H_2O自由水（%）=自由水/总水×100%=加压前后肉失重/（加压前肉重×M）×100%（M为该肉经"干燥法"测定的水分含量）。

例如，$10kg/1cm^2/1min$条件下，汁液流失50%以上，则原肉保水性好。

（5）多汁性。多汁性也是影响肉食用品质的一个重要因素，尤其对肉的质地影响较大，据测算10%～40%肉质地的差异是由多汁性好坏决定的。多汁性评定较可靠的是主观评定，现在尚没有较好的客观评定方法。

①主观评定。对多汁性较为可靠的评定仍然是人为的主观感觉（口感）评定，对多汁性的评判可分为四个方面：一是开始咀嚼时根据肉中释放出的肉汁多少；二是根据咀嚼过程中肉汁释放的持续性；三是根据在咀嚼时刺激唾液分泌的多少；四是根据肉中的脂肪在牙齿、舌头及口腔其他部位的附着给人以多汁性的感觉。

多汁性是一个评价肉食用品质的主观指标，与它对应的指标是口腔的用力度、嚼碎难易程度和润滑程度，多汁性和以上指标有较好的相关性。

②影响因素。肉中脂肪含量：在一定范围内，肉中脂肪含量越多，肉的多汁性越好。因为脂肪除本身产生润滑作用外，还刺激口腔释放唾液。脂肪含量多少对重组肉的多汁性尤为重要，据Berry等的测定，含脂肪为18%和22%的重组牛排远比含量为10%和14%的重组牛排多汁。

烹调：一般烹调结束时温度越高，多汁性越差，如60℃结束的牛排就比80℃结束的牛排多汁，而后者又比100℃结束的牛排多汁。Bower等人仔细研究了肉内温度从55～85℃阶段肉的多汁性变化，发现多汁性下降主要发生在两个温度范围，一个是60～65℃，另外一个是80～85℃。

加热速度和烹调方法：不同烹调方法对多汁性有较大影响，同样将肉加热到70℃，采用烘烤方法肉最为多汁，其次是蒸煮，然后是油炸，多汁性最差的是加压烹调。这可能与加热速度有关，加压和油炸速度最快，而烘烤最慢。另外在烹调时若将包围在肉上的脂肪去掉将导致多汁性下降。

肉制品中的可榨出水分：生肉的多汁性较为复杂，其主观评定和客观评定相关性不强，而肉制品中可榨出水分能较为准确地用来评定肉制品的多汁性，尤其是香肠制品两者呈较强的正相关。

任务实施

（1）参观牛屠宰分割生产线，了解屠宰工艺环节、胴体分割、胴体分级方法。

（2）学生抽时间去超市与牛肉零售商或屠宰点进行现场调研，了解目前市场上牛肉质量，是否存在注水等问题。

（3）要求每位学生上交一篇关于"牛肉品质"方面的论文。学生可以通过现场调研、问卷、查找资料、网络搜索等方式收集资料。内容不但要包括鉴别方法，还要有存在的问题、解决建议、方法等。

学习小结

我国优质牛肉生产除抓住品种选择、饲养管理、屠宰工艺、分割技术、加工方法等关键环节外，还要对优质牛肉品质鉴定知识进行大力宣传，普及老百姓，来推动以质论价的良性牛肉市场，从而全面提高我国肉牛生产的国际竞争力。

项目7 废弃物无害化处理

【思政目标】树立绿水青山就是金山银山的环保理念，注意养殖生产中控制污染、注重防治，使生产向绿色、循环、低碳生态文明方向发展，提高环保意识和生态意识。

伴随着我国国民经济的持续发展和人民生活水平的不断提高，人们的饮食结构有了很大的改变，对畜产品的需求量也越来越多。养牛业在为社会提供大量质优价廉的产品的同时，也产生大量的粪、尿等废弃物污染环境。废弃物处理不断受到世界各国政府的高度重视，养牛者理应了解废弃物的危害，掌握牛场废弃物无害化处理技术，培养环保意识。

任务7.1 无害化处理废弃物

任务描述

养殖场的畜禽粪便已经成为环境的一大污染源。畜禽废弃物可造成土壤、水体、空气、农产品的污染，严重危害人类的生存和身体健康。因此，无论投入有多大，不管是用作肥料还田，还是能源利用，都是目前迫切要解决的问题，尤其是大规模的牧场和养殖密集的乡村，这需要通过企业和政府的合作来实现。

任务目标

了解牛场废弃物的危害，掌握废弃物收集、转移、贮存的方法，明确废弃物综合开发利用的主要方向，能在牛生产中合理地处理废弃物，达到零排放的目标。

知识准备

1. 牛场废弃物的种类 牛场废弃物是牛的排泄物（粪尿）和垫草等的混合物，还包括未消化的饲料、身体的代谢产物等。有计划地对废弃物进行处理是养牛生产体系的重要部分。废弃物的收集、运输、存贮和使用过程必须符合卫生和环保等方面法律法规的要求。

（1）粪污。粪便管理是养牛生产者所面对的最重要的问题和难题之一。如果管理不当，不仅会污染环境，还会污染水源。为了卫生，必须要清除粪便，粪便量大又很难长时间贮存，劳动力的消耗减少了它作为肥料的价值，烧掉太浪费，而掩埋又因量大而不现实。作为生产者需全面地评估各种粪便处理的方法，选出一个能补益于整个生产系统而且不污染环境的粪便处理方法。

粪污排泄的总量、成分与牛品种、体重、饲料和垫草的种类和数量有关，牛是粪便产量最大的家畜之一。基本上粪便可分为固体、液体以及介于两者之间的半固体形式。这取决于养殖场的设备和所处的生产阶段。固体粪便来源包括水泥地表面半干粪便的残渣、垫草中滞留的粪便或液体粪便流上后留下的固体。液体粪便一般会被排到外面的储粪池中。室外的冲刷污物一般存在沉淀池中，其中固体沉淀到下面而液体可以用泵抽出。

（2）牛舍垫料。使用垫料的目的主要是保持牛只生活环境的清洁、干燥和舒适，便于粪污的处理，同时垫料也吸收了占牛粪污中 1/2 营养成分的尿液。以相对不溶解的方式固定了氨和碳酸钾，使之不被滤掉。用泥炭沼作垫料时这一特点表现得特别明显，但使用木屑、刨花作垫料时就不是太明显了。常用的垫料有木制原料（锯屑、刨花、树皮和木屑等）、短麦秆、沙子等。垫料的最小用量要求是要将粪污中的液体全部吸收。1 头奶牛 24h 舍饲的垫料（未切的小麦或燕麦秆）需要量最少为 4.54kg。平均每吨排泄物需要大约 226.8kg 垫料。

2. 牛场废弃物的危害

（1）对土壤的污染。牛饲料中通常含有较高剂量的微量元素，经消化吸收后多余的随排泄物排出体外。粪便作为有机肥料播洒到农田中去，如果用量过多，使用时间过长，将导致磷、铜、锌及其他微量元素在土壤中富积，造成环境的污染。

（2）对水体的污染。在生产过程中，清洗、消毒等所产生的污水量大大超过粪便的排放量。在这大量的污水和废弃物中含有大量的有机物质和消毒剂的化学成分、病原微生物和寄生虫卵等。据测定在 1mL 牛场污水中有 83 万个大肠杆菌、69 万个肠球菌。未经处理的污水流入河流、水塘、湖泊会造成水体的严重污染。由于细菌的作用，大量消耗水中的氧气，使水体由需氧分解变为厌氧分解，水质变臭，并导致富营养化，严重污染环境。

土壤施用牛粪尿也可以造成地下水污染，一般情况下，随粪肥进入土壤的病原体和有机物，在土壤微生物的作用下，数量会迅速降低，数厘米以下土层，数量明显减少，不致对地下水造成污染。但在砂性、渗透性强的土壤条件下，连续施用牛粪尿，有可能带来地下水污染，特别是硝酸盐污染可能性较大。

（3）对空气的污染。粪污还会对空气质量产生影响。新鲜的或堆积的粪污会挥发出氨和甲烷以及其他的气体，如挥发性脂肪酸、石炭酸和硫化物。对粪污散发出的气味进行定义很难，涉及指定气味的接受阈问题。对粪污处理的地点和存储等设施的布局进行合理的设计，能够最大限度地减少由令人不快的气味带来的问题。例如，在选择粪污的存储地点时，应当考虑到主流风的风向；防风林可以使挥发的气味减弱或偏离方向，阻止其向居住区扩散；在粪污处理系统中采用机械通风也可以减弱气味；与在地表施用粪污相比，将粪污直接埋入土壤能够最大限度地减少气味的扩散；牛场中粪污处理和存储方法的改变不仅有助于控制气味，苍蝇的数量也会随之发生明显变化。

当粪污在室内存储时，液体物质会产生对人类和动物健康有害的气体及令人不快的气味。粪污分解产生气体主要（≥95％）是甲烷、氨、硫化氢和二氧化碳，多数有难闻的气味或者对动物有毒害作用，有些则对设备有腐蚀性。甲烷没有气味，但没有异味并不代表它是安全的。因为甲烷和二氧化碳存在时缺氧，人类和动物会窒息死亡。很多窒息事件通常是在搅动粪污或是通风设备失灵的情况下发生的。在粪污贮藏设备没有进行通风或无人随时辅助的情况下，任何人不得进入粪污的存储设备。工人应当佩戴功能完好的呼吸设备进行工作。在深坑中搅动或抽吸粪污时应当最大限度地进行通风。要在封闭式粪污贮藏设备中设置报警系统，即在断电时及时发出警报。因为一旦通风系统停止工作，会有大量的有害气体聚积。

甲烷的释放是全球变暖的诱因之一，会给环境带来潜在的威胁。地球大气层中的气体允许太阳的短波辐射透过大气层，使地球温度升高。这些能量中又有一部分以长波形式被发射回大气层。包括甲烷在内的一些气体则可以吸收这些长波辐射，而不是使长波辐射离开地球，从而产生温室效应并导致全球变暖。来自粪污的气体对全球变暖的影响一直是人们争论的热点。虽然二氧化碳是最主要的温室气体，但从分子结构来看，甲烷吸收热辐射的能力要比二氧化碳高 1/4。大气中的甲烷含量正以每年 1% 的速度增加，源自动物的甲烷约占全部温室气体的 3%。

（4）病原菌及寄生虫污染。牛场的粪污中含有大量的致病菌和寄生虫，如不做适当处理则成为畜禽传染病、寄生虫病和人畜共患病的传染源，致使人畜共患病及寄生虫病的蔓延，对畜牧场附近的居民生活造成不良影响，影响居民健康。

3. 无害化处理废弃物　随着养牛业逐步向规模化、集约化方向发展，养牛废弃物更利于收集加工，大量的粪便经过科学处理，不仅能供给农作物绿色肥料，给人们提供燃料，还能作为畜禽的优质饲料再被畜禽利用。

（1）用作肥料。牛粪便是一种很好的有机肥，施入土壤后可形成稳定的腐殖质，改善土壤的理化性状，增加肥力。粪污可以露天堆积存放、在单独的容器内存放、在水泥砌筑的坑内存放、堆肥或是在漏缝地板下的窖中堆积存放。在窖中堆积存放通常要在窖中加水以补充粪污蒸发掉的水分。如果将来用泵抽出粪肥使用，需要考虑增加窖容积 20%～40% 用于添水。水的比例至少为 95%，固体物质的比例小于 5%，通常情况下固体物质不会超过 3%。与之相反的是在用罐车喷洒肥料时则应尽量减少水的用量。如果用于施肥的土地面积不足，需要将肥料卖掉时，这时就需要采用刮粪系统尽量降低粪污中的水含量。

采集新鲜的牛粪便也可直接施于土壤或农作物距离根部 15～20cm 处，用土翻耕或掩埋好，利用土壤中的微生物对粪便进行分解，提供给农作物所需养分。据日本神奈川县农业试验场报道，一般每 667m² 地一次施鲜牛粪 20t 不会影响土壤结构，不会产生臭味招引苍蝇。施用粪肥后的首轮种植农作物时粪污中的植物营养成分约有 1/2 被农作物吸收；在第二次种植农作物时，剩余营养成分的 1/2 再被农作物吸收，剩余营养成分的 1/2 又会在第三次种植农作物时被吸收，依此类推。因此，如果连续施用粪肥，连续几轮农作物种植后，土壤的肥力储备将逐渐增加，农作物产量也将逐年增加。

有计划地对粪污进行处理是养牛生产体系的重要部分。设计牛场设施时应该考虑如何有效管理牛群产生的粪污，使用最少的劳动力和产生最低的污染，回收最高量的营养成分以及最大限度地保持卫生和保证牛群舒适。任何粪污处理系统的设计在土建之前都需要得到相关执法部门的认可。

①干燥系统。如果粪污与垫料混合，粪污中的水分蒸发掉，这时可以把它当作固体来处理。牛舍中的粪污当天就用清洁车收集到撒播车中，然后撒播到田地里。

堆积最适于有垫料的粪污处理，适用于有牛栏的牛舍且牛总头数不多于80头的牛场，所需设施的投资成本也要比贮藏液态或泥浆状的粪污要低。

②泥浆状肥料生产系统。生产中需要常年贮存牛群生产的粪污，保持肥料的最佳效果，在最理想的季节将肥料一次性地洒播到土壤中去。粪污可以通过漏缝地面进入畜舍下面的存储池或者使用自动地面刮粪机、拖拉机刮粪机、畜舍清扫设备，或是把粪污从罐中抽出转移到存储设备中。一般来讲，贮存容积应保证12个月的存储量。确定存储量时，可先大概估计粪污的生产量，但最终的存储量受该地区气候的影响，干旱地区的水分蒸发较多则所需存储量小，而多雨地区由于雨水的聚积需要大大增加存储量。与粪污的固态保存方法相比，这种方法的费用更高，而且有气味问题，特别是在搅动和洒播肥料时需要大量劳动力而可能影响牛场其他工作。

③液态粪污处理系统。与固态和泥浆系统使用同样的刮粪和喷洒措施处理粪污相比，液态粪污处理系统需要水量大、费用高、冲洗系统将粪污从牛舍中冲出，冲洗系统所需要的水量与设备种类和冲洗的频率有关。很多牛场将刮粪与冲洗结合，以减少水冲时的固态物质含量。在不影响这种系统的设备对水的洁净度要求情况下，通过收集、循环使用冲洗用水，使用水总量可明显减少。粪污被冲出牛舍后，或者在重力作用下流走，或者被抽吸入沉淀池。沉淀出的固体最终从沉淀池中取出，继续被用作垫料或饲料，洒入农田或者运走。

水在固液分离后并被抽入泻湖中。泻湖可以是有氧型的或是厌氧型的，泻湖中的水用于灌溉农田。应用液态肥料的最好方法是利用灌溉系统。大多数灌溉系统能够处理含固体物质量达4%的液体，因此可以利用泻湖或挤乳厅中抽出的水。固液分离系统将固体物质浓缩，尤其是再次用于垫料和饲料时。这种系统对沙子的沉淀效果不如沉淀池，要处理使用沙子做垫料的畜舍粪水，将固液分离系统与沙子沉淀坑结合使用，去除沙子是最有效的。固液分离器可分离出10%～30%的氮、矿物质和20%～30%的有机物质。

④腐熟发酵。将牛粪便及垫料按1∶（3～4）的比例混匀或分层堆积，用土盖好或用泥封好，在粪堆上插上温度计和带小孔的竹竿，让其发酵，待堆肥内温度升高到60～70℃后，再发酵15d即可均匀分解（夏天时间可短，冬季时间稍长），达到充分腐熟的目的（图7-1）。经腐熟处理的肥料，外观呈暗褐色，松软无臭，蛔虫卵死亡率达95%～100%，大肠菌值0.01～0.1，能有效控制苍蝇滋生。

图7-1　牛粪堆肥发酵

堆肥方法可以减少臭味，便于从牛场运出并可望从中获得收入。应用这种方法能够在有氧条件下，使粪污原液中生物可降解成分迅速地变为性质稳定的最终产品。堆肥常需要额外加入其他原料以除去水分并提供易发酵的糖类以达到最佳有氧发酵效果。具有此种作用的原料很多，如刨花、干草、谷壳类和生活垃圾。堆肥最常用的方法是将其做成狭长的长列并按照规定时间间隔翻垛。

农业协会开发出"牛粪连续堆肥处理技术"利用微生物菌种生产有机肥。利用

发酵射线菌 *Biodeana* 和 *Snowex* 作为菌种，培养和繁殖其他多种有效细菌，从而生成优良菌种肥源。然后再将菌种肥与作为堆肥原料的生牛粪混合，最终形成全熟化有机肥。该循环堆肥流程分为两部分：一是菌种培养，将发酵放射线菌与固液分离后的牛粪混合发酵，约1周后，即可生成菌种肥源；二是混合发酵，将优良菌种肥与生牛粪再混合，高温发酵，大约40d，即可生成全熟化有机肥。此种肥料与锯末混合后，可用于牛舍的铺垫材料，能够达到抑制牛乳腺炎发生和预防有害细菌繁殖的效果。利用该优质全熟化有机肥栽培生产的蔬菜也被赞誉为"安全蔬菜"。

（2）用作能源。将牛粪污进行厌氧发酵处理，不仅净化了环境，而且可以获得沼气。古人曾用他们称作"粪片"的干牛粪来给他们居住的草屋取暖。21世纪在一些难以获得天然气的欧洲小村落，人们使用牛粪发酵产生甲烷当作燃料。利用畜禽粪便与其他有机废弃物混合，在一定条件下进行厌氧发酵而产生沼气，可作为燃料或供照明。图7-2是沼气发电机组。图7-3是牛场粪尿厌氧发酵处理示意图。

图7-2　沼气发电机组

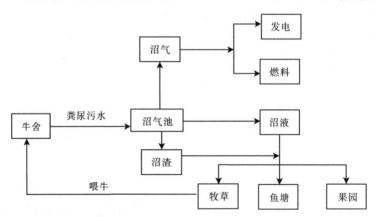

图7-3　牛场粪尿厌氧发酵处理示意

据试验，2头肉牛或4头奶牛一天粪便所产生的能量相当于1L汽油。沼气的主要成分是甲烷，1份甲烷与2份氧气混合燃烧可产生大量的热能，甲烷燃烧的最高温度可达1400℃。

甲烷可以当作天然气一样使用。连云港市天顺牧业有限公司创建"秸秆养牛—屠宰加工—粪便作肥—生物制剂—沼气发电"的五链循环经济模式，利用产业链上游的牛粪和屠宰加工有机废水进行发酵产生沼气，再用沼气进行发电。项目建成后日产沼气1000m³，沼气发电可增收节资36万元，优质有机肥可增收节资21.9万元。

（3）用作饲料。粪便回收后作为家畜的饲料是最有前景的粪污非肥料利用途径。人们使用各种处理方法对粪便进行处理，有些粪便可以不必经过处理而直接饲喂。越来越多的育肥场产生的牛粪在放牧季节用作青年牛或种牛饲料的一部分，剩余的粪便还可以作为放牧区牧草的肥料。据测定，干牛粪中含粗蛋白质10%～

20%，粗脂肪 1%～3%，无氮浸出物 20%～30%，粗纤维 15%～30%，牛粪中有 70%的粗蛋白质可被单胃动物所利用。动物粪污包含多种养分，可用作饲料而得以循环利用。以蛋白和非蛋白形式存在的氮是其中的一种主要成分。能量含量很低，而纤维素和灰分含量一般比较高。高灰分说明粪污中含有大量矿物质，特别是磷。粪污中还含有一些在消化系统合成的维生素。

牛粪用作饲料常用的加工方法有：烘干，取健康牛的鲜粪晾晒在水泥地面上，经风干粉碎后饲用。发酵，鲜牛粪 3 份、统糠 5 份、麸皮 2 份，混合均匀装入塑料袋压实密封发酵，夏天发酵 6h，冬季 15℃ 发酵 24h 以上，适于喂猪。药物处理，往牛粪上泼洒 0.1%高锰酸钾，再烘干或青贮发酵饲用。添加量：牛粪在不同畜禽日粮中的添加量不同，羊日粮添加 10%～40%，牛 20%～50%，成年鸡 5%～10%，成年猪 10%～15%，幼畜禽一般不添加。

因为日粮、垫草的种类和数量、收集前的时间、处理方式的不同，动物的粪污具有成分变化较大的特点。未经处理的和处理后的粪污垃圾最主要的组成区别体现在湿度的不同，很多处理后的粪污水分含量很低。粪污含高纤维和大量非蛋白氮因而比较适合饲喂反刍动物，因为它们的消化道能够高效利用这些物质。且所含能量较低，所以比较适合用于维持需要或者饲喂妊娠奶牛，不适合饲喂泌乳牛和育成牛。

动物粪污通过青贮、脱水或其他方法处理后可适用于饲喂很多种动物。饲喂过多这种回收饲料可以导致饲料中纤维和矿物质过高，从而降低奶牛的生产性能。正是因为这个原因，对于高能量饲料，比如泌乳牛饲料，回收饲料所占比例不能超过 10%。

（4）用作培养基料。利用牛粪便作培养基料，如培养食用菌（蘑菇等）、蚯蚓、蝇蛆等。近年来，日本、美国、加拿大等许多国家先后建立不同规模的蚯蚓养殖场，利用牛粪养殖蚯蚓，我国目前已广泛进行人工养殖试验和生产。

（5）人工湿地处理污水。规模化牛场废水，主要来自牛只每天产生的大量尿液和各类牛舍、挤乳厅的清洗废水。污水处理一般采用物理处理法和生物处理法。人工湿地是经过精心设计和建造的，利用多种水生植物（如水葫芦、芦苇、香蒲、绿萍或红萍等）发达的根系吸收大量的有机物和无机物质，同时发达的根系吸附微生物可分泌抗生素，从而大大降低污水中的细菌浓度，使污水得到净化。水生植物根系发达，在吸收大量营养的同时为微生物提供了良好的生存场所，微生物以有机物为食物，利用污水中的营养物质合成微生物菌体蛋白，微生物的排泄物又成为水生植物的养料，收获的水生植物可作为沼气原料、肥料或鱼的饵料，水中微生物随水流入鱼塘作为鱼的饵料。通过微生物与水生植物的共生互利作用，使污水得以净化。牛场污水人工湿地处理参考图 7-4。

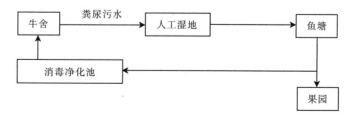

图 7-4　牛场污水人工湿地处理示意

任务实施

（1）参观奶牛场，了解牛场废弃物无害化处理的过程。

（2）学生分组搜集牛粪生产沼气、有机肥的相关知识，并参与实习基地无害化处理牛粪的生产过程。

（3）在教师指导下，设计一份无害化处理牛场废弃物的可行性报告。

学习小结

近年来，随着集约化畜禽养殖业的不断发展，大型养牛场越来越多，牛粪产生量也在不断增加。牛粪中含有丰富的氮、磷、钾和有机质，也含有许多挥发性物质、病原细菌微生物、寄生虫卵及重金属等。生产中必须掌握废弃物收集、转移、贮存的方法，明确废弃物综合开发利用的主要方向，能在牛生产中合理地处理牛废弃物，培养环保意识，才能保证畜牧业的可持续发展。

任务7.2　描述基地废弃物无害化处理过程

任务描述

快速发展的养牛业为畜牧业经济带来了活力，提高了人们对畜产品的消费量。然而，伴随养牛数量的增加、规模的扩大，牛场以粪尿为主的废弃物排放量也迅猛增加，引起生态环境的恶化。因此，解决牛粪尿等畜禽废弃物污染问题，既关系到养牛业的健康、稳定发展，又关系到环境的生态合理和人们的身心健康。

任务目标

了解基地牛场废弃物处理的过程，掌握无害化处理牛粪的技术；培养学生开展实地调研能力，积极参与生产实践的能力。

知识准备

1. 实习基地牛场废弃物处理　以教学实习基地卫岗奶牛场废弃物处理为例，介绍奶牛养殖的环境保护问题。泰州卫岗奶牛场为全国第四批奶牛养殖示范区，已通过省级无公害农产品产地认证，目前存栏 1 000 头，年产乳 8 000t。该牛场治理奶牛粪污污染，主要是对奶牛场废弃物进行收集、贮存、处理和加工利用。收集有干清粪和湿清粪两种：干清粪有人工清粪和机械化清粪，可以使奶牛粪便与尿及污水分离，效果好，不易引起二次污染；湿清粪包括水冲粪和水泡粪，用水量大，所需配套设备和投入多。泰州卫岗奶牛场主要采用高温好氧生物堆肥法生产有机、无机复混肥，复混肥生产工艺流程参考图 7-5。这种方式低廉，能有效杀灭病原菌和除臭，改善畜禽废物不良的物理性状，使废弃物减容和达到彻底稳定化的效果。堆肥后有机、无机复混肥的生产也便于运输和使用。

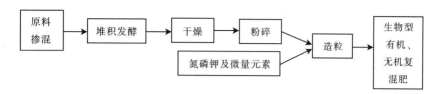

图7-5　复混肥生产工艺流程

新鲜牛粪水分含量高，无法直接发酵，用玉米毛、草炭、粉煤灰等辅助原料将堆料的水分质量分数调节至55%左右，C/N调节到（25～30）：1。加入0.2%高效生物发酵菌剂（用水稀释10倍后均匀加入），掺混均匀，堆成条形堆，堆宽3～5m，堆高1.2～1.5m，堆长自定，料堆温度开始上升时进行首次翻倒，之后每48h翻倒1次，发酵过程中温度控制在65℃以下，经过低温—高温—低温过程，进行一次发酵和二次发酵，温度稳定后进行观察。通过物理指标（如颜色、气味、有机酸、腐殖化程度等）和生物指标（微生物量、种子发芽力等）进行堆肥腐熟度评价。腐熟完全进行粉碎，再加入无机肥料进行有机、无机复混肥的生产。

有机、无机复混肥的生产一般采用球形和柱状两种，生产球形颗粒对有机原料的细度、水分含量、有机原料的加入量要求高，成球率低，对微生物的破坏大，投资高等。而柱状挤压造粒设备对原料的细度、有机物的加入量要求低，对微生物的破坏小，不用添加其他黏结剂便可成粒，且成粒率高，投资相对较少。由于牛粪作为主要有机原料，其粒度粗，所以选用柱状挤压生产设备来制造有机、无机复混肥。

由于发酵物料中含有大量的有机物质，氮、磷、钾含量相对较低，生产有机、无机复混肥必须添加一些化学肥料。通过对氮、磷、钾3类多种肥料的生产试验研究，以及大量有机、无机复混肥在蔬菜和果树等经济作物上的应用最终确定，尿素与硫酸铵合理搭配为氮肥的主要原料。普钙具有良好的黏结性但含量低，磷酸一铵和磷酸二铵含量高但成粒率与抗压强性较差，在选用磷肥时，以普钙和磷酸一铵或磷酸二铵合理搭配为宜。钾肥一般选用氯化钾和硫酸钾，根据作物的忌氯情况，二者合理搭配使用。微量元素的加入根据用途和土壤条件确定。

2. 其他牛场废弃物处理成功实例

（1）北京延庆区"种草养牛，牛粪栽培双孢蘑菇，出菇废料生产花肥、有机肥"。北京延庆区奶牛发展迅速，每年200 000t的牛粪成为北京水源地环境污染的潜在威胁，还有大量到处堆放的废弃秸秆也影响首都形象，如何清除和处理都成了一个棘手的问题。为此，延庆区聘请中国农业大学专家开展了利用牛粪和秸秆栽培双孢蘑菇高产技术的推广和示范，共栽培双孢蘑菇2 400m²，双孢蘑菇的产量平均为8.5kg/m²，经济效益和社会效益十分显著。每平方米的原料和菌种费为15元，产值为51元，每667m²大棚单层栽培400m²双孢蘑菇的原料成本为6 000元，产值为20 400元。

通过实施"种草养牛，牛粪栽培双孢蘑菇"技术解决了粪便及秸秆燃烧的污染问题，同时变废为宝成为种植双孢菇的原料，而双孢菇采收后的出菇废料可生产花肥、有机肥等，项目的实施实现了养殖、种植业废弃物的再利用，减少了粪水和燃烧秸秆造成的环境污染，维护了生态平衡，达到了经济效益、生态效益、社会效益的统一。

（2）广西崇左"蔗—牛—菇"的生态养殖循环经济。广西崇左市立足于自身发展优势和产业特点，积极探索，不断创新，依靠科技走出了一条具有地方特色和示范意义的科技产业化路子。该市充分调动和整合各部门及科研院所的技术和资源优势，建立了集"蔗梢＋牧草养牛、牛粪＋蔗叶栽培食用菌"的"蔗—牛—菇"循环高效种养模式。

"蔗—牛—菇"循环高效种养模式主要是利用蔗糖业丰富的蔗叶、蔗尾（梢）资源，用蔗叶蔗尾梢饲养肉用牛和奶牛、水牛，用牛粪和蔗渣种菇，用菇泥作肥料还田。为进一步充分利用现有资源，发展循环经济，提高生产效益，增加农民收入，崇左市将江州区新和镇下旬屯定为"蔗—牛—菇"循环高效种养模式技术示范点，在专家的指导下，确立了"蔗—牛—菇"产业链。

崇左市通过发展"蔗-牛-菇"高效循环种养模式，以蔗糖产业为龙头，以养牛业为纽带，带动了食用菌业、乳品业、牛肉加工业等多个产业的共同发展，冲破了原有的农村产业结构单一的束缚，开创了该市农村产业结构调整的新局面。

任务实施

（1）由指导教师或技术员介绍基地废弃物处理情况。

（2）由学生分组讨论、研究，搜集相关知识，在教师指导下，参与基地弃物无害化处理的过程。

学习小结

随着我国养牛业的发展，粪便污染日益严重，利用先进技术处理粪便既可减轻对环境的污染，又能提供沼气能源，并获得无公害的有机肥料，实现环境改善与资源的再利用。

项目8 生产综合实训

【思政目标】通过生产实训提升自己专业技能，增强把自己塑造成为技能型人才、服务乡村振兴的信念。

生产综合实训共有八个任务，要求在校内专职教师或校外兼职教师指导下，学生在教学实训或顶岗实习时完成。每个任务完成单要有实习牧场评语和盖章。完成效果计入课程实践考核内容。

任务8.1　建立（调查）基地奶牛生产档案

任务描述

建立奶牛生产档案，可以全面掌握养殖基地奶牛的数量、质量及奶牛群体结构情况，加强奶牛生产管理，提高奶牛生产性能，增加经济回报。奶牛生产系谱档案包括牛号、出生日、来源、去向、图纹、系谱、生长发育记录、繁殖记录、生产记录与外貌评定等项内容。

任务目标

了解建立奶牛生产档案的目的意义，掌握建档内容及其方法。

知识准备

1. 建立奶牛生产档案的意义　随着畜禽养殖场（户）规模化程度的提高，建立生产档案对养殖场健康、高效的发展已显得越来越重要，《中华人民共和国畜牧法》规定，畜禽养殖场应当建立生产档案。因此通过健全的档案建立，为选种选配、群体遗传质量控制、疫病防治、有效经营管理等提供依据。

2 建档内容

（1）系谱档案。新生犊牛及时填写系谱档案（卡片），将新生犊牛的编号、性别、出生日期、初生重、毛色特征、父母及祖代的编号、生产性能等分别填入档案有关栏目（表8-1）。

以后要求将按期测得的体重、体尺、防疫、检疫、配种、繁殖、产乳等情况陆续填入档案的有关栏目。形成每头奶牛一生的系谱档案，奶牛移动（买进、卖出），档案随牛而动。

（2）生产记录档案。饲养（挤乳）员应将每头泌乳牛每次每天的产乳量分别称量记录在产乳日报表上，并及时将产乳日报表交付给统计、管理人员，以便逐日填入各牛只的日报表中，每月末统计各牛只及全场的产乳情况。到年底除进行全场产乳牛总计之外，还需对年内已开始干乳的奶牛进行前一个泌乳期产乳量的统计，并将结果填入奶牛档案生产记录栏目中（表8-2）。

表8-1　奶牛系谱档案

新生犊牛：编号_____

性别_____

出生日期_____

出生重_____kg

母：个体号_____

鉴定年龄_____

体高_____cm

体斜长_____cm

胸围_____cm

管围_____cm

尻长_____cm

尻宽_____cm

体重_____kg

等级_____

父：个体号_____

鉴定年龄_____

体高_____cm

体斜长_____cm

胸围_____cm

管围_____cm

尻长_____cm

尻宽_____cm

体重_____kg

等级_____

祖母：

个体号_____

等　级_____

祖父：

个体号_____

等　级_____

祖母：

个体号_____

等　级_____

祖父：

个体号_____

等　级_____

表8-2　泌乳牛每次每天产乳量记录

单位：kg

牛号	胎次	日期	挤乳次数	上月记录	每日			累计		高峰期	90d	305d期待或实际	干乳或淘汰日期	备注
					第一次挤乳	第二次挤乳	第三次挤乳							
				产乳量	产乳量	产乳量	产乳量	产乳量	日均单产	产乳量	产乳量	产乳量	日期	

（3）繁殖记录档案。奶牛繁殖记录档案（表8-3）的内容应该包括：受配母牛牛号、出生年月、配种胎次、配种日期、配种时间与次数，配种方法；配种前母牛发情征兆及直肠检查卵泡发育情况；与配公牛牛号、来源（产地）、精液状况（常温、冷冻颗粒、冷冻细管）、输精前后精液质量检查结果；妊娠检查、日期、方

法、结果；预产日期，分娩日期，是否正常产、早产、流产、死胎等。奶牛繁殖成绩如表8-4所示。

表8-3　奶牛繁殖档案卡

序号	受配母牛					与配公牛					配种			妊娠	分娩			产犊牛		
											配种日期									
	个体号	出生年月	年龄	胎次	等级	个体号	出生年月	年龄	等级	来源	第一次	第二次	第三次	检查方法	日期	预产期	实产期	分娩情况	个体号	初生重	性别

表8-4　奶牛繁殖成绩统计

基础母牛总数	配种		妊娠		流产		分娩		产活犊		断乳成活犊牛		每百头基础母牛断乳成活犊牛数
	头数	%	头数	%	头数	%	头数	%	头数	%	头数	%	

（4）奶牛健康档案。奶牛健康档案（表8-5）内容包括定期进行各种防疫注射或不定期的紧急防疫接种，对布鲁氏菌病、结核病的检疫日期、方法、结果、乳房、肢蹄病及其他疾病等有详细记录。

表8-5　奶牛健康登记档案

奶牛基本情况				
牛号		牛场	登记日期	
免疫记录				
日期	疫苗名称	接种剂量（mg、mL）	接种方法	接种人员

（续）

消毒记录					
日期	消毒对象	消毒剂	剂量（mg、mL）	消毒方法	消毒人员

疫病检测记录						
日期	结核病	布鲁氏菌病	口蹄疫	蓝舌病	炭疽	白血病	其他

奶牛病史记录					
发病日期	病名	预后情况	实验室检查	原因分析	使用兽药

无害化处理记录					
处理日期	处理对象	处理数量（头）	处理原因	处理方法	处理人员

（5）经营记录。经营记录包括各种饲料、药费、饲草的收购、消耗数量，单价、金额、人工、折旧、水电等其他成本支出；主产品（牛乳）的流向（上市、哺乳犊、地销、报损等）、收入、副产品数量、产值（老、弱病牛淘汰或死亡的残值、不留种用的新生公犊变价及牛粪等）；非生产性费用开支以及购置、维修等待摊费用的摊销等。通过对各月及全年所做的经营记录进行投入、产出统计分析，不仅可以了解当年奶牛生产的经营效益，而且可为今后制订或修正计划、措施提供依据。

（6）奶牛相关资料档案。

①调查提纲、调查记录及调查总结报告。

②有关的会议文件及会议记录应归于行政档案。

③有关的试验方案设计、试验记录及试验总结报告、公开发表的相关文章及著作、项目实施的原始资料、执行情况、结题报告、项目获奖材料（包括文字、图片、音像资料等）应归于技术档案。

3. 档案管理制度

（1）荷斯坦牛品系培育的档案资料应设专人专柜保存。

（2）参与荷斯坦牛品系培育、改良工作的所有人员，形成的所有培育方案和相关材料，均归入档案室保管，个人不得长期占存，需用时可借阅。

（3）档案管理人员应对收集到的所有资料进行分类整理，做到有利于管理、保存、检索等。严防丢失、损坏、受潮及虫蛀等。

（4）档案资料要科学管理，省（自治区、直辖市）、市、县、场、户等各级档案室要形成网络，方便利用，加强交流，有条件的地方可以推行微机建档管理，为培育和生产服务。

任务实施

本实训任务的完成和实施，指导老师可以对奶牛养殖场（基地）建立完整奶牛档案的总体内容逐一介绍，使学生对建立档案的重要性、方法、内容及各种记录档案登记表的设计有一个清楚认识。在此基础上，可以去具有完整档案的奶牛场参观实习。

学习小结

建立奶牛档案是进行奶牛场规范化生产管理的重要组成部分。根据牛场实际，掌握奶牛场（基地）建档方法，并严格执行档案管理制度。

任务8.2 评定基地奶牛产乳性能

任务描述

母牛本身表现包括体质外貌、体重、体型大小、产乳性能、繁殖力及长寿性等，其中奶牛产乳性能的高低是衡量牛场经济效益的直接指标，对奶牛产性能进行跟踪评定是奶牛场的重要工作，是提高群质量的主要途径。通过对产乳量、乳脂率、乳蛋白率、排乳速度和饲料转化率等指标的测定和统计，进行直接评价产乳性能，同时结合外貌线性评定及其他结果，进行综合分析，选优去劣，将产乳量高的母牛选留，低的淘汰。育种中选择第一泌乳期的数据，一则受环境影响较小，二则可缩短世代间隔。

任务目标

了解奶牛产乳性能的评定指标，熟悉评定产乳性能的过程，掌握评定产乳性能的各项指标测量和统计方法，培养学生能根据牛场提供的资料，计算各项指标的能力，为牛场选种、育种和衡量经济效益提供素材。

知识准备

奶牛产乳性能指标主要有个体产乳量、群体产乳量、乳脂率和乳蛋白率、排乳性能和饲料转化率等。

1. 个体产乳量测定与统计

（1）每天实测。产乳量的测定最精确的方法是将每头牛每日每次所挤乳直接称重，并且每日、每月、每年进行统计，即可得出个体的产乳量。这种方法测定准确，但过于烦琐。目前，在设施现代化的奶牛场，每日产乳量由电脑信息管理系统记录并储存。

（2）估测。每月测3次，每次测3d，取平均值，每次间隔9～11d（多采用10d），由此来估测每月和整个泌乳期的产乳量。这种方法普遍应用。其计算公式是：

$$月产乳量（kg）=（M_1×D_1）+（M_2×D_2）+（M_3×D_3）$$

式中，M_1、M_2、M_3为月内3次测定平均全天产乳量；D_1、D_2、D_3为当次测定日与上次测定日间隔时间，单位：d。

全泌乳期产乳量是将各泌乳月产乳量相加。

（3）个体产乳量的统计。个体产乳量的统计指标包括305d产乳量，305d标准乳量、实际乳量、年度产乳量和终生产乳量。

①305d产乳量。根据中国奶牛协会规定，个体牛一个泌乳期产乳量以305d的产乳量为统计标准。即自产犊后泌乳第1天开始累加到305d为止的总产乳量。如果泌乳期不足305d，用实际乳量，并注明产乳时间；如果超过305d，超出部分不计算在内。

②305d校正产乳量。又称为305d标准乳量。此项指标在种公牛后裔测定及进行比较试验时应用，是根据实际乳量并经系数校正后的产乳量。各乳用品种可依据本品种母牛泌乳的一般规律拟订出校正系数表作为换算的统一标准。中国奶牛协会制定了荷斯坦品种统一的校正系数表，见表8-6和表8-7。

表8-6 泌乳期不足305d的校正系数

实际泌乳时间/d	1胎	2～5胎	6胎以上
240	1.182	1.165	1.155
250	1.148	1.133	1.123
260	1.116	1.103	1.094
270	1.086	1.077	1.070
280	1.055	1.052	1.047
290	1.031	1.031	1.025
300	1.011	1.011	1.009
305	1.000	1.000	1.000

表8-7 泌乳期超305d的校正系数

实际泌乳时间/d	1胎	2～5胎	6胎以上
305	1.0	1.0	1.0
310	0.987	0.988	0.988
320	0.965	0.970	0.970
330	0.947	0.952	0.956
340	0.924	0.936	0.939
350	0.911	0.925	0.928
360	0.895	0.911	0.916
370	0.881	0.904	0.913

注：荷斯坦公牛杂交四代以下的杂种母牛不能用此系数校正。

使用240～370d产乳量记录的奶牛可统一乘以相应系数，获得理论的305d产乳量。表中时间以 5 舍 6 进方法，如某牛产乳 275d，用 270d 校正系数；产乳 276d，则用 280d 校正系数。

③全泌期实际产乳量。指产犊后泌乳第 1 天开始到干乳为止的累计产乳量。

④年度产乳量。指 1 月 1 日至本年度 12 月 31 日为止的全年产乳量，其中包括干乳阶段。

⑤终生产乳量。母牛各个胎次的产乳量的总和。各个胎次泌乳量应以全泌期实际产乳量为准计算。

2. 群体产乳量　群体产乳量是衡量牛群产乳性能的一项综合指标，可具体反映一个场、一个地区、一个省份、一个国家饲养管理水平的高低。

（1）成年母牛全年平均产乳量。为进行成本核算，提高管理水平和总体效益，需要计算成母牛的全年平均产乳量，其公式如下：

$$每头成年牛全年平均产乳量（kg）=\frac{全群全年总产乳量（kg）}{全年平均每天饲养的成年母牛头数}$$

式中成母牛包括所有泌乳牛，干乳牛，转进、买进、卖出、死亡以前的成母牛，将上述各类母牛全年每天饲养数量相加，除以 365d，即可计算出全年平均每天饲养的成母牛头数；全群全年总产乳量是指从 1 月 1 号到 12 月 31 号全场奶牛总产乳量。

（2）泌乳牛全年平均产乳量。计算公式如下：

$$每头泌乳牛全年平均产乳量（kg）=\frac{全群全年总产乳量（kg）}{全年平均每天饲养的泌乳母牛头数}$$

全年平均每天饲养的泌乳母牛头数是指全年每天饲养的泌乳母牛头数总和除以 365d。泌乳牛全年平均产乳量较成母牛全年平均产乳量高，它反映了一个牛群的质量，也作为个体选种的一个重要指标。

3. 乳脂率和乳蛋白率　常规乳脂率测定，在各泌乳期内每月测定 1 次。为简化手续，中国奶牛协会提出，对奶牛的 1、3、5 胎进行乳脂率测定，同时测定乳蛋白率。每胎的第 2、5、8 个泌乳月各测 1 次。乳样根据每次挤乳量按比例采集，并将每次采集的乳样混合均匀，然后进行测定。乳脂率和乳蛋白率是衡量奶牛产乳质量的重要指标。目前已有先进的快速测定仪可在大的奶牛场应用。

（1）平均乳脂率计算。采用 2、5、8 个泌乳月测定乳脂率，一般用产后第 2 个泌乳月所测定的乳脂率（F_1）代表产后 1～3 泌乳月的乳脂率，产后第 5 个泌乳月所测定的乳脂率（F_2）代表产后 4～6 个泌乳月的乳脂率，产后第 8 个泌乳月测定的乳脂率（F_3）代表产后第 7～9 个泌乳月的乳脂率，其平均乳脂率计算公式为：

$$平均乳脂率=\frac{\begin{array}{c}F_1×1～3 泌乳月产乳量+\\ F_2×4～6 泌乳月产乳量+F_3×7～9 泌乳月产乳量\end{array}}{1～9 泌乳月总产乳量}$$

（2）4% 标准乳的计算。由于个体牛所产的乳，含乳脂率不尽相同，为了便于比较，需校正到统一标准上来。国际上一般以含乳脂率为 4% 的乳作为标准乳，其校正公式为：

$$FCM=M×（0.4+15F）$$

式中，FCM 为 4% 标准乳量，kg；M 为泌乳期产乳量，kg；F 为该期所测得的平均乳脂率。

4. 排乳性能 随着机械挤乳的普及，排乳性能显得日益重要。主要包括排乳速度、前乳房指数。

（1）排乳速度。指单位时间排乳量大小。机械化挤乳的条件下，排乳速度快的奶牛，有利于在挤乳厅集中挤乳，可提高劳动生产率。排乳速度常用平均每分钟的泌乳量来表示，由于每分钟的泌乳量与测定的日产乳量有关，所以应在一定的泌乳阶段测定。一般规定在第 50～180 个泌乳日选择一个测定日，测定一次挤乳过程中的某个中间阶段排出的乳量及所需的时间。被测定的奶牛，要求 1 次所测定的乳量不少于 5 kg，由此得到的平均每分钟乳量还需再校正为第 100 个泌乳日的标准平均每分钟泌乳量，校正公式为：

$$标准乳流速＝实际流速＋0.01×（测定时的泌乳日－100）$$

排乳速度遗传力较高，为 0.5～0.6，有利于选种。有的国家已对主要品种母牛规定了排乳速度的要求，如美国荷斯坦牛为 3.61 kg/min，德国西门塔尔牛为 2.08 kg/min。

（2）前乳房指数。4 个乳区发育的均匀程度，对机械挤乳非常重要。常用前乳房指数表示乳房对称程度。前乳房指数指一头牛的前乳房的挤乳量占总挤乳量的百分比，一般范围在 40%～46.8%，该指数大较好，说明前后乳区的发育更为匀称。如果前乳房指数低于 40%，那么挤乳将受到不良影响，会使奶牛患乳腺炎。优良奶牛品种的前乳房指数一般在 45% 以上。

测定方法是用有 4 个乳罐的挤乳机进行测定，4 个乳区分泌的乳汁分别流入 4 个乳罐中，由自动记录的秤或罐上的容量刻度测得每个乳区的产乳量。

$$前乳房指数＝\frac{前两乳区的挤乳量}{总挤乳量}×100\%$$

据瑞典研究，前乳房指数遗传力为 0.32～0.76，平均为 0.50。

5. 饲料转化率 计算乳牛的饲料转化率，是鉴定乳牛品质好坏的重要指标之一。饲料转化率高的奶牛，每 100 kg 饲料单位能产乳 100～125 kg。饲料转化率与产乳量遗传相关很高，因此，选择产乳量高的奶牛，同时就间接选择了高饲料转化率。饲料转化率的计算有两种方法：

（1）每 1kg 饲料干物质生产若干千克乳。将母牛全泌乳期总产乳量（kg），除以全泌乳期实际饲喂各种饲料的干物质总量（kg）。

$$饲料转化率＝\frac{全泌乳期总产乳量（kg）}{全泌乳期饲喂各种饲料干物质总量（kg）}×100\%$$

（2）每生产 1kg 牛乳消耗饲料干物质量。将全泌乳期实际饲喂各种饲料的干物质总量（kg），除以同期的总产乳量（kg）。

$$生产1kg牛乳消耗饲料干物质＝\frac{全泌乳期实际饲喂各种饲料的干物质总量（kg）}{全泌乳期总产乳量（kg）}$$

6. 产奶指数（MPI） MPI 指成年母牛（5 岁以上）一年（一个泌乳期）平均产乳量（kg）与其平均活重之比，这是判断牛产乳能力高低的一个有价值的指标。不同经济类型牛的产乳指数见表 8-8。

表 8-8 不同经济类型牛产乳指数（MPI）值

经济类型	产乳指数（MPI）范围
（专门化）乳用牛	>7.9
乳肉兼用牛	5.2~7.9
肉乳兼用牛	2.4~5.1
肉（或役）用牛	<2.4

此外，泌乳均匀性、繁殖性状和长寿性对奶牛产乳性能都有一定程度的影响，尤其是繁殖性状。

任务实施

（1）教师讲述评定产乳性能各项指标测定和计算方法。

（2）提供给学生牛场原始记录数据，让学生计算、统计奶牛生产性能各项指标。

学习小结

奶牛场的管理者不单要深入到牛舍或牛群中了解情况，更主要的工作是用数据和资料掌握每头牛和全群奶牛的基本情况，并根据这些数据和资料指导生产，这是标准化奶牛场最基本的要求，也是奶牛场健康发展的一个必备条件。记录工作主要是指原始记录，如奶牛卡片、系谱、日产乳量、配种、产犊、生长发育、外貌鉴定等；统计是指个体奶牛月产乳量、泌乳期产乳量、全群应产牛单产乳量和实产牛单产乳量、繁育、疾病、饲料消耗等，并且在统计的基础上进行分析和总结或制成图表、泌乳曲线等，随时观察分析，发现问题及时解决。养奶牛的目的是获取良好的经济效益，经济效益通过相关的指标才能实现。学生通过学习，就会知道日常生产过程中要收集的资料，学会各指标计算方法。有条件的牛场，可应用管理软件进行生产管理，方便很多。

任务8.3 调查分析基地奶牛繁殖情况

任务描述

奶牛场的主要经济效益体现在产犊和泌乳的生产上，奶牛只有经过发情、配种、妊娠、分娩等一系列生殖活动后才能产犊和泌乳。因此，繁殖水平的高低，直接影响了奶牛场的收益。调查分析奶牛的繁殖情况，首先要收集奶牛场的繁殖基本数据，通过这些数据计算出奶牛场的繁殖力指标，进一步分析出牛场的繁殖力水平。针对水平的高低，查找问题，提出解决方案，进而改善奶牛场的繁殖环境，提高经济效益。

任务目标

了解奶牛场的繁殖技术程序；掌握繁殖力的计算方法；培养学生依据相关知识开展实地调查分析的能力，并根据分析的结果提出问题，解决问题。

📖 知识准备

1. 奶牛场的繁殖技术 奶牛场的繁殖技术程序包括：鉴定发情→配种→诊断妊娠→接产及助产。

（1）鉴定发情。发情是指育成牛或成母牛愿意接受交配的时期，这一时期持续6～13h，发情周期平均21d。在母牛发情后很短的时间内施行人工授精才有可能使母牛怀孕，只有准确的发情鉴定才能提高配种的成功率。常用鉴定发情的方法有：外部观察法、直肠检查法和计步器法。

①外部观察法。母牛发情后，表现为精神兴奋不安，哞叫，食欲减退，外阴充血肿胀，皱纹消失，阴道黏膜潮红有光泽，生产力下降（产乳量下降），以上表现随发情进展而加深，待发情近结束时，又逐渐恢复正常。整个发情期间，可见黏液从外阴流出，初期量少而稀，盛期量大而浓稠，流出体外呈纤缕状或玻璃棒状，垂而不断，后期量少而呈乳白色。发情初期，母牛在牛群中尾随或爬跨其他母牛，不愿接受其他牛的爬跨。发情盛期接受其他牛的爬跨，表现为静立不动，并张开后腿和弯腰弓背，表现愿意接受交配的姿势（母牛被其他母牛爬跨时站立不动是判断母牛发情的最好信号，爬跨其他牛的母牛不一定处在发情期）（图8-1）。发情盛期之后，逐渐对其他牛的爬跨表示厌烦，甚至逃跑。

图8-1 爬跨母牛

②直肠检查法。首先将牛牵入保定栏中，配种员戴上直检手套，五指并拢呈锥形，缓慢旋转伸入母牛肛门内，进入直肠排出宿粪，手掌展平，掌心向下，在骨盆腔中部慢慢下压并左右抚摸找到子宫颈，沿子宫颈前移可摸到角间沟和子宫角，顺着子宫角大弯向外侧可找到卵巢，把卵巢握在手中，用手指肚感觉卵巢的形状、大小及卵巢上卵泡的发育阶段，按同样的方法可触摸另一侧卵巢。母牛卵巢上的卵泡发育分为四个时期：一是卵泡出现期，卵巢开始增大，触摸时感觉有一软化点；二是卵泡发育期，卵泡持续增大，触摸时卵泡壁紧张有弹性，有一定的波动感；三是卵泡成熟期，卵泡不断增大，卵泡壁变薄，触摸时有一触即破之感，这时是输精的最佳时机；四是排卵期，卵泡成熟后破裂，卵泡液流出，卵子也随之排出。卵巢上的排卵部位形成凹陷，捏之有两层皮的感觉。排卵后6～8 h形成黄体。黄体触之有肉样感觉。

③计步器法。如图8-2所示。奶牛本身是一种非常敏感的动物，受季节温度等因素的影响较大，特别是高产奶牛，在春秋季节比较容易观察到爬跨等行为特征，而夏冬季节多为隐性发情，肉眼不易观察。这样就使传统的鉴定发情的准确率大大降低。计步器法通过安装在奶牛腿部的传感器，得到了奶牛走、跑、躺、卧等活动数据，通过发情期活动量明显增大这一特点来检测奶牛

图8-2 奶牛计步器

是否发情。

（2）配种。如图8-3所示。配种员从液氮罐中取出合格的冻精解冻，装入到输精枪中。一手带上直检手套伸入待配牛直肠内（如努责排粪，待排净后），把握住子宫颈后端（拇指在上，四指在下；拇指、四指横跨子宫颈），一手持输精枪，先斜上方伸入阴道内10cm左右，后平直插入到子宫颈口，两手配合，把输精枪伸入到子宫颈3～5个皱褶处或子宫体内，慢慢注入精液。

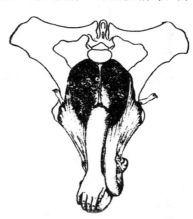

图8-3　奶牛输精

（3）诊断妊娠。

母牛妊娠
诊断

①直肠检查诊断妊娠。母牛在配种后60d不再出现发情，一般可以认为母牛已经怀孕，但是有些情况会影响判断，例如，卵巢囊肿、持久黄体、孕后发情等。为了使奶牛妊娠诊断更加准确，可采用直肠检查法诊断妊娠：妊娠18～25d，子宫角变化不明显，一侧卵巢上有黄体存在；妊娠30d，两侧子宫角不对称，孕角比空角略粗大、松软，有波动感，收缩反应不敏感，空角较有弹性；妊娠45～60d，子宫角和卵巢垂入腹腔，孕角比空角约大2倍，孕角有波动感；妊娠90d，孕角大如婴儿头，波动明显，空角比平时增大1倍，角间沟已不清楚；妊娠120d，子宫沉入腹底，只能触摸到子宫后部及子宫壁上的子叶，子叶直径2～5cm。子宫颈沉移耻骨前缘下方，不易摸到胎儿。子宫中动脉逐渐变粗如手指，并出现明显的妊娠脉搏。如图8-4所示。

图8-4　直肠检查法诊断妊娠

②B超诊断妊娠。牛的B超诊断仪常采用5.0MHz或7.5MHz直肠探头，如图8-5所示。探查时需掏出直肠的宿粪，将探头上涂上超声波胶后用手带入直肠，隔着直肠壁将探头放置在被探查的组织器官上即可得到清晰理想的图像。配种后10～17d，在妊娠黄体侧子宫角中开始出现圆形或长形胚泡超声图像，直径大约2.0mm，长度4.5mm；20d左右出现孕体图像，胚体长3.8mm，并可探测到胚体心搏动；30d左右，在胚体周围开始出现羊膜回声图像；35d左右可探查到子宫壁上隆起的子叶胎盘；42d可观察到胎动；60d胚体长约66mm。进行早期妊娠诊断的最适时间为配种后28～30d，妊娠准确率可达90%～94%。参考图8-6。

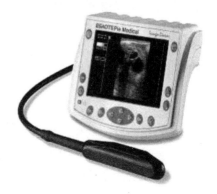

图8-5　奶牛B超诊断仪

（4）接产及助产。做好产前准备工作，当母牛分娩时，要注意其努责的频率、强度、时间及姿势。当胎膜露于阴门时，助产者将手臂涂上润滑剂（或肥皂水）后伸入产道，隔着胎膜触摸胎儿，判断胎向、胎位、胎势是否正常。如果正常，就不用助产，可让其自然产出。否则就应顺势将胎儿推回子宫矫正。如遇难产，应准确判断胎儿的死活。正生时将手指伸入胎儿口腔轻拉舌头，或按压眼球，或牵拉前肢；倒生时将手指伸入肛门，或牵拉后肢，如果有反应，说明胎儿尚活，如胎儿已死亡，则助产时不必顾忌胎儿的损伤。为了便于推回矫正或拉出胎儿，常向产道内灌注大量润滑剂，如肥皂水或油类等。润滑剂灌入后，趁母牛不努责时将胎儿推进子宫内进行矫正，矫正后，再顺其努责将胎儿轻轻拉出。严重难产者往往需要器械手术。奶牛接产参考图 8-7。

分娩接产

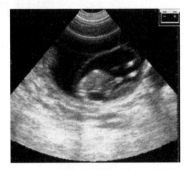

图 8-6　牛妊娠 60d 的 B 超影像

图 8-7　奶牛接产

2. 繁殖力指标

（1）评定奶牛繁殖力的指标。

①受配率。指本年度内参加配种的母牛占牛群内适繁的母牛数的百分比。不包括因妊娠、哺乳及各种卵巢疾病等原因造成空怀的母牛。主要反映牛群内适繁母牛发情配种情况。

②总受胎率。指本年度末受胎母牛数占本年度内参加配种母牛数的百分比。不包括配种未孕的空怀母牛。反映奶牛群中受胎母畜头数的比例。

③情期受胎率。是指一定期限内受胎母牛数占本期内参加配种母牛总发情周期的百分比，是以情期为单位统计的受胎率。反映母牛发情周期的配种质量。

④第一情期受胎率。指第一次配种后，妊娠母牛数占配种母牛数的百分比。

⑤产犊率。指出生的犊牛数占配种母牛数的百分比。它与受胎率的区别，主要表现在产犊率是以出生的犊牛数为计算依据，而受胎率是以配种后受胎的母牛数为计算依据。

⑥犊牛成活率。指在本年度内，断乳成活的犊牛数占本年度出生犊牛数的百分比。不包括断乳前的死亡犊牛，因此反映犊牛的培育成绩。

⑦繁殖率。本年度内出生的犊牛数占年初可繁母牛数的百分比。繁殖率为一综合指标，是受配率、受胎率、母畜分娩率、产仔率和仔畜成活率的综合体现。

⑧产犊间隔。指奶牛两次分娩之间的间隔时间（d），又称胎间距。它能够科学、准确地反映奶牛的繁殖力，与奶牛业的经济效益密切相关。奶牛的产犊间隔决定其终身的产犊数和产乳量。

（2）基本繁殖数据的记录。对只拥有几头奶牛的牧场，管理人员只靠记忆力就可将牛群中的配种和产犊时间记下来。规模较大的牧场就需要用计算机软件来帮助记录，如图8-8所示。配种员每次在完成工作后，都需按照奶牛繁殖记录卡的要求记录繁殖数据，完善的记录使得管理人员能够了解和掌握牛群中每一头牛的生殖数据，并根据这些数据解释牛群繁殖状况并加以改进。

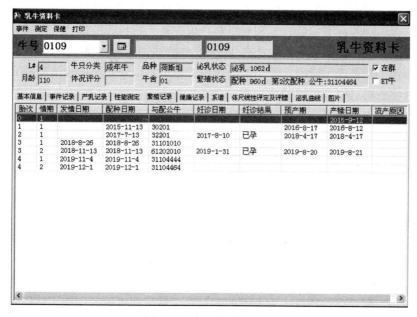

图8-8 奶牛繁殖记录卡

（3）奶牛繁殖力的现状。由于环境气候和饲养管理水平不同，所以奶牛的繁殖力水平也有差异。理想奶牛的繁殖力参考表8-9。

表8-9 奶牛繁殖力现状

繁殖力指标	理想状态	异常水平
初情期/月	12	>15
配种适龄/月	14～16	>17
总受胎率/%	90～95	<75
第一情期受胎率/%	50～60	<40
情期受胎率/%	>55	
繁殖率/%	>90	<80
产犊间隔/月	12.5～13	>14
产后第一次配种的平均时间/d	45～60	>85
怀孕所需的配种次数	<1.7	>2.5
流产率/%	<5	>10
繁殖障碍淘汰的母牛/%	<10	>10
犊牛的成活率/%	>95	

3. 奶牛繁殖力水平异常的原因及解决措施

（1）初配时间推迟的原因及解决措施。奶牛初配时间跟其营养水平有着密切关系，一般认为初配体重占成年体重的70%时，配种最为适宜，此时妊娠不会影响母体和胎儿的生长发育。

①原因。育成阶段的母牛由于不产奶，对疾病抵抗能力比犊牛强，生产中往往得不到重视。饲养标准偏低，只饲喂粗料，很少补充精料，造成育成期的奶牛摄入营养不全面，生长速度缓慢，无法在14～16月龄达到配种体重。

②措施。在育成牛阶段，除了饲喂优良青粗饲料以外，还必须适当补充一些精料，而且注意精料中有足够的蛋白质，如果喂给的粗饲料中有50%以上的豆科干草，混合精料中含粗蛋白质12%～14%就能满足育成牛的需要。倘若以玉米青贮及禾本科牧草为主，混合精料中粗蛋白质的含量不应低于18%。在加强育成牛营养的同时还应加强运动，增强育成牛体质，保证正常的发情与排卵。

（2）奶牛受胎率低的原因及解决措施。

①原因。奶牛受胎率低的原因是非常复杂的，与生殖器官状态、饲养管理水平、健康状况、精液品质、输精时机、授精技术水平等因素有关，其中任何一个因素的异常变化都会使奶牛的受胎率降低。

②措施。要提高奶牛的受胎率，应重点做好以下几方面工作：

a. 搞好奶牛的饲养管理。营养缺乏或过剩是导致母牛发情不规律、受胎率低的重要原因。配种前保持母牛中上等的营养膘情是最理想的，中等膘情母牛发情征状明显，排卵率高，受胎率高。因此，合理搭配日粮，供给奶牛平衡营养是非常重要的。同时在管理方面，要加强舍饲奶牛的运动，经常刷拭牛体，保持牛舍良好的环境，如适宜的温度、湿度及卫生，这样既有利于保证牛的健康，也有利于母牛的正常发情排卵。对于产后母牛，要加强护理，尽快消除乳房水肿。合理饲喂，调整好消化机能。认真观察母牛胎衣与恶露的排出情况，发现问题及时妥善处理，防止子宫炎症发生。使子宫尽快恢复，有利于母牛产后尽早正常发情。

b. 准确的发情鉴定。选择母牛适宜的输精时间是提高受胎率的关键。在实际生产中，技术人员、饲养员要互相配合，注意观察，及时发现发情母牛。由于母牛发情持续期短，所以要注意对即将发情牛及刚结束发情牛的观察，防止漏情、漏配，做好输精准备或及时补配。除了采用传统的鉴定发情的方法外，还应该使用一些现代化的技术手段，例如，计步器法、激素测定法，来提高发情鉴定的准确率。

c. 掌握授精技术，做到准确授精。直肠把握输精法受胎率高，但要求输精人员必须细心、认真，严防损伤母牛生殖道。输入的精液必须准确到达所要求的部位，防止精液外流。同时保证精液品质优良，掌握授精标准。精液冷冻、解冻前后要检查活力，只有符合标准方可用于输精。

d. 及时诊治生殖系统疾病。生殖系统疾病是引起母牛情期受胎率降低的主要原因之一。造成生殖系统疾病的因素很多，其中最主要的是子宫内膜炎和异常排卵。而胎衣不下是引起子宫内膜炎的主要原因。因此，从母牛分娩时起，就应十分重视产科疾病和生殖道疾病的预防，同时要加强产后护理，这对于提高受胎率具有重要意义。

除以上方法外，还可以在母牛发情或配种期间，注射 GnRH 类似物、HCG、OXT、孕酮等激素促进排卵、帮助精子和卵子的运行、创造良好的子宫附植环境，从而提高奶牛的受胎率。

（3）流产率过高的原因及解决措施。

①原因。流产率高的原因很多，主要是由饲养管理不当、防疫不严格引起的。

a. 饲养管理不当。包括母牛长期营养不良而过度瘦弱，饲料单纯而缺乏某些维生素和无机盐，饲料腐败或霉败；大量饮用冷水或带有冰碴的水，吞食过量的雪，饲喂不定时使母牛贪食过多；剧烈的跳跃、跌倒、抵撞、惊吓、鞭打和挤压以及粗暴的直肠或阴道检查；使用大量的泻剂、利尿剂、麻醉剂和其他可引起子宫收缩的药品；严重的肝、肾、心脏、肺、胃肠和神经系统疾病，大量失血或贫血，生殖器官疾病或异常等。

b. 防疫不严格。由于牛场没有严格的防疫制度，造成大量的传染病或寄生虫在牛场中流行，例如，布鲁氏菌病、沙门氏菌病、支原体病、衣原体病、胎体弧菌病、结核病、钩端螺旋体病、李氏杆菌病、传染性鼻气管炎、毛滴虫病、牛梨形虫病等。

②措施。大多数流产是无法阻止的，尤其在大规模饲养的情况下，流产往往是成批的，损失严重。因此，预防流产的发生就尤为重要了。

a. 满足妊娠母牛的营养需要。主要是蛋白质、矿物质和维生素。特别在冬季枯草期尤其要注意。蛋白质不足时，母牛掉膘，尽管胎儿有优先获得营养的能力，但日久即中断妊娠。维生素缺乏时，子宫黏膜和绒毛膜上的上皮细胞发生老化，妨碍营养物质的交流，母子也容易分离。维生素 E 不足，常使胎儿死亡。冬季缺乏青绿饲料时，应补喂青菜或青贮料。饲料中钙磷不足时，母牛往往动用骨骼中的钙，以供胎儿生长需要，这样易造成母牛产前和产后的瘫痪。此外要防止喂发霉变质、酸度过大、冰冻和有毒的饲料。

b. 加强管理。孕牛运动要适当，严防惊吓、滑跌、挤撞、鞭打、顶架等。对于有些患习惯性流产的牛，应摸清其流产规律，在流产前采取保胎措施，服用安胎中药或注射"黄体酮"等药物。对于有胃肠病的孕牛，不宜多喂多汁饲料和豆科青饲料，以防孕牛瘤胃胀气影响胎儿。同时也要做好防疫工作，以防止传染病引起的流产发生。严防有毒物质对饮水和饲料的污染。对于已受损伤或有病的孕牛应查明原因，单独饲养，对症治疗。流产的胎儿和胎衣要深埋或焚烧，牛舍及用具要彻底的消毒。妊娠直检时，动作要轻柔，不可粗鲁；要防止孕牛在泥泞、冰冻、较滑的路面上行走。总之，要避免一切产生应激而影响妊娠的因素。

（4）母牛不育的原因及解决措施。

①原因。先天性不育，主要是由脑下垂体机能失调、内分泌系统和神经系统机能紊乱造成的，致使生殖器官发育不正常，繁殖机能失调或丧失。另外，某些遗传性疾病或高度近亲所造成的早期胚胎死亡也属于先天性不孕。

生殖系统疾病造成的不育，主要是由卵巢疾病和子宫疾病引起的，卵巢是重要的繁殖器官，其主要功能是产生卵子和分泌性腺激素，卵巢机能障碍就会造成母牛的发情和排卵异常，从而引起不孕。子宫疾病主要是指子宫内膜炎、子宫积水和子宫蓄脓。

老龄不育，母牛在 4～6 岁时繁殖力最高，以后随着年龄增长，繁殖机能逐渐减退，也会引起母牛不孕。

其他疾病引起的不育，各种病原微生物引发的严重疾病都会对母牛的健康和生殖机能产生不良影响，导致母牛不孕。

②措施。应及时淘汰遗传缺陷牛，如生殖器官发育不正常、两性畸形、异性孪生母犊、种间杂交后代不育、幼稚病等，对患有传染性疾病的牛应查明病因及时防治，对非传染性疾病应查明病因，综合治疗。此外老龄母牛繁殖机能减退，也应及时淘汰。

任务实施

（1）调查、统计基地奶牛繁殖数据，并计算出繁殖力指标。

（2）学生根据已学知识，分组讨论基地奶牛繁殖力水平的高低，综合分析基地奶牛繁殖的现状，并对其不足提出相应的改进措施。

（3）学生书写基地奶牛的繁殖状况和改进措施报告，并在教师的指导下得以完善，反馈牛场，指导生产。

学习小结

基地奶牛的繁殖力，主要受遗传和环境因素影响。通过选留优秀的母牛，严格筛选冷冻精液，使优良的基因得以巩固和延续。加强饲养管理，改善奶牛的繁殖环境，减少不良人为因素对奶牛繁殖周期的影响，使奶牛的发情、妊娠、分娩等生殖活动变得更加有序，进而减少不必要的繁殖治疗投入，降低饲养成本。

知识拓展

现有一牛场泌乳母牛舍在 2018 年第二、三季度的繁殖配种记录表（表 8 - 10），表中记录了 30 头牛的繁殖基本信息。要求学生根据已学知识和相关信息，计算出牛群的空怀时间（d）、产犊间隔、第一情期受胎率、情期受胎率及推算奶牛的预产期，并针对计算结果进行综合分析，找出牛场可能存在的问题，提出解决方案。

表 8 - 10　泌乳母牛舍的繁殖配种记录

牛　号	本次产犊日期	上产日期	本产首次配种时间	末次配种时间	配种次数
4010	2018 - 6 - 4	2017 - 6 - 27	2018 - 6 - 28	2018 - 6 - 28	1
4038	2018 - 3 - 14	2016 - 7 - 4	2018 - 7 - 10	2018 - 7 - 10	1
5003	2018 - 5 - 6	2017 - 1 - 27	2018 - 7 - 13	2018 - 7 - 13	1
4014	2018 - 6 - 4	2017 - 6 - 27	2018 - 6 - 28	—	
5005	2018 - 1 - 16	2017 - 1 - 29	2018 - 7 - 1	2018 - 7 - 1	1
5047	2018 - 5 - 18	2017 - 3 - 28	2018 - 7 - 22	2018 - 8 - 30	2

（续）

牛　号	本次产犊日期	上产日期	本产首次配种时间	末次配种时间	配种次数
6007	2018 - 1 - 28	2016 - 12 - 10	2018 - 6 - 7	2018 - 6 - 7	1
6008	2017 - 12 - 18	2016 - 12 - 28	2018 - 7 - 14	2018 - 7 - 14	1
5009	2018 - 3 - 19	2017 - 1 - 28	2018 - 5 - 6	2018 - 6 - 17	3
5010	2018 - 4 - 27	2016 - 11 - 20	2018 - 6 - 27	2018 - 6 - 27	1
6011	2018 - 4 - 7	2017 - 3 - 19	2018 - 6 - 25	2018 - 7 - 16	2
5012	2018 - 6 - 5	2017 - 3 - 28	2018 - 7 - 14	2018 - 7 - 14	1
5023	2018 - 4 - 13	2017 - 3 - 16	2018 - 7 - 11	2018 - 8 - 1	2
5019	2018 - 6 - 2	2017 - 6 - 5	2018 - 7 - 10	2018 - 7 - 10	1
5017	2018 - 4 - 26	2016 - 3 - 4	2018 - 7 - 13	2018 - 8 - 26	3
4032	2018 - 2 - 8	2017 - 1 - 27	2018 - 7 - 13	2018 - 7 - 13	1
3001	2017 - 8 - 7	2016 - 3 - 20	2018 - 7 - 13	2018 - 8 - 3	2
5013	2018 - 5 - 11	2017 - 4 - 29	2018 - 7 - 13	2018 - 7 - 19	1
3146	2017 - 11 - 27	2015 - 12 - 3	2018 - 5 - 1	2018 - 7 - 2	4
4112	2018 - 5 - 23	2017 - 1 - 26	2018 - 7 - 10	2018 - 7 - 10	1
4019	2017 - 9 - 18	2016 - 6 - 21	2018 - 7 - 13	2018 - 7 - 13	1
4017	2017 - 9 - 14	2016 - 9 - 3	2018 - 4 - 12	2018 - 5 - 21	3
3023	2017 - 11 - 8	2016 - 4 - 21	2018 - 7 - 22	2018 - 7 - 22	1
4025	2018 - 1 - 28	2017 - 1 - 10	2018 - 5 - 2	2018 - 7 - 6	4
3165	2017 - 11 - 20	2015 - 12 - 15	2018 - 6 - 20	2018 - 6 - 20	1
3014	2017 - 11 - 29	2016 - 5 - 4	2018 - 7 - 15	—	
4089	2018 - 1 - 26	2016 - 8 - 1	2018 - 4 - 23	2018 - 6 - 3	3
4066	2018 - 1 - 29	2016 - 6 - 10	2018 - 7 - 19	2018 - 7 - 19	1
5037	2018 - 2 - 16	2017 - 3 - 25	2018 - 5 - 6	2018 - 5 - 29	2
5039	2018 - 6 - 2	2017 - 3 - 12	2018 - 7 - 19	2018 - 7 - 19	1

注："—"为4个情期后一直未孕。

任务8.4　评价分析基地奶牛饲养管理情况

任务描述

通常说，对一个牛群有4种日粮。营养专家配方计算的日粮（纸上日粮）、加工日粮、饲养人员给奶牛饲喂的日粮和奶牛真正消化的日粮，通常这四种日粮差异非常大。要解决牛场饲养问题，首先要评估日粮配方是否恰当，然后去确定奶牛是否真正使用了这种日粮。要解决这些问题，管理人员不仅需要同饲养人员进行现场操作，还需要一定的时间观测奶牛的采食情况、反刍状况、粪便状态和一天中不同时间日粮可利用的情况。

◎ 任务目标

通过对基地奶牛饲养管理情况的评价分析，使学生掌握评价奶牛饲养管理途径和方法；锻炼学生调查分析能力、提出问题和解决问题的能力。

▲ 知识准备

1. 日粮配方评估

（1）设计的日粮配方是否和期望生产水平相符？

（2）预计的干物质采食量和实际干物质采食量是否接近？

（3）预计的饲草 NDF 和真正消耗的饲草 NDF 是否接近？

（4）日粮中非纤维糖类的含量是否合适？是否过高或过低？

（5）日粮中可降解淀粉和糖是否超标或不足？

（6）日粮中是否含有足够的瘤胃可降解蛋白和过瘤胃蛋白？

（7）日粮中氨基酸是否平衡？

（8）日粮中缓冲剂添加量是否合适？

（9）矿物元素是否满足需要？有没有过量？

（10）草和农副产品是否使用当前的分析数据？

（11）饲草和高水分原料干物质含量数据是否正确，日粮配制时是否根据干物质含量做了合理调整？

2. 饲喂日粮的评估　牛场的饲养人员非常重要，但是非常遗憾的是营养专家们很少与他们接触或沟通，下面以 TMR 饲养为例，列出了一些饲养人员必须执行、营养专家可以提供指导的日常操作。

（1）采用什么容量的搅拌车？这就首先要明白牛群有多少牛，每天有多少剩草，如何准确去计算。

（2）剩草如何处理？每天有一定量的剩草可以有效解决饲喂不足，剩草需要另外储放，再通过补饲槽补饲。

（3）一车全混合日粮应该如何搅拌？这就需要了解正确的添加顺序和恰当的混合时间，饲养人员必须要明白，适当长度有效纤维和混合均匀度的重要性，饲养人员也必须具备区别原料好坏的能力。

（4）如何正确取用青贮饲料？饲养人员必须明白，怎么做才能最大可能保持青贮窖表面饲料的新鲜度，同时也应该明白，青贮饲料保存不当的害处。

（5）饲养人员如何确定饲草干物质的含量和其他高水分原料的用量？饲养人员必须明白奶牛所获得营养来自日粮的干物质，日粮配方是以干物质为基础计算的。应该列一时间表（至少 1 周 1 次）做常规饲料水分含量分析，当饲草有变化时，及时做水分分析，饲养人员应该有根据原料水分变化计算饲料原料用量的能力，营养专家应该提供干物质含量不同情况下原料的配方表。

（6）饲养人员如何解决一次搅拌中单一原料添加过量的问题？对营养学和原料性质有个基本的了解是非常重要的。

（7）如果牛场没有使用全混合日粮，应该考虑饲喂顺序（例如先粗后精），平均每一挖谷物的质量、一叉草的数量、每捆干草的质量都应做一一测定。

3. 饲槽观测

（1）饲料是否新鲜？如果是全混合日粮，均匀度是否一致？

（2）气温如何，如果太热就有可能出现二次发酵和变质问题。

（3）询问饲喂频率、饲喂时间、清槽情况和剩草情况。

（4）测量每头牛的饲槽空间（应该大于每头46cm）。

（5）如果使用颗粒料，考虑它的必要性。

4. 日粮粒度　为了能使奶牛更好地反刍和瘤胃发酵，日粮中应该有足够、适当长度的粗纤维，应该有15%大于3.8cm的长草。宾州筛可以用来评估单一原料或全混合日粮中饲料粒度的大小，同时它可以评定全混合日粮是否混合过度，通过已测定的数据评估日粮混合好坏。

5. 全混合日粮的干物质含量　通常，营养专家认为奶牛所采食的日粮干物质含量范围应该在40%～60%，如果青贮饲料含水量太高，日粮干物质含量低于40%，那么就会影响奶牛干物质采食量。但是这取决于日粮所使用的原料和各种配料的粒度。日粮较干的情况下奶牛有可能挑食，引起酸中毒。当日粮干物质含量高于50%时，有经验的工作人员可以通过加水调节。

使用天平和微波炉来测量饲草的水分含量，计算日粮中干物质的含量，如果日粮太干就需要加水。下面就如何计算日粮加水量做了举例说明：假定日粮的干物质含量为50%，奶牛的干物质采食量为27.2kg，那就需要54.4kg的TMR，要使日粮的干物质含量为43%，那么TMR就为27.2kg÷0.43＝63.3kg，需要加水量就是63.3kg－54.4kg＝8.9kg。

尽管精确分析饲草水分离不开天平和微波炉，但是有时需要对饲草水分做快速的判断。下边是研究人员通过挤压法来快速判断饲草干物质含量的方法：取一把切好的饲草在手中用力握紧，然后松开手，观测草团的状态，根据表8-11可以粗略估计干物质的含量。

表 8 - 11　饲草水分快速判断

饲草挤压后的状态	干物质的估计含量/%
液体可以从指缝流出或渗出	16～20
饲草成团不散开，手上有湿印	25～29
草团慢慢松开，手上没有湿印	30～39
手握后饲草不能成团	＞40

6. 青贮质量　营养专家通常需要去青贮窖评估青贮的质量，青贮影响产乳量的因素不仅与营养物质的含量有关，还和青贮的pH、温度及挥发性脂肪酸的含量、青贮的气味有关。所有的这些因素都会影响青贮的采食量，如果饲喂全株玉米青贮，玉米的成熟度也是非常重要的。

7. 牛乳产量的评定

（1）达不到产乳高峰。检测饲料中蛋白质（可溶解蛋白、可降解蛋白、过瘤胃蛋白）和糖类的含量，含太多的快速降解蛋白和糖类有可能会引起瘤胃酸中毒，日粮中糖类和瘤胃降解蛋白不平衡会影响菌体蛋白的产量，检测围产前期和新生牛日粮，有效控制新生牛代谢病问题。

（2）高峰维持不长。检测泌乳前期奶牛体况，检测围产前期和新生期奶牛是否有代谢病，检测不同牛群间日粮营养浓度的差异，例如从高产到中产牛群间日粮营养浓度差异太大。

（3）同上一泌乳期的差异。应从遗传和管理方面着手。

（4）乳蛋白和乳脂率分析。低乳脂率：检测是否有酸中毒，检测日粮中瘤胃活性脂肪的种类和含量。低乳蛋白率：检测过瘤胃蛋白和脂肪酸结构，检测可降解蛋白和糖类等物质，它们有可能限制瘤胃菌体蛋白的合成。

8. 繁殖性能的评定

（1）不发情或发情但是配不住种，检测矿物元素、维生素和能量是否满足。

（2）胚胎早期死亡查看，查看饲料质量和能量平衡。

（3）卵巢囊肿，检测奶牛是否太胖或太瘦，检测磷和硒，检测是否有炎症。出现流产，检测毒枝菌素和炎症。

9. 观测干物质采食量和预计的差异　在精确了解日粮干物质含量的基础上，设定日粮的营养浓度。找到抑制干物质采食量的原因。

（1）检测饲料水分的含量和发酵质量。

（2）检测饲草中 NDF 含量。

（3）检测饲草粒度大小和奶牛的反刍情况。

（4）检测测量工具精确度。

（5）检测每天饲喂量、剩草量、空槽情况。

（6）检测已有的或突然加入的适口性差的原料。

（7）检测日粮水分含量，是否大于 60%。

（8）检测奶牛的舒适度。

（9）检测蛋白质和食盐的供给量是否充足。

（10）检测是否缺乏过瘤胃蛋白。

（11）检测饮水的质量及便利性，测量饮水量。

（12）检测剩草是否每天清理。

（13）检测剩草是否又按原料做了日粮。

（14）检测每头牛是否有 46cm 以上的采食槽位。

10. 奶牛代谢病

（1）生产困难。检测体况状态和亚临床产褥热。

（2）产褥热。如果没使用阴离子盐，日粮中钙 0.45%，磷 0.3%～0.4%，钾含量小于 1.4%，镁 0.35%～0.4%，硒 0.3mg/kg，维生素 E 1 000IU。

如果使用阴离子盐，钙为 0.80%～1.0%，阴阳离子差为负数，荷斯坦牛尿 pH6.0～6.5，娟姗牛尿 pH5.8～6.3。查看干物质采食量。

（3）胎衣不下和子宫炎。查看奶牛是否太胖或怀有双胎，查看干乳牛日粮中维生素 E、Se 元素和蛋白质是否充足，检测是否有亚临床产褥热。

（4）真胃移位。检测干物质采食量是否很低，是否有效纤维采食不足，是否控制亚临床产褥热的发生。

（5）酮病和产后食欲低下。控制亚临床产褥热，控制体况状态，维持较高的干物质采食量，提高新生牛日粮能量浓度，在日粮中添加烟酸和丙酸钙。

（6）瘤胃酸中毒。采食量和产奶量波动较大，尤其在泌乳早期。粪便不正常——干硬、松散、糊状带气泡、饲草纤维明显。反刍不足。乳脂率低下。奶牛精神消沉，对精料采食积极性不高。检测饲草干物质含量是否合理。非纤维可消化糖类（谷物饲料＜40%）、快速降解淀粉含量是否太高。避免突然增加非纤维糖类，产犊后逐渐增加精料喂量。避免一次精料给量过多（一次不超过 4.536kg）。可降解蛋白和过瘤胃蛋白的使用量，是否能满足瘤胃能氮平衡的需求。日粮粒度应有 15% 大于 3.8cm。饲草干物质中 NDF 的含量不低于 19%，优质饲草含量应大于 21%。当饲喂消化率高的饲草时应该调高 NDF 的含量。饲草或全混合日粮应该 24h 自由采食。

（7）蹄病。亚临床蹄叶炎：奶牛走时步伐较重或跛行。冠状带有刺痛或肿起。蹄底出血或出现白线。临床蹄病：蹄变宽、扁平，不规则的隆起。奶牛出现明显的跛行。检测酮病出现的可能情况，看是否有酮病发生。添加 2～4g 氨基酸螯合锌提高蹄的硬度。运动量不足就不能使血液有效到达蹄组织。环境舒适度——奶牛卧下的时候反刍增加，奶牛站立的时候血液流向蹄部。定时修蹄。药浴预防感染。

11. 粪便观察 健康奶牛的粪便看起来应该像挤成一团的奶油，有些人称为麦片粥状，应该有 3～6 圈，高度大约 3.8cm，中间有个小窝，可看到的谷物颗粒和纤维（0.64cm）应该很少。粪便状态评定见表 8-12。

表 8-12 粪便状态评定

评 分	粪便状态	营养因素
1	水样粪便，流动	太多的粗蛋白质或淀粉纤维不足，矿物添加剂用量过高
2	流动，落地后堆高小于 2.54cm，能看到环	太多的粗蛋白质或淀粉纤维不足，矿物添加剂用量过高，奶牛采食大量青草
3	堆高 3.8cm 左右，3～6 个环，中间有小窝	理想日粮营养平衡
4	厚，堆高大于 3.8cm，中间无内陷	粗蛋白质或淀粉含量不够，日粮中粗纤维含量太高，干奶牛或青年牛
5	干硬，堆高大于 5cm	高饲草日粮，饮水缺乏

（1）瘤胃可降解蛋白对粪便的影响。通常当给奶牛更换高蛋白质饲草并且日粮营养不平衡时，由于含有太多的可消化蛋白，奶牛的粪便会变稀，一般出现这种情况，全群奶牛的粪便都会变得较稀。

（2）瘤胃酸中毒对粪便的影响。粪便变稀、糊状、部分发亮、含有气泡，这有可能是酸中毒的征兆。牛群出现酸中毒，部分牛会有较硬的粪便，部分牛粪便正常，而部分牛会有较为典型的酸中毒特征。这种差异也正是区别粪便变稀是由酸中毒还是由过量瘤胃降解蛋白引起的。酸中毒发生后粪便出现表观差异，主要是因为出现酸中毒后有些牛继续采食精料，而有些牛却拒食精料。

例如，一头牛在星期一还表现良好、采食、粪便正常，但在星期四就有可能发生瘤胃酸中毒，出现较稀、糊状的粪便，接下来几天它的采食量降低，喜食饲草，在星期六粪便变硬。这种粪便的变异性还有可能是由于奶牛挑食 TMR 引起，有些时候采食过量精料，有些时候采食过多饲草。挑食可以导致酸中毒。

粪便中可以看到饲草纤维同样是酸中毒的征兆。当日粮中长、有效纤维数量不足，瘤胃内环境就会变得异常，瘤胃内环境发生异常，纤维分解菌的消化、繁殖性能就会受到抑制，纤维不能完全消化随粪便排出。

发生酸中毒奶牛的粪便为何会含气泡？

当酸中毒发生，瘤胃中会积累大量的酸，由于酸性环境会抑制纤维分解菌的功能，纤维在瘤胃的消化率就会下降。酸中毒主要是由于长的有效纤维采食不足，一旦发生，瘤胃内环境就会被破坏，就会使纤维及谷物通过瘤胃的速度加快，大量谷物及饲草未经完全消化就直接进入大肠，在大肠中被发酵，气体就在发酵过程中产生，在粪便排出之前微生物发酵及气体产生的过程一直都在进行，因此会在粪便中看到气泡，这个过程对饲料同样也是一个很大的浪费。

酸中毒奶牛的粪便为什么会有光泽？

大量的酸进入大肠或在大肠中产生就会损害大肠的内壁，大肠为了抵御这种损害就会分泌黏液进行保护，粪便排出时黏液就会覆盖在粪便表面产生光泽。

粪便为什么会变稀？

当酸中毒发生时，部分乳酸通过瘤胃进入大肠，同时精料进入大肠继续发酵产生大量的酸。大肠为了抵御这些酸所产生的渗透压，就会从血液吸收水分进入肠道，这样就会增加粪便中的水分含量，使粪便变得较稀。当日粮中粗蛋白质或矿物质含量较高，这些物质进入大肠后同样也会产生很高的渗透压，使血液的水分进入大肠，从而使粪便变稀。

粪便中为什么能看到谷物？

谷物的胃流速度如果太快、消化不完全就有可能在粪便中看到，这主要由两个原因引起：首先，瘤胃内环境较差时会增加胃流速度，这种情况可以通过增加日粮有效纤维的用量或同时增加有效纤维的长度来调理。其次，瘤胃微生物消化谷物的能力不足。日粮缺乏可降解蛋白或一些特殊的可溶解蛋白，影响瘤胃微生物的功能。另外有些淀粉有降低动物消化力的天然特性，饲喂前必须经过一定的处理，粉碎或熟化可以有效提高瘤胃微生物的消化速度。日粮中含太多的瘤胃慢速降解淀粉，会导致粪便中出现可见谷物，瘤胃微生物需要合理比例的快速降解纤维和慢速降解纤维，通常可以通过用快速降解纤维来代替慢速降解纤维来减少粪便中的可见谷物。日粮添加 2%～4%的糖类及 3%～6%的快速降解淀粉可以有效改变粪便的状态。

总的来说，谷物在瘤胃中降解率越高在粪便中出现的就越少，瘤胃中产生的酸也就越多，因此充足的有效纤维是非常必要的，要避免因谷物饲喂太多而引起酸中毒。精料在瘤胃消化得越多越完全就越能为产乳提供更多的能量和蛋白质。

12. 青年牛　在配种和头次产犊时评估年龄、体重、体高。

13. 犊牛　出生后两周内腹泻：检测初乳的采食量和疫苗的使用。球虫病：检测是否给够了球虫药。断乳时开食料的采食量：检测犊牛开食料的质量和断乳时间。断乳期：检测开食料的采食量、代乳料的采食量、健康状况和停乳方案。

任务实施

（1）学生分成若干小组深入基地奶牛场，对评价指标进行调查分析。

（2）学生对指标进行评价，判定其结果。

（3）要求学生根据评价过程中出现的问题，提出解决的对策（要求以论文的形式完成），以供基地奶牛场管理者今后决策时参考。

学习小结

评价基地奶牛饲养管理情况时，应从两个方面和层次来进行：一是评价各环节的生产效果；二是整体经济效果。奶牛饲养管理情况是以指标的形式反映出来的，因此，评价分析奶牛饲养管理情况就是指标的比较、评价。

任务8.5　调查分析基地奶牛发病情况

任务描述

科学的检疫防疫制度有助于降低奶牛发病率，提高奶牛健康水平。通过调查基地奶牛场奶牛发病情况，旨在寻找奶牛发病原因，加强饲养管理，进行科学预防。调查过程采取现场与问卷相结合的形式，调查范围重点在奶牛集中省份的中小型奶牛场，进行相关疾病的调查。

任务目标

熟悉奶牛养殖基地防疫检疫制度及实施情况；了解养殖基地奶牛发病情况，培养学生自主搜集相关知识，开展实践调查的能力，为减少奶牛发病，提高奶牛健康水平提供技术依据。

知识准备

在生产中应坚持"防重于治"的方针，防指的是传染病免疫接种、消毒预防；代谢病的监控，目的让奶牛更好地发挥生产性能，延长使用年限，提高养牛的经济效益。

1. 传染病和寄生虫病的日常预防措施

（1）奶牛场应将生产区与生活区分开。生产区门口应设置消毒池和消毒室（内设紫外线灯等消毒设施），消毒池内应常年保持有 2%～4% 氢氧化钠溶液等消毒药。

（2）严格控制非生产人员进入生产区，必须进入时应更换工作服及鞋帽，经消毒室消毒后才能进入。

（3）生产区不准解剖尸体，不准养犬、猪及其他畜禽，定期消灭蚊蝇。

（4）根据本地区传染病流行情况，定期进行相关疫病的免疫接种。

（5）每年春、秋季各进行一次结核病、布鲁氏菌病、副结核病的检疫。检出阳性或有可疑反应的牛要及时按规定处置。检疫结束后，要及时对牛舍内外及用具等彻底进行一次大消毒。

（6）每年春、秋各进行一次疥癣等体表寄生虫的检查，6～9月份，梨形虫病流行区要定期检查并做好灭蜱工作，10月份对牛群进行一次肝片吸虫等的预防驱虫工作，春季对犊牛群进行球虫的普查和驱虫工作。

（7）新引进的牛必须持有法定单位的检疫证明书，并严格执行隔离检疫制度，确认健康后方可入群。

（8）饲养人员每年应至少进行一次体格检查，如发现患有危害人、牛的传染病者，应及时调离，以防传染。

2. 发生疫情时的紧急防治措施

（1）应立即组成防疫小组，尽快做出确切诊断，迅速向有关上级部门报告疫情。

（2）迅速隔离病牛，对危害较重的传染病应及时划区封锁，建立封锁带，出入人员和车辆要严格消毒，同时严格消毒污染的环境。解除封锁的条件是在最后一头病牛痊愈或屠宰后两个潜伏期内再无新病例出现，经过全面大消毒，报上级主管部门批准，方可解除封锁。

（3）对病牛及封锁区内的牛只实行合理的综合防制措施，包括疫苗的紧急接种、抗生素疗法、高免血清的特异性疗法、化学疗法、增强体质和生理机能的辅助疗法等。

（4）病死牛尸体要严格按照防疫条例进行处置。

3. 代谢病的监控 由于奶牛生产的集约化和高标准饲养及定向选育的发展，提高了奶牛的生产性能和饲养场的经济效益，推动了营养代谢问题研究的进展，但与此同时，若饲养管理条件和技术稍有疏忽，就不可避免地导致营养代谢疾病的发生，严重影响了奶牛的健康、产乳量和利用年限，因此必须重视奶牛代谢病的监控工作。

（1）代谢抽样试验（MPT）。每季度随机抽30～50头奶牛血样，测定血中尿氮含量、血钙、血磷、血糖、血红蛋白等一系列生化指标，以观测牛群的代谢状况。

（2）尿 pH 和酮体的测定。产前1周至分娩后2个月内，隔日测定尿 pH 和酮体各一次，对测出阳性或可疑牛只及时治疗，并关注牛群状况。

（3）调整日粮配方。

①定时测定平衡日粮中各种营养物质含量。

②对高产、消瘦、体弱的奶牛，要及时调整日粮配方增加营养，以预防相关疾病的发生。

（4）高产奶牛群在泌乳高峰期，应在精料中适当加喂碳酸氢钠、氧化镁、过瘤胃脂肪和过瘤胃蛋白等添加剂。

4. 乳房、蹄部的卫生保健

（1）经常保持牛舍、牛床、运动场、牛体及乳房的清洁，牛舍、牛床及运动场还应保持平整、干燥、无污物（如砖块、石头、炉渣、废弃塑料袋等）。

（2）挤乳时必须用清洁水清洗乳房，然后用干净的毛巾擦干，挤完乳后，必须用3%~4%次氯酸钠溶液等消毒药浸泡每个乳头数秒。

（3）停乳前10d、3d要进行隐性乳腺炎的监测，反应阳性的牛要及时治疗，两次均为阴性反应的牛可施行停乳。停乳后继续药浴乳头1周，并定时观察乳房的变化。预产期前1周恢复药浴，每日2次。

（4）每年的1、3、6、7、8、9、11月份都要进行隐性乳腺炎的监测工作。对有临床表现的乳腺炎采取综合性防治措施，对久治不愈的奶牛应及时淘汰，以减少传染源。

（5）每年春、秋季各检查和修蹄一次，对患有肢蹄病的牛要及时治疗。应每周用5%硫酸铜溶液喷洒蹄部2次，以减少蹄病的发生，对蹄病高发牛群要关注整个牛群状况。

（6）禁用有肢蹄病遗传缺陷的公牛精液进行配种。

（7）定期检测各类饲料成分，经常检查、调整、平衡奶牛日粮的营养，特别是蹄病发生率达15%以上时。

5. 进行步态评分　步态评分是评定牛群肢蹄健康状况的有效方法，主要以奶牛站立、运步姿势和背部姿势为主要评定内容，具有直观、简便易行的特点。利用该方法能及时发现影响肢蹄健康的原因，以便尽早采取措施，减少因肢蹄疾病引起的淘汰率升高、产奶量降低、繁殖率低下等问题，在保证奶牛高产以及延长利用年限等方面均具有不可忽视的作用。步态评分采用5分制，具体评分标准见表8-13和图8-9~图8-13所示。

表8-13　奶牛步态评分标准

（李胜利，2011，中国学生饮用奶奶源基地建设探索与实践）

评分	步态	站立姿势	步行姿势	步幅	描　　述
1	正常	平直	平直	大	步行正常，四肢落地有力
2	轻度跛行	平直	稍弯曲		站立时背线平直，但步行时拱背
3	中度跛行	弯曲	弯曲	中	站立和步行时拱背，单肢或多肢步幅小
4	跛行	弯曲	弯曲		单肢或多肢跛行，但仍有部位支撑牛体
5	严重跛行	弯曲	弯曲	小	单肢很难支撑牛体，很难从爬卧处移动

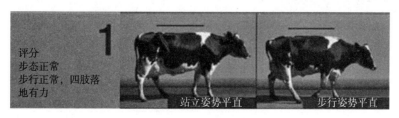

图8-9　步态1分

图8-10 步态2分

图8-11 步态3分

图8-12 步态4分

图8-13 步态5分

奶牛步态评分较高的个体，说明其肢蹄病比较严重，反映出奶牛场的饲养管理存在严重问题，如环境卫生条件差、运动场和牛舍地面坚硬等，或者奶牛日粮不平衡，可能存在精粗料比例失衡，精饲料采食量大，牛群处于亚临床酸中毒状态。在良好的奶牛群中，不同步态评分奶牛占有合适的比例，1～2分的比例要大于75%，超出合适的评分比例要对牛群进行全面的分析（表8-14）。

表8-14 奶牛群体步态评分分析

(李胜利，2011，中国学生饮用奶奶源基地建设探索与实践)

步态评分	比例	跛行评价	分　　析
1～2分	>75%	正常	饲养管理良好

（续）

步态评分	比例	跛行评价	分 析
3分以上	>15%	严重	感染性：细菌、病毒 损伤：地面、垫料 蹄叶炎：①环境。舒适度、挤奶厅滞留时间，卧栏使用 ②管理。修蹄时间、频率，消毒、治疗、体况监测 ③营养。日粮平衡、瘤胃 pH、粪便评分 ④遗传。公牛评定、遗传参数、选种选配

步态评分与奶牛的干物质采食量（DMI）、产奶量、繁殖性能及体况评分呈负相关，根据步态评分值可有效地评定步态评分与奶牛生产性能的关系（表 8 - 15）。

表 8 - 15　奶牛步态评分与生产性能关系

（李胜利，2011，中国学生饮用奶奶源基地建设探索与实践）

步态评分	DMI 降低/%	产奶量降低/%	体况	繁殖性能
1	正常	正常	较好	
2	1	0	好	无影响
3	3	5	一般	
4	7	17	差	空怀天数和配种次数增加
5	10	36	很差	

6. 基地奶牛发病情况调查　我国奶牛疾病的发生率高，用药较混乱，致使有些疾病治疗的效果不理想，原料乳药检超标时有出现。随着社会经济的迅速发展，消费者对乳及乳制品的消费量不断增加，乳品安全问题已引起人们的普遍关注。了解我国奶牛主要疾病治疗用药的现状，分析存在的问题，开展相关研究，采取适当措施，不断规范奶牛疾病防治用药，有助于提高防治效果，减少乳中药物残留，提高原料乳的质量，保证乳品安全，促进乳业健康稳步发展。由此，我们在全国范围内选择有代表性的奶牛场开展了奶牛主要疾病治疗用药的相关调查。

（1）调查案例分析。为了解目前我国奶牛主要疾病及治疗用药的情况，通过现场与问卷相结合的形式，在全国不同地区的中小型奶牛场进行了相关调查。调查共涉及疾病 67 种，分别为：内科疾病 27 种，占 40.3%；产科疾病 20 种，占 29.9%；外科疾病 14 种，占 20.8%；传染性疾病 4 种，占 6%；寄生虫病有 2 种，占 3%。从涉及疾病的种类来看，主要还是内科病和产科病，占了疾病种类总数的 70.2%。从单种疾病发生的频次看，乳腺炎和子宫内膜炎发病率最高，前胃弛缓、肢蹄病、犊牛腹泻、卵巢疾病、胎衣不下、生产瘫痪、瘤胃积食、肺炎等为奶牛常发疾病。奶牛疾病治疗中共涉及药物 167 种，治疗用药以抗菌药物和中药类药物为主，抗菌药物 61 种，占总数的 36.6%，中药类药物 39 种，占总数的 23.4%，其中用于治疗乳腺炎和子宫内膜炎的药物有 91 种，占总数的 54.5%。

以乳腺炎和子宫内膜炎为例进行调查案例分析。

①乳腺炎。奶牛乳腺炎在世界范围内都是牛场中的常见病之一，给奶牛养殖业

造成了巨大的经济损失。根据临床表现可分为临床乳腺炎和隐性乳腺炎，其中隐性乳腺炎没有乳房和乳汁的肉眼可见变化，仅有体细胞数的升高。目前，我国隐性乳腺炎、临床乳腺炎的发病率仍然很高，必须借助生化检验或细菌检验方可查出异常。据北京、上海、广州和哈尔滨等地的调查结果表明，奶牛隐性乳腺炎发病率为10%～40%，西欧部分经济发达国家奶牛隐性乳腺炎发病率也高达25%。据美国国家乳腺炎委员会（NMC）报道，隐性乳腺炎每个感染的乳区，每泌乳期少产636～773kg乳。20世纪90年代美国乳腺炎造成的经济损失每头牛每年约185美元，每年因乳腺炎损失10.8亿美元。隐性乳腺炎不仅使乳产量减少，而且使乳的品质大大下降，缬氨酸、蛋氨酸、异亮氨酸、亮氨酸、苯丙氨酸、赖氨酸等6种必需氨基酸及组氨酸、精氨酸显著降低，而氨基酸总量也由平均2.238g/100mL（健康乳）降至1.759g/100mL，降低21%。此外，乳糖、酪蛋白、脂肪、Na、P、K等有益成分的含量均降低或明显降低，热稳定性也有所下降。

病原菌感染乳房是引起乳腺炎的最主要病因。能引起乳腺炎的病原菌有很多种，金黄色葡萄球菌是其中一种重要的接触传染性乳腺炎致病菌。随季节而改变的环境温度和湿度对乳腺炎发病率有明显的影响，环境温度和湿度的升高，会引起乳腺炎的发病率增加。

北京郊区的某一规模化牛场。该牛场共有奶牛929头，其中泌乳牛约425头，平均单产约为9 000kg。育成牛均为本场繁殖生产，不从外面引进牛只。成年泌乳牛运动场及挤乳厅分为A、B两区，相隔约200m。每日挤乳3次，均为机械挤乳。挤乳前用一次性纸巾清洁乳房及乳头，挤乳前后均用0.5%碘伏药浴半分钟。但乳房健康管理方案不是很完善。每月进行一次DHI监测。对临床型乳腺炎首选抗生素治疗，一般应用青霉素，而很少使用其他种类抗生素。对慢性乳腺炎或者持续性乳腺炎一般采用保守性治疗措施，很少予以淘汰。

根据每个月对牛场的DHI监测结果，在调查期间（2018年10月至2019年9月），2019年7月的奶牛日平均产乳量最低，为27.7 kg；2019年4月的日平均产乳量最高，为33.4 kg。泌乳牛平均体细胞数在2019年6月最高，为43.2×10^4个/mL；3月份最低，为26.3×10^4个/mL。

在720份肉眼观察正常的乳样中，有82份为隐性乳腺炎乳样。在调查期间，隐性乳腺炎发病率为11.4%。7月份隐性乳腺炎乳样检出数最多；12月份检出数最少。在气温较高的6～8月份，隐性乳腺炎病例检出率明显比气温较低的12月份和1月份高。

在调查期间，共检测到75个临床乳腺炎发病乳区，其中有12个乳区发病呈持续性（临床乳腺炎发病至少两次）。在6月份临床乳腺炎发病最多；12月份发病数最少。与隐性乳腺炎发病情况一致，在6～8月份，临床乳腺炎发病数明显较12月份、1月份和2月份高。

根据乳腺炎乳样的细菌培养结果，在82份隐性乳腺炎乳样中，发现31份由金黄色葡萄球菌引起的乳腺炎乳样。调查期间，在4～6月份金黄色葡萄球菌引起的隐性乳腺炎病例数较多。在6月份金黄色葡萄球菌感染引起的病例数最多，而在温度较高的7、8月份，金黄色葡萄球菌感染引起的病例数有所下降。

　　金黄色葡萄球菌引起的乳腺炎具有易造成持续性感染和对多种抗生素治疗不敏感的特点。长时间以来，随着国内牛场环境的不断改善，作为主要在挤乳过程中传播的致病菌，金黄色葡萄球菌的流行率有增高的趋势。在 2018 年对河北及北京地区的乳腺炎流行病学调查中，发现金黄色葡萄球菌所占的比例高达 64%。国内其他研究也表明，金黄色葡萄球菌在乳腺炎致病菌中占有很高比例。因此，对乳腺炎发病及金黄色葡萄球菌引起的乳腺炎发病随月份的变化情况进行调查，对于针对性地制订防治乳腺炎的计划，具有非常重要的意义。

　　首先，通过对牛场的 DHI 监测，发现日均产乳量和泌乳牛平均体细胞数随着月份均有一定的变化。气温升高使奶牛的日均产乳量有一定程度的下降，平均体细胞数上升较为明显。

　　由于产乳量、泌乳牛平均体细胞数和乳腺炎发病率之间有一定的关系，进一步对每个月的隐性乳腺炎和临床乳腺炎发病数进行检测并分析，发现在环境温度升高后（自 6 月份开始持续到 9 月份），隐性乳腺炎和临床乳腺炎的发病率均升高明显。而在低温环境、气候干燥的冬季（12 月份和 1、2 月份），两者的发病率均很低。

　　通过对乳腺炎乳样中金黄色葡萄球菌的分离鉴定，发现金黄色葡萄球菌引起的乳腺炎发病率虽然随着月份一定的变化，但不如乳腺炎总发病率受到的影响大。因为金黄色葡萄球菌是一种接触性致病菌，它的主要寄住和繁殖部位是乳腺炎患病乳区，在环境中存在的比例很小。因此，金黄色葡萄球菌引起的乳腺炎发病率受牛场的管理制度及挤乳操作程序是否规范的影响较大，受到环境温度和湿度的影响相对较小。

　　在调查中，存在着较多持续性乳腺炎奶牛，与健康奶牛在一起混合饲养与挤乳。这加大了金黄色葡萄球菌从持续性患病牛乳区传播到健康奶牛乳区的可能性。调查结果也显示，金黄色葡萄球菌引起的乳腺炎的适度升高（自 3 月份至 6 月份），这可能是由于在此调查期间，奶牛本身由于某种应激反应导致体质有所下降而造成。除金黄色葡萄球菌外，分离得到的其他种属的细菌大部分属于环境性致病菌，这些细菌在环境中存在的比例很大。温度和湿度升高，为环境致病菌的繁殖创造了有利条件，从而加大了乳房感染此类细菌的可能性，造成了乳腺炎发病率升高。

　　除此之外，有调查结果显示，隐性乳腺炎的发生与年龄、胎次、泌乳月有一定的关系，年龄越大，胎次越高，乳腺炎发生率也越高。尤其是 3 胎以上的奶牛乳腺炎发病率明显提高。由于 3 胎以上奶牛逐渐达到终生最高产乳量，母牛乳房负担较重，导致乳腺炎发病率升高。随着泌乳月的升高，奶牛隐性乳腺炎发病率呈上升趋势。可能是因为长期挤乳，乳头管开放程度提高，乳头管和乳腺的防御机能下降，外界病原菌易侵入乳房，导致了乳腺炎发病率的逐渐升高。

　　金黄色葡萄球菌引起的乳腺炎在总体的乳腺炎发病中有着不可忽视的比例，其本身又具有持续性发作和低治愈率的特点。因此，加强持续性乳腺炎患病牛淘汰措施和完善挤乳操作流程，是降低其发病率的根本。同时，根据不同来源的乳腺炎病原菌比例随季节的变化规律，应具体性、针对性地制订不同的乳腺炎防治计划。

　　②子宫内膜炎。奶牛子宫内膜炎全年都有发生，这主要与奶牛全年均衡产犊有

关。其中以 12 月至翌年 2 月发病较多，占 34.7%。这似乎与北方严寒、冷刺激引起机体张力下降有关。

经对保定某中型牛场调查显示，对 186 头患子宫内膜炎奶牛的胎次统计，发现胎衣不下牛 98 头，占发病率 52.7%，说明胎衣不下是诱发子宫内膜炎的主要原因。胎衣不下与产后子宫内膜炎发生有直接关系。其主要原因是胎衣滞留致使细菌生长和繁殖加快，子宫内异常发酵，毒素增加，对子宫黏膜造成毒害。另外对胎衣处理不当，恶露滞留，也直接刺激子宫黏膜发炎。

头胎奶牛子宫内膜炎发病多的原因：一是干乳时精饲料喂量过多导致母牛肥胖，产道周围脂肪沉积过多影响了产道的开张和松弛，分娩时产道狭窄；二是胎儿过大、助产失误引起产道机械性损伤；三是母牛体小、配种过早，致使分娩时产道狭窄；四是母牛产后能量负平衡严重导致食欲减退，进而使机体消瘦，全身张力降低，子宫弛缓。

经对石家庄某小型牛场 126 头子宫内膜炎牛乳产量统计，发现经产母牛子宫内膜炎的发生与产乳量呈正相关。即随着产乳量的增高，子宫内膜炎的发病率呈增高的趋势，产乳 5 000kg 以上的奶牛患子宫内膜炎者占 60.4%。

究其原因：一是高产奶牛产后对外界抵抗力降低，易受外界细菌侵入感染子宫内膜炎；二是奶牛产后内分泌机能降低，致使子宫弛缓，恶露排出不及时导致患子宫内膜炎；三是高产牛易发生胎衣不下而导致子宫内膜炎。

在 126 头牛中，胎衣不下者 42 头，占 33%。

调查综合显示：病原微生物的感染是引发奶牛子宫内膜炎的主要原因。养牛户无严格的消毒制度，使环境致病菌增多，尤其是产房和牛舍卫生管理差，为奶牛产后感染提供了条件。兽医和饲养员在助产时消毒不严、助产不当，致使产道感染细菌；治疗胎衣不下、子宫脱、阴道脱、子宫颈炎等疾病消毒不彻底、治疗不及时或方法不得当。人工授精时不严格执行操作规程，输精器械和外阴部消毒不严，输精操作损伤阴道、子宫颈或子宫颈黏膜，输精频率过高，导致机械性损伤和感染。饲养管理不当，奶牛饲喂过量，催乳导致牛体营养失衡，抵抗力下降，子宫收缩乏力，胎衣不下，子宫弛缓，产后恶露蓄积，不易排出，导致子宫内膜炎发病率大大增高。此外，牛患其他疾病，如布鲁氏菌病等未及时诊断及合理治疗而继发子宫内膜炎等。

（2）调查报告 下面是主编 2006 年发表于《中国奶牛杂志》第 6 期的调查报告。

双城市户养奶牛饲养现状的调查分析

（黑龙江畜牧兽医职业学院，黑龙江双城　150111）

摘　要：通过对双城市户养奶牛饲养现状进行抽样调查与分析，提出根据奶牛的生理特点和产乳规律配制日粮，按生理阶段进行精粗料的调整，采取科学的管理措施来减少户养奶牛疾病的发生率和提高产乳量，达到节本增效的目的。提倡推广 TMR。

关键词：户养奶牛；饲养现状；生理阶段；产乳规律；TMR

随着农业产业化结构的调整，我市农户饲养奶牛热情日益高涨，据统计，2004年末，全市奶牛存栏 17.3 万头，已建成奶牛专业乡镇 13 个，奶牛专业村 170 个，发展奶牛专业户 1.8 万户，从业人员超过 5 万人。仅饲养奶牛一项人均收入1 310.00 元，占农民人均收入的 51%，占畜牧业人均收入的 78%。雀巢公司自1990 年投产以来，投资额由 7 800 万元增加到 6.7 亿元。日处理鲜奶能力由 160 t增加到 1 100t，年上缴利税 3 亿多元。全市奶牛饲养业年可转化粮食 2.5 亿 kg，占粮食总产量的 22%，年可消耗秸秆 6.5 亿 kg，占玉米秸总量的 50% 以上，实现了粮食过腹增值。形成了以大玉米—大奶牛—大乳品为结构的产业化发展格局。但在这迅猛发展的奶牛业中暴露出饲养管理水平低下、产奶量不高和疾病多发等诸多问题。笔者带领学生进行了一年半的随机抽样跟踪调查分析，现将调查结果及奶牛饲养中存在的问题报告如下。

1　材料与方法

1.1　调查时间　2004 年 6 月至 2005 年 12 月。

1.2　调查范围　双城市近郊及饲养奶牛比较集中的朝阳乡、新兴乡、幸福乡。走访了当地比较集中、规模较大的奶牛养殖户、养殖小区，共计 142 户。

1.3　调查内容　主要调查饲料性质及种类；饲喂方法及日常管理；疾病和繁殖情况。

2　调查结果

2.1　饲料性质及种类　普遍存在青贮饲料饲喂量不足，全年供应不均衡，有70% 的养牛户全年不喂青贮饲料，而以干玉米秸秆为主。自拌精料主要由玉米、麸皮、豆饼和 5% 预混料组成，少数养殖户添加棉粕。有 90% 的养牛户用当地销售的浓缩料，当地浓缩料销售厂家近 20 个，养殖户频繁更换浓缩料。

2.2　饲喂方法及日常管理　精饲料多用水拌成糊状饲喂，直接喂干粉料的养牛户不多；各阶段的精料喂量超标；粗饲料玉米秸秆只是铡短，没有其他加工处理，日喂两次或三次；按顿分次饮水，只有少数用饮水器。80% 的养牛户采取手工挤乳，20% 机械挤乳；挤乳前后乳头不进行药浴；牛舍不定期消毒。

在日常管理方面，较多的奶牛户利用庭院养殖，奶牛没有运动场，采取"一条缰一根桩"的拴系饲养方式[3]。不给牛体刷拭和修蹄。冬季牛舍温度过低，牛床冰凉且硬，不加任何垫料。

2.3　繁殖和疾病情况　见表 1、表 2。

表 1　奶牛繁殖情况调查

项　目	数量	比例/%
空怀牛/头	1 409	39.03
平均产犊间隔/d	425	—
初次产犊年龄/月	25	—

注：空怀牛是指产后 110d 未受孕的牛，统计头数共计 3 610 头。初次产犊年龄统计头数为 1 123 头。

表2 奶牛疾病情况调查统计

疾病种类	发病头数/头	发病率/%	治愈率/%	死亡或淘汰/头
临床乳腺炎	896	24.82	72.66	245
胎衣不下	434	12.02	100	—
产后瘫痪	508	14.07	90.75	47
酮病	866	23.99	95.96	35
真胃移位	514	14.24	96.89	16
子宫内膜炎	649	17.98	98.77	8
流产	48	1.33	—	
难产	217	6.01	99.07	2

注：统计头数共计3 610头，一些牛一个泌乳期内患有两种或两种以上的疾病，统计时重复计算。

3 调查中发现的问题

3.1 粗饲料品质差，青贮饲料供应不足 经调查了解，多数奶牛户的粗饲料以干玉米秸秆为主，做不到自由采食，粗纤维采食量不足。很少使用青贮饲料，根本不喂青干草。粗纤维饲喂不足也是真胃移位发病的原因之一，调查结果真胃移位发病率高达14.24%。

3.2 精料补充料更换频繁，不按阶段调整精粗料比例 多数养牛户在奶牛不同饲养阶段使用同一个饲料配方，很少根据泌乳阶段、产乳水平及妊娠期计算营养需要。有的奶农为了提高产乳量，大量饲喂精料补充料，但因营养不平衡，效果不明显，便频繁更换浓缩料，如果产乳量不增加就额外添加豆饼等蛋白质饲料代替浓缩料，不按出厂说明使用，导致奶牛各阶段的蛋白质和能量的不平衡，矿物质和维生素的营养不足，引起代谢紊乱，发情不明显，屡配不孕，产后瘫痪、酮病、真胃移位等病多发，调查结果酮病发病率高达23.99%，与此有直接关系，严重影响奶牛饲养效益。

3.3 干乳期过量饲喂精饲料诱发多种疾病 经过一年半的跟踪调查，发现奶牛产前饲喂精饲料高达每头6~8 kg/d。干乳期过量饲喂精饲料存在两方面的错误认识：其一，把干乳期当作体力增强期来对待，在干乳期过量饲喂精饲料来增加奶牛的体力；其二，认为干乳期应为产后泌乳贮存能量，以减缓泌乳高峰期的能量负平衡。

由于干乳期过量饲喂精饲料，大部分又都是利用庭院养牛，没有足够的运动场地，调查结果显示胎衣不下、产后瘫痪、酮病、真胃移位、难产和子宫内膜炎等疾病高发，空怀牛高达39.03%，产犊间隔高达425d，造成产乳性能和繁殖力下降。如果按正常每13个月产一个犊牛，调查3 610头牛中每年多养296.7头成年干乳母牛，严重影响经济效益。

3.4 管理粗放，卫生防疫意识淡薄 双城奶牛拴养舍饲，不见阳光、不运动，导致奶牛抵抗力下降，母牛难产率、胎衣不下率增加，发情不明显，繁殖率较低，产犊间隔加大，增加饲料消耗。奶牛采用按顿分次饮水，饮水量不足，使产乳潜力难以发挥。挤乳程序不规范是诱发临床乳腺炎的主要原因，由于冬季较长且寒冷，多数户养奶牛防寒不足，牛舍温度过低，牛床不加垫料，也是诱发乳房疾病的原因之一。不少奶牛养殖户认为奶牛抗病力强，忽视防疫消毒和牛舍卫生工作，结果导致奶牛临床乳腺炎发病率较高（调查结果高达 24.82%），滥用抗生素，严重影响了无抗乳的生产，增加奶牛淘汰率，明显降低奶牛饲养业的经济效益。

4　对策

4.1　合理安排供应，为奶牛提供充足的青绿多汁饲料　奶牛是草食家畜，必须有足够的优质青绿多汁饲料及糟渣类饲料。要合理安排一年四季青绿饲料供应，可种植一些营养价值高、产量高的牧草，如紫花苜蓿、黑麦草、皇竹草和墨西哥玉米等，做到青粗搭配，并为奶牛提供一定数量的块根和糟渣类饲料。这样既可提高日粮的适口性，又能满足奶牛的营养需要，对高产奶牛还应饲喂苜蓿干草，提高饲养效果。因此建议：（1）根据当地所产的饲料，采用各种方法调制多种优质青贮和干草，并全面推广；（2）研究防止青贮腐烂及提高营养价值的各种添加剂，以提高粗料的质量。

4.2　推广按不同生理阶段科学调配日粮的方法　饲养奶牛应根据其生理特点及产乳规律，按不同生理阶段的体重和产乳量[4]科学配制日粮。在奶牛饲养的不同生理阶段，除以青粗饲料为基础日粮外，还必须提供精料补充料，一般占日粮干物质的 40%～60%，满足奶牛自身和产乳、妊娠的营养需要。对于高产奶牛，在精料补充料中还需添加过瘤胃蛋白质、过瘤胃脂肪以满足其营养需要。

4.3　帮助奶农走出干乳牛饲养误区　干乳期过量饲喂精饲料，一方面造成奶牛营养过剩，妨碍了奶牛的正常代谢，造成奶牛过肥；另一方面又给处于妊娠后期的奶牛增加了体重增长的任务，加大了干奶期奶牛的工作量。其实乳牛在干乳期为泌乳期积蓄所需要的能量是完全没有必要的，泌乳期所需要的能量只在泌乳期供给即可，因为奶牛不是冬眠的动物，肥胖的奶牛产乳量不一定就高。渡边高俊先生的双轨饲养技术[1]是把奶牛体力增强期放在了产乳高峰期过后的泌乳中后期，即从开始妊娠到妊娠 5～7 个月。

干奶期正确的饲喂原则是考虑胎儿生长发育和进入干乳期时的体重，结合双城地区粗饲料的质量，精料补充料的最大喂量应不超过 4kg/（d·头），满足奶牛维持和妊娠的营养需要（此期所需的矿物质和维生素以精料的形式添加）即可。在维持一定量的 DMI（干物质进食量）情况下，优先满足奶牛对粗饲料的需要量，来保证分娩后奶牛有旺盛的食欲和最大的 DMI。到分娩时保持进入干乳期的 3.5 分体况评分，保证分娩后 60～110d（产乳高峰期结束后）配种受孕。

4.4　积极推广 TMR（全混合日粮）先进饲养技术　TMR 是按奶牛不同阶段的营养需要，将不同类型的饲料如精料、添加剂、粗料和青贮料等混合加工而成的奶牛全价饲料。具有一定规模的奶牛小区可探讨集中配料，集中饲养，统一成本核算的模式。奶牛分群饲养，不同牛群采食不同的 TMR，而且牛采食时无法挑食。刘继军（2003）试验证明，全混合日粮可提高奶牛生产水平的 10%～15%[5]。

4.5 按规范程序做好奶牛生产保健工作　在奶牛生产中应经常刷拭牛体，积极推广机械挤乳[2]，每次挤乳前对乳房进行严格的清洗消毒，按规范程序操作，对环境、场地和用具进行经常性、程序化的消毒，同时注意饲料、饮水卫生，控制与外界人员和用具的接触，做好防病治病工作。

参 考 文 献

[1] 小泽祯一郎等. 提高牛奶产量20％的日本双轨饲养技术［M］. 北京：中国农业科学技术出版社，2003.1.
[2] 秦志锐. 我国奶牛业当前急需解决的几个技术问题［J］. 中国奶牛，2005，6：12-13.
[3] 陈晓华等. 制约双城市奶牛整体生产水平提高的因素分析及建议［J］. 中国奶牛，2005，2：10-11.
[4] 姚军虎. 动物营养与饲料［M］. 北京：中国农业出版社，2001.7.
[5] 刘继军. 奶牛场的建设原则及牛舍的环境控制［J］. 黑龙江畜牧兽医，2003，(11)：16-18.

任务实施

（1）学生分组进行，就近开展奶牛养殖基地调查，了解检疫防疫制度、措施及奶牛发病情况，并分析发病原因，找出解决对策。

（2）调查过程中请生产技术员介绍奶牛养殖基地常见疾病的发病情况及相关知识。

（3）在教师指导下，按组完成调查报告。

学习小结

奶牛发病率高，科学的饲养管理至关重要，合理用药是提高疾病治愈率，保证原料乳质量和安全的关键。为此畜牧管理者应加强饲养管理来科学预防；临床兽医人员需提高疾病诊断水平，加强用药弃乳的意识，严格遵守相关规定，科学选药用药，对于抗生素、激素类药等应尽可能选用弃乳要求明确的药剂，并按规定的途径和用量使用。同时应加强综合防控措施，减少疾病发生，减少用药。

任务8.6　制定基地卫生防疫制度

任务描述

牛场的卫生防疫工作非常重要，它直接影响了牛场的健康发展。牛场疫病在不同区域、不同程度上存在，要求管理人员对此足够重视，采取科学的防控措施，降低疫病给生产带来的风险隐患，减少不必要的经济损失。

任务目标

调查当地常见的疫病种类；分析常见疫病的流行趋势、特点，易感牛群；明确牛场基本的卫生防疫要求，并根据季节性、地域性制定相应的牛场卫生防疫制度。

🦫 **知识准备**

由于地域、季节和其他自身情况的不同，导致牛场经济损失的疾病各不相同。牛场兽医师的职责是分析本场本地区牛病的发生规律、危害情况，给牛场带来的损失状况，再结合本场的实际情况和其他牛场的相关经验，制定牛场的防疫制度，督促并参与制度全过程实施。

1. 常见疫病及流行特点

（1）口蹄疫。口蹄疫列为我国一类传染病之首，是由口蹄疫病毒引起的一种人和偶蹄兽急性、热性、高度接触性的传染病。以口腔黏膜、蹄部和乳房皮肤产生水疱和腐烂为特征，传染速度快，虽多呈良性经过，但会引发乳腺炎、蹄病，使产乳显著下降，最后淘汰。死亡率很低，不超过1％，但毒力很强而侵害心肌时，病情会突然恶化，心肌麻痹，突然死亡，称为恶性口蹄疫。

本病可通过直接接触和间接接触传染。它的发生无严格的季节性，但一般在春、秋两季广泛传播和流行，其中春季流行较秋季更为常见。

（2）布鲁氏菌病。简称布病，是由布鲁氏菌引起的一种人畜共患的慢性传染病。在母牛流产或分娩时，布鲁氏菌随胎儿、胎水和胎衣排出，偶尔在乳、粪、尿以及阴道流出的恶露内发现，然后通过消化道和生殖道等渠道进行传播。病牛的临床特点是发生流产、胎衣滞留、子宫炎、不孕症、乳腺炎、关节炎等，孕牛在怀孕7～8个月时流产。公牛发生睾丸炎和附睾炎。

奶牛布鲁氏菌病监测技术

一般情况下，母畜较公畜易感性大，成年家畜比幼畜易感性高。

（3）结核病。是由结核分枝杆菌所引起的人畜共患的慢性传染病。结核病以组织器官形成结节性肉芽肿和干酪样坏死为主要特征。临床表现为干咳，长期消化不良，消瘦，生产性能显著下降。

本病一年四季均可发生，但饲养管理不良、过度拥挤、畜舍阴暗、潮湿、污秽，饲料不足和调配不当，均可促进本病发生与传播。

（4）牛巴氏杆菌病。也称牛出血性败血症，主要是由多杀性巴氏杆菌引起的畜禽和野生动物的一种传染病。本病是一种急性传染病，以发生高热、肺炎和内脏广泛出血为主要特征。

本病主要经消化道感染，其次为通过飞沫经呼吸道感染，也有由皮肤黏膜伤口或蚊蝇叮咬而感染的。本病一年四季均可发生，但当气温变化大，阴湿寒冷时容易发病，呈散发性或地方流行性发生。

不良应激可引起本病内源性发病，甚至突然死亡。常见的不良应激有：冬季挤乳，挤乳厅与外界环境温度差异大；季节转换，多见于冬春和秋冬季节转换；运输应激；分娩应激；牛群密度突然增大，空气流通不顺畅等。

本病与牛传染性鼻气管炎并发或继发，发病更快，死亡率更高。

（5）牛传染性鼻气管炎（IBR）。是由传染性鼻气管炎——脓疱性外阴、阴道炎病毒引起的一种热性、接触性传染病。本病以上呼吸道感染，如化脓性鼻炎，伴有结膜炎，传染性脓疱性外阴阴道炎及龟头包皮炎、脑膜炎为主要特征。

本病通过产道传染给犊牛，继发巴氏杆菌或并发牛病毒性腹泻（BVD）时，或者遇到严重应激时（如分娩），发病率明显提高，死亡率明显增加，也可导致孕牛怀孕5～6月龄时流产。

（6）犊牛病毒性腹泻病。也称犊牛流行性腹泻病，是由多种病毒引起的一种犊牛常发病。本病特征是病牛精神委顿、厌食、呕吐、腹泻、脱水、体重减轻等，常发病于1～7日龄或2～3月龄的犊牛。一年四季均可发生，尤其以寒冷的冬春季节多发。

2. 免疫接种 牛常用疫苗及免疫措施参考表8-16。

表8-16 牛常用疫苗及免疫措施

（王根林，2006，养牛学）

疫苗名称	用法和每头牛用量	免疫期
第2号炭疽芽孢苗	颈部皮下注射1mL	1年
气肿疽明矾菌苗	颈部皮下注射5mL	每年1次，6月龄以前注射的到6月龄时再注射1次
牛出血性败血病疫苗	肌内或皮下注射，100kg以下注射4mL，100kg以上注射6mL	9个月
牛副伤寒疫苗	肌内注射。1岁以下牛2mL，1岁以上第1次2mL，10d后同剂量再注射1次	6个月
牛O型口蹄疫灭活疫苗	肌内或皮下注射，1岁以下的犊牛肌内注射2mL，成年牛3mL	犊牛4～5月龄首免，20～30d后加强免疫1次，以后每6个月免疫1次
牛流行热疫苗	成年牛4mL，犊牛2mL，颈部皮下注射（3周后进行第2次免疫）	1年
布鲁氏菌羊型5号弱毒冻干苗	肌内或皮下注射，每头牛250亿活菌	1年
伪狂犬病疫苗	颈部皮下注射，成年牛10mL，犊牛8mL	1年
牛肺疫兔化弱毒冻干苗	用50倍生理盐水稀释，成年牛臀部肌内注射1mL，6～12月龄0.5mL	1年
狂犬病灭活疫苗	臀部肌内注射，25～50mL	6个月

免疫接种是使动物体产生特异性抵抗力，使动物由易感转化为不易感的一种手段。根据免疫接种进行时机不同，可分为预防接种和紧急接种两类。

预防接种：在经常发生传染病地区，某些传染病潜在地区，或受到邻近地区某些传染病威胁地区，为了防患于未然，日常生产中有计划地给健康畜群进行的免疫接种，称为预防接种。例如，牛每年春季做炭疽弱毒芽孢苗的预防注射，常发生破伤风的地区做类毒素的注射。

紧急接种：当传染病流行时，为迅速控制和扑灭疾病，对疫区和受到威胁地区尚未发病的畜群进行的紧急接种。例如，口蹄疫盛行时，应在周围5～10km，建立"免疫带"来包围疫区，就地扑灭疫情。

奶牛常见传染病防疫检疫程序见表8-17。

表8-17 奶牛常见传染病防疫检疫程序

(王根林，2006，养牛学)

月 份	疫病种类	生物制剂	防检方法或判断结果
1	炭疽	第2号炭疽芽孢苗	肌内注射，成年牛1mL/头
3	口蹄疫	口蹄疫O型疫苗	肌内注射，犊牛2mL/头，成年牛3mL/头
4	结核病	提纯牛型结核菌素，每毫升含10万IU	皮内注射选择颈部1/3处，0.1mL/头，72h后观察结果并量皮厚，皮厚小于2mm为阴性，皮厚增加2~3.9mm为可疑，皮厚增加4mm以上为阳性
4	布鲁氏菌病	布鲁氏菌平板抗原	用已知抗原和被检血清做平板凝集试验，根据凝集结果判定是否阳性（1∶100稀释度，"＋＋"为阳性）
5	流行热	牛流行热疫苗	成年牛4mL/头，犊牛2mL/头，颈部皮下注射（3周后进行第2次免疫）
6	口蹄疫	口蹄疫O型疫苗	肌内注射，犊牛2mL/头，成年牛3mL/头
9	口蹄疫	口蹄疫O型疫苗	肌内注射，犊牛2mL/头，成年牛3mL/头
10	结核病 布鲁氏菌病	所用制剂同4月份的检疫	方法同4月份的检疫
12	口蹄疫	口蹄疫O型疫苗	肌内注射，犊牛2mL/头，成年牛3mL/头

3. 牛场卫生防控措施

（1）人的要求。

①进入生产区必须通过消毒更衣专用通道。

②工作人员要更换清洗消毒过的工作服，清洗靴子、洗手，佩戴手套；参观者要更换经清洗消毒过的或一次性连体工作服，消毒鞋底或穿鞋套，洗手，戴帽子和手套。

③外来人员参观，由专人负责，并确定参观路线。

④告知参观者注意安全，严禁过去72h内，与其他牧场动物有过接触的参观者，进入生产区。

⑤当靴子沾有污物时，禁止进入饲喂通道，饲料储存及加工调制区。

⑥离开生产区后，工作人员应该对工作服定期进行清洗消毒，消毒靴子；参观者应该将一次性工作服弃掉，禁止重复使用，清洗消毒靴子。

⑦工作人员每年进行一次身体健康检查，对直接接触牛群、牛乳生产的管理人员，发现有传染病者及时调离工作岗位。

⑧工作人员要尽职尽责，保持牛床、牛舍、运动场的清洁，挤乳程序规范化。

（2）牛场、牛舍的要求。

①牛场的门口设有防疫消毒设施，消毒池和消毒室对进场的车辆和人员进行消毒。

②场区内严格区分管理区、生产区、隔离区和粪污处理区。场容整洁，注意

绿化。

③搞好牛舍外的环境卫生，消灭杂草、水坑等蚊蝇滋生地，定期喷洒消毒药物，消灭蚊蝇。

④牛舍、牛床要定期打扫、消毒，定时清粪。

⑤运动场要保持平整，积水、粪便要及时清除。

⑥牛场内备有充足、卫生的水源，满足牛的饮用和其他生产用水。

4. 制定牛场的防疫制度　牛场可根据自身的特点，制定防疫制度，约束牛场工作人员行为，规范工作日程，保证牛场的良性运转。

（1）防疫制度编写的内容。

①场址选择及场内布局。

②消毒。消毒池的设置，消毒药品采购、保管和使用；生产区的环境消毒；牛圈舍、产房消毒，牛体自身消毒；粪便清理和消毒；人员、车辆、用具的消毒。

③饲养管理。饲料、饮水符合卫生标准和营养标准。

④预防接种和驱除牛只体内、外寄生虫。疫苗和驱虫药的采购、保管、使用；强制性免疫的疫病免疫程序，免疫监测；免疫执照的管理；舍饲、放牧牛只的驱虫时间、驱虫效果。

⑤检疫。产地检疫，牛群进场前的隔离检疫，牛群在饲养过程中的定期检疫。

⑥实验室工作。

⑦疫情报告。发现疫情，及时上报。

⑧染疫动物及其排泄物，病死或死因不明的动物尸体处理。

⑨灭鼠、灭虫，禁止养犬、猫。

⑩谢绝参观和禁止外人进入。

（2）防疫制度编写的注意事项。

①防疫制度的内容要具体、明了，用词准确。如"购买饲料、饲草必须来源于非疫区"，"牛场入口处设有消毒室"。

②防疫制度要贯彻国家有关法律、法规。如动物防疫法中规定实施强制免疫的动物疫病、疫情报告必须列入制度内。

③根据生产实际编制防疫制度。大型牛场应当制定本场综合性的防疫制度，规范全场防疫工作。场内各部门可根据部门性质，编写出符合部门实际的防疫制度。

（3）防疫制度举例。下面是一牛场防疫制度，供参考。

①进入生产区的工作人员需要更换工作服、鞋、帽，不准携带动物、生肉等入场。

②非本场工作人员，不得随便出入牛场。

③牛场内不准养犬、猫等其他动物。

④牛场每个季度进行一次杀虫、灭鼠工作。

⑤对结核病、布鲁氏菌病、病毒性腹泻、传染性鼻气管炎等病，每年春、秋两季进行检疫，检出阳性牛立即按国家有关规定处置。

⑥每年春秋检疫后，应对牛场进行彻底的消毒。

⑦及时处理发霉、变质的饲草、饲料。

⑧调入、调出牛只必须有法定单位检疫证书。调入牛只严格执行隔离检疫制

度，确保健康后方可入群。患有传染病的牛只严禁调出或出售。

🔧 任务实施

（1）参观中小型牛场，了解牛场的疫病情况，并查看牛场的卫生防疫制度，对效果进行分析。

（2）调查基地所处位置的疫病流行特点，基地牛场的牛群结构和常发疫病。

（3）根据已学知识，学生分组讨论、研究，对基地牛场制定卫生防疫制度，并进行可行性论证。

📖 学习小结

遵循养殖业的"防重于治"的原则，牛场在建场之初就应该制定可行的卫生防疫制度，制度要具体、明了。根据牛场的规模，卫生防疫制度可以是一个或多个，大的牛场有一个总的防疫制度，规划本场，各部门还要根据本部门的特点制定部门的防疫制度，如料库防疫制度、诊疗室防疫制度等。学生在学习的过程中，应把握问题的实质，制定的防疫制度需要进行可行性论证。

任务8.7　分析生产企业赢利情况

🔊 任务描述

养殖场的赢利情况直接反映出该企业经营效果的好坏。生产中，管理者追求的是以最低的投入获得最大的产出，即在不触犯行业规定的前提下，利益的最大化。养殖管理中，要统计投入的诸因素和产出的诸因素，以及二者之间的平衡情况，并根据二者差值分析出企业的盈利情况。

🎯 任务目标

分析养殖场中的投入诸因素和产出诸因素。掌握企业成本核算和利润核算的方法。

🧤 知识准备

分析养牛生产中企业赢利的情况，就要从企业的成本核算和利润核算入手，来评定企业是否赢利。

1. 牛场成本核算

（1）牛场成本项目。为了方便对构成产品成本的各项费用进行核算和分析，根据牛场成本核算规程，结合生产实际，产品的成本项目包括直接生产费用和间接生产费用两类。

直接费用：是指在生产中的各项消耗，直接与某一项产品的生产相关，这种为生产某种产品所支付的开支，称为该产品的直接费用。即可以直接确认归属于产品的成本，其项目包括：工资和福利费、饲料费、燃料和动力费、医药费、种牛摊销费（种母牛、种公牛的折旧费）、固定资产折旧费（牛舍折旧费和专用机械折旧费）、固定资产修理费、低值易耗品及其他直接费用。牛场中饲料成本占直接费用成本比例最大，大约占 70％。

间接费用：是指一些消耗不能直接计入某种产品中去，需要用一定方法在部门内几种产品之间进行分摊的费用。包括：共同生产费、企业管理费等。

（2）牛场成本核算的条件。牛生产中，成本核算既要计算和考核牛产品单位成本，还要计算和考核饲养日成本。饲养日成本核算不仅与产量、产值、消耗资金和利润等指标有密切关系，而且与畜群变动、饲养日头数和饲料品种、价格、供应等也有关系。所以，开展日成本核算，首先要做好有关组织技术工作和各项基础工作。

①数据准备。搞好饲养日成本核算，主要依靠数据计算和考核。要有各项定额数据，日产乳量、肉牛日增重和日饲料消耗等原始记录，掌握各牛群的年度、月份和每天的总产乳量计划、育肥期增重计划、总产值计划、总成本计划、总利润计划、饲养成本计划和产品单位成本计划的数据，掌握每天应分摊的直接生产费用和间接生产费用。

②核算表格。进行饲养日成本核算的表格有三种，一是日饲料和其他生产费用计算表，包括：混合料、干草、青贮、块根、饼粕料、兽药、水电、维修、物品、固定开支（产畜摊销、共同管理费）等费用项目。二是日成本核算表，奶牛包括成年母牛组、育成牛组、犊牛组三种核算表；肉牛包括架子期和育肥期两种表格。三是成本核算报告表，内容与各饲养组的日成本核算表相同，每日填报一次。

奶牛场总的成本核算统计参考表 8-18。

表 8-18　奶牛场总的成本核算

序号	收支	成母牛组		分娩牛组		育成牛组		犊牛组		日合计	月合计
		头日均量	金额	头日均量	金额	头日均量	金额	头日均量	金额		
费用项目	预混料										
	干草										
	青贮										
	块根										
	饼粕										
	合计										
	兽药										
	工资										
	物品										
	产犊费										
	共同费										
	日耗										
	原料乳										
	淘汰牛										
	牛粪										

（3）奶牛场成本核算方法。

①牛群饲养日成本和主产品单位成本的计算：

牛群饲养日成本＝该牛群饲养费用÷该牛群饲养日数

主产品单位成本＝（该牛群饲养费用－副产品价值）÷该牛群主产品总产量

②各年龄母牛群组的计算。

成母牛组：

总产值＝总产乳量×牛乳千克收购价

计划总成本＝计划总产乳量×计划千克牛乳成本

实际总成本＝固定开支＋各种饲料费用＋其他费用

产房转入的费用＝分娩母牛在产房产犊期间消耗的费用

计划日成本＝计划总成本÷计划饲养日

实际日成本＝实际总成本÷饲养日

实际千克成本＝（实际总成本－副产品价值）÷实际总产乳量

计划总利润＝（计划牛乳千克销售价－千克计划成本价）×计划总产乳量

　　　　　＝计划总产值－计划总成本

实际总利润＝完成总产值－实际总成本

固定开支＝计划总产乳量（kg）×每千克牛乳分摊费用（工资＋福利＋燃料
　　　　　和动力费＋固定资产折旧＋维修费＋共同生产费＋企业管理费等）

饲料费用＝饲料消耗量×每千克饲料价格

兽药费＝当日实际消耗的药物费

育成母牛组：

计划总成本＝饲养日×计划日成本

固定开支＝饲养日×（平均分摊给育成母牛中的工资和福利、燃料和动力费、
　　　　　固定资产折旧、维修费、共同生产费和企业管理费等之和）

犊牛组：

计划总成本＝饲养日×计划日成本

固定开支＝饲养日×（平均分摊给犊牛组的工资和福利、燃料和动力费、固定
资产折旧、维修费、共同生产费和企业管理费等之和）

（4）肉牛场成本核算方法。

饲养日成本＝该肉牛群饲养费用÷该肉牛群饲养头日数

犊牛活重单位成本＝（繁殖牛群饲养费用－副产品价值）÷断乳犊牛活重

育肥牛增重成本＝（该群饲养费用－副产品价值）÷该群增重量

该群增重量＝（该群期末存栏活重＋本期离群活重）－期初结转、期内转入和
购入活重

育肥牛活重单位成本＝（期初活重总成本＋本期增重总成本＋购入转入总成本－
死畜残值）÷（期末存栏活重＋期内离群活重）

2. 利润核算

利润额＝销售收入－生产成本－销售费用－税金±营业外收支净额

营业外收支净额，是指与企业生产经营无关的收支差额。营业外的收入有固定

资产出租、技术传授等。营业外的支出有职工的劳动保险、职工福利、积压物资削价损失、呆账损失等。营业外收入与营业外支出的差值为净额。

（1）资金利润率。

资金利润率＝年利润总额÷年占用资金总额×100％

年占用资金总额＝年流动资金平均占用额＋年固定资产平均值

资金利润率反映资金占用及其利用效果的综合指标。

（2）产值利润率。

产值利润率＝年利润总额÷年产值总额×100％

产值利润率反映每百元产值所实现的利润。

（3）成本利润率。

成本利润率＝年利润总额÷年成本总额×100％

成本利润率反映每百元成本在一年内所创造的利润。

3. 利用计算机软件统计牛场赢利情况　随着科技的不断发展，养牛业也在从传统的生产方式向现代化管理方式转变，牛场的规模越来越大，效率也越来越高。计算机化牛场管理系统开始出现，近几年迅速发展，并被越来越多的牛场管理者所接受。通过管理软件，牧场管理者只需要输入一些原始数据，就可得到想要的分析结果。计算机统计牧场费用收支管理见图 8-14。

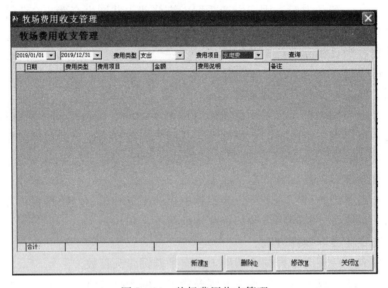

图 8-14　牧场费用收支管理

任务实施

（1）参观中小型牛场，了解牛场的赢利情况，并分析牛场的投入和产出因素组成。

（2）调查牛场所处地区的饲料价格、兽医预防费用、牛奶价格或肉牛活牛价格等情况。

（3）根据已学知识，学生分组讨论、研究，对所选牛场的经济效益做出评价。

📖 学习小结

一个养牛场（户）的赢利可能是正值，也可能是零甚至负值。负值说明其投入的报偿低于当时市场上的平均报偿率；零或负值时，连所耗费的实际成本也无法支付，其结果便等于破产。赢利是正值，说明所投入的生产要素得到了令人满意的报偿。企业可以通过利润率来反映牛场的赢利状况。即利润率＝利润÷投入量×100％，利润率可以客观地反映牛场的效益。学生在学习中应学会统计和分析牛场赢利情况的方法。

任务 8.8　调配产乳牛日粮

🏷 任务描述

奶牛常用饲料为粗饲料、青贮饲料、精饲料、矿物质、预混料和瘤胃调控剂。为适应规模化生产需要，近年来开始使用全混合日粮（TMR）。由于使用 TMR 具有容易控制日粮营养水平、避免挑食、提高干物质采食量、降低日粮成本，有利于发挥奶牛生产性能，避免精料添加比例较大引起的消化机能紊乱，减少酸中毒、酮血症、产乳热等发生率，还可降低精粗比例，合理利用饲料资源，降低饲养管理成本。因此，应用越来越普及。

全混合日粮（TMR）设计应根据奶牛各阶段生产特点，例如体重、产乳量和乳的品质要求，确定合理的精粗饲料的比例。在产乳高峰期，适当增加日粮营养浓度，以提高产乳量。

🎯 任务目标

了解奶牛的生产情况，充分利用饲料资源，掌握日粮配合的原则及方法，能够设计出实用的奶牛日粮配方。

✋ 知识准备

1. 奶牛精料补充料配方设计

（1）计算出产乳牛每天采食的粗饲料提供的各种营养物质数量。

（2）根据饲养标准及粗饲料提供的营养物质的数量，计算出达到规定的生产性能时尚缺的营养物质数量，即必须由精料补充料提供的营养物质的数量。

（3）由产乳牛每天采食的精料补充料的量，计算精料补充料中各种营养物质的含量，即确定奶牛精料补充料的饲养标准。

（4）根据配合精料补充料的营养物质的含量，用试差法或计算机规划法设计，方法与单胃动物全价饲料配方设计相同。

2. 试差法设计　为体重 600kg、日产奶量 30kg、乳脂率为 3.2％的奶牛设计日粮，现有玉米全株青贮（含水分 60％）、干羊草（含水分 10％）、玉米秸秆（含水分 10％），精料可以购买。

（1）确定奶牛生产标准乳量。标准乳量＝$0.4 \times M + 15 \times F \times M$

M 为实际产乳量，F 为实际乳脂率。标准乳量＝$0.4×30＋15×0.96＝26.4$kg

（2）查奶牛饲养标准，见附录表 1 和表 2，确定奶牛每日营养需要。

奶牛的每日营养需要为成年母牛维持需要与产乳需要的总和，以此来确定这头奶牛每日营养需要为：

干物质＝$7.52＋0.45×26.4＝19.4$kg

能量单位＝$13.73＋1×26.4＝40.13$ 或者是 125.9MJ 的产乳净能（1 个奶牛能量单位为 3 138kJ）

粗蛋白质＝$559＋85×26.4＝2\,803$g

钙＝$36＋4.5×26.4＝154.8$g

磷＝$27＋3.0×26.4＝106.2$g

（3）根据生产调查，参考当地饲料资源及奶牛生理特点，合理搭配粗饲料与精饲料比例，结合本头奶牛日采食干物质的量，确定奶牛日粮采食结构如下：玉米全株青贮（含水 70%）15kg，玉米秸（含水 10%）4kg，干羊草（含水 10%）2kg，精料补充料 11kg。

（4）根据表 8-19 计算粗饲料可供给的营养成分。

表 8-19 粗饲料营养价值

饲　料	CP/%	NE/(MJ/kg)	Ca/%	P/%
玉米青贮（干物质）	7	4.978	0.38	0.1
干羊草（干物质）	8	4.73	0.4	0.2
玉米秸（干物质）	6.5	4.7	0.3	0.08

干物质＝$15×30\%＋2×90\%＋4×90\%＝9.9$kg

粗蛋白质＝$15×30\%×7\%＋2×90\%×8\%＋4×90\%×6.5\%＝693$g

产乳净能＝$15×30\%×4.978＋2×90\%×4.73＋4×90\%×4.7＝47.84$MJ

钙＝$15×30\%×0.38\%＋2×90\%×0.4\%＋4×90\%×0.3\%＝35.1$g

磷＝$15×30\%×0.1\%＋2×90\%×0.2\%＋4×90\%×0.08\%＝11$g

（5）计算奶牛精料补充料的营养成分。

干物质＝$19.4－9.9＝9.5$kg

产乳净能＝$125.9－47.84＝78.06$MJ

粗蛋白质＝$2\,803－693＝2\,110$g

钙＝$154.8－35.1＝119.7$g

磷＝$106.2－11＝95.2$g

这头奶牛精料补充料饲养标准（干物质含量）为：

粗蛋白质＝$2.11÷9.5×100\%＝22.2\%$

钙＝$0.1197÷9.5×100\%＝1.26\%$

磷＝$0.0952÷9.5×100\%＝1.0\%$

产乳净能＝$78.06÷9.5＝8.217$MJ/kg

（6）确定奶牛精料补充料的饲养标准。一般饲粮中含干物质为 86%，则我们配制的精料补充料的营养指标为：

粗蛋白质＝22.2％×86％＝19.09％

钙＝1.26％×86％＝1.08％

磷＝1.0％×86％＝0.86％

产乳净能＝8.217×86％＝7.07MJ/kg

（7）在设计产乳牛日粮时也要考虑其他营养物质的需要，例如，奶牛日粮的粗纤维水平应为15％～17％，日粮中盐的含量为0.4％～0.6％，镁的含量0.28％～0.34％，硫的含量为0.2％，高产奶牛还要考虑缓冲剂的添加，一般以碳酸氢钠为主，占日粮的0.5％～1.5％，同时考虑奶牛复合多种维生素和复合微量元素的添加。

（8）设计奶牛精料补充料的饲料配方。可用试差法或计算机规划法来设计精料补充料的配方。

奶牛精料补充料可选用的原料为玉米、米糠、DDGS（玉米酒糟）、豆粕、棉籽粕等，现以试差法为例进行奶牛精料补充料的配方设计。

第一步，确定饲养标准（表8-20）。

表8-20 奶牛精料补充料的饲养标准

营养指标	产乳净能/(MJ/kg)	粗蛋白质/%	钙/%	磷/%	盐/%
饲养标准	7.06	19	1.08	0.86	0.9

第二步，列出饲料养分含量（查出或化验分析所得），见表8-21。

表8-21 饲料的养分含量

	产乳净能/(MJ/kg)	粗蛋白质/%	钙/%	磷/%	盐/%
玉米	7.7	8.2	0.02	0.27	—
米糠	7.615	13	0.07	1.43	—
DDGS	7.322	28	0.05	0.71	2
豆粕	7.453	44.0	0.34	0.65	—
棉籽粕	6.527	46	0.25	1.1	—
石粉			38.00		
磷酸氢钙	—	—	22.0	17.00	—
食盐	—	—	—	—	98

第三步，按能量和蛋白质的需求量初拟配方。根据实践经验，初步拟定饲粮中各种饲料的比例。奶牛精料补充料饲粮中各类饲料的比例一般为：能量饲料50％～70％，蛋白质饲料25％～30％，矿物质饲料等4％～8％（其中维生素和微量元素预混料一般为0.5％～1％）；动物源性饲料不添加，矿物质饲料等拟按5％添加；能量饲料中米糠暂设为3％，玉米为60％，计算初拟配方结果见表8-22。

表 8 - 22　初拟配方

	饲粮组成/%①	NE/(MJ/kg)		CP/%		钙/%		磷/%		盐/%	
		饲料原料中②	饲粮中①×②	饲料原料中③	饲粮中①×③	饲料原料中④	饲粮中①×④	饲料原料中⑤	饲粮中①×⑤	饲料原料中⑥	饲粮中①×⑥
玉米	60	7.7	4.62	8.2	4.92	0.02	0.012	0.27	0.162		
米糠	3	7.615	0.228	13	0.39	0.07	0.0021	1.43	0.043		
DDGS	10	7.322	0.732	28	2.8	0.05	0.005	0.71	0.071	2	0.2
豆粕	15	7.453	1.118	44	6.6	0.34	0.051	0.65	0.098		
棉籽粕	6	6.527	0.392	46	2.76	0.25	0.015	1.1	0.066		
石粉	1.4		0			38	0.532				
磷酸氢钙	2		0			22	0.44	17	0.34		
食盐	0.9		0							98	0.88
碳酸氢钠	1.2		0								
0.5%预混合饲料	0.5		0								
合计	100		7.09		17.47		1.06		0.78		1.08
标准	100		7.06		19		1.08		0.86		0.9

第四步，调整配方，使能量和粗蛋白质符合饲养标准规定量。方法是降低配方中某一饲料的比例，同时增加另一饲料的比例，二者的增减数相同，即用一定比例的某一种饲料代替另一种饲料。

上述配方经计算知，饲粮中产乳净能浓度比标准略高，粗蛋白质低 1.53%，可增加蛋白含量高的蛋白质饲料的比例，减少能量饲料比例。钙磷含量低于标准，可适当调整石粉和磷酸氢钙的比例。经过多次调整与计算，使饲粮中的营养物质含量达到饲养标准的要求。

第五步，列出配方及主要营养指标。精料补充料饲粮配方及其营养指标见表 8 - 23。

表 8 - 23　精料补充料配方

原料	配比/%	成分	含量
玉米/%	55	产奶净能/(MJ/kg)	1.686
米糠/%	3	粗蛋白质/%	19.03
DDGS	11	钙/%	1.1
豆粕/%	17.8	磷/%	0.87
棉籽粕	7	盐/%	1.0
石粉/%	1.3		
磷酸氢钙/%	2.4		
食盐/%	0.8		
碳酸氢钠/%	1.2		
复合预混料/%	0.5		
合计	100.00		

（9）列出奶牛日粮组成。体重 600kg，日产奶量 30kg，乳脂率为 3.2%的奶牛每日饲喂：玉米全株青贮（含水 70%）15kg，玉米秸（含水 10%）4kg，干羊草（含水 10%）2kg，精料补充料 11kg，并进行自由清洁的饮水。精料补充料的配比为：玉米 55%，米糠 3%，DDGS 11%，大豆粕 17.8%，棉籽粕 7%，石粉 1.3%，磷酸氢钙 2.4%，食盐 0.8%，小苏打 1.2%，奶牛复合预混料 0.5%。

3. 计算机规划法设计　奶牛精料补充料的配方设计可在电脑上用 Excel 办公软件，在电子表格上链接公式进行调整与计算，可快速而准确的设计出饲料配方。

以本奶牛为例利用 Excel 表格设计精料补充料配方。

第一步，先设计计算表格，并输入计算出的精料补充料的饲养标准和所选择原料的价格及营养物质含量，如图 8-15 所示。

	A	B	C	D	E	F	G	H
1								
2			奶牛精料补充料配方设计表					
3	饲养标准			产乳净能（MJ/kg）	粗蛋白质（%）	钙（%）	磷（%）	盐（%）
4				7.06	19	1.08	0.86	0.9
5	实际成分							
6	原料名称	原料价格（元/吨）	原料配比（%）	产乳净能（MJ/kg）	粗蛋白质（%）	钙	磷	盐（%）
7	玉　米	1600		7.7	8.2	0.02	0.27	
8	米　糠	1400		7.615	13	0.07	1.43	
9	DDGS	1500		7.322	28	0.05	0.71	2
10	豆　粕	3100		7.453	44	0.34	0.65	
11	棉籽粕	2800		6.527	46	0.25	1.1	
12	石　粉	200				38		
13	磷酸氢钙	2100				22	17	
14	食　盐	900						98
15	合计	——						
16	配方成本							
17								
18								

图 8-15　奶牛精料补充料配方设计

第二步，初步拟定原料配比，输入进 C7 到 C14 单元格，在 C15 单元格中输入链接公式＝SUM（C7：C14），在 D5 单元格中输入链接公式＝SUMPRODUCT（C7：C14，D7：D14）/100，同理，在 E5、F5、G5、H5 单元格中输入相应的链接公式。自动计算出来数值，如图 8-16 所示。

	A	B	C	D	E	F	G	H
1								
2			奶牛精料补充料配方设计表					
3	饲养标准			产乳净能（MJ/kg）	粗蛋白质（%）	钙（%）	磷（%）	盐（%）
4				7.06	19	1.08	0.86	0.9
5	实际成分			7.09	17.47	0.88	0.64	1.08
6	原料名称	原料价格（元/吨）	原料配比（%）	产乳净能（MJ/kg）	粗蛋白质（%）	钙	磷	盐（%）
7	玉　米	1600	60	7.7	8.2	0.02	0.27	
8	米　糠	1400	3	7.615	13	0.07	1.43	
9	DDGS	1500	10	7.322	28	0.05	0.71	2
10	豆　粕	3100	15	7.453	44	0.34	0.65	
11	棉籽粕	2800	6	6.527	46	0.25	1.1	
12	石　粉	200	1.4			38		
13	磷酸氢钙	2100	1.2			22	17	
14	食盐	900	0.9					98
15	碳酸氢钠	1200	1.2					
16	0.5%预混料	11000	0.5					
17	合计	——	99.2					
18	配方成本							
19								

图 8-16　奶牛精料补充料配方设计

第三步，调整各原料的配比，使配方的实际营养成分与饲养标准相符，并保证原料配比之和为 100%。在 B16 单元格输入链接公式＝SUMPRODUCT（C7：C14，D7：D14)/100，即可计算出精料补充料的配方成本，如图 8-17 所示。

图 8-17 奶牛精料补充料配方设计

奶牛精料补充料配方设计表

原料名称	原料价格（元/吨）	原料配比（%）	产乳净能（MJ/kg）	粗蛋白质（%）	钙（%）	磷（%）	盐（%）
饲养标准			7.06	19	1.08	0.86	0.9
实际成分			7.05	19.03	1.12	0.87	1.00
玉 米	1600	55	7.7	8.2	0.02	0.27	
米 糠	1400	3	7.615	13	0.07	1.43	
DDGS	1500	11	7.322	28	0.05	0.71	2
豆 粕	3100	17.8	7.453	44	0.34	0.65	
棉籽粕	2800	7	6.527	46	0.25	1.1	
石 粉	200	1.3			38		
磷酸氢钙	2100	2.4			22	17	
食 盐	900	0.8					98
碳酸氢钠	1200	1.2					
0.5%预混料	11000	0.5					
合计		100					
配方成本	1964.4						

图 8-17 奶牛精料补充料配方设计

由图 8-17 可知该奶牛精料补充料的配比为：玉米 55%，米糠 3%，DDGS 11%，大豆粕 17.8%，棉籽粕 7%，石粉 1.3%，磷酸氢钙 2.4%，食盐 0.8%，小苏打 1.2%，奶牛复合预混料 0.5%。配方成本为 1 964.4 元/t。

按照上述方法可以很快调配出 TMR。

任务实施

（1）要求学生至少选本地区常用的 4 种大宗饲料原料为体重 670kg，日产乳 25kg、乳脂率 3.4% 的第一个泌乳期的产乳牛进行日粮配合。

（2）学生设计出的奶牛日粮配方必须满足奶牛营养需要，日粮结构合理，应以粗饲料为主，合理搭配精料补充料。

（3）对学生设计的奶牛日粮配方进行评价，并进行指导。

学习小结

学生对奶牛日粮配合设计时，应从两个方面来进行和指导：一是奶牛精饲料与粗饲料搭配比例是否适合；二是精料补充料的配方设计方法是否掌握；三是对奶牛营养物质的需求是否考虑全面，并进行切实可行的指导与评价。

附录 NY/T 34—2004《奶牛饲养标准》

（中华人民共和国农业行业标准）

附表1 成母牛维持营养需要

体重 /kg	日粮干 物质 /kg	奶牛能量 单位 /NND	可消化粗 蛋白质 /g	小肠可消化 粗蛋白质 /g	钙 /g	磷 /g	胡萝卜素 /mg	维生素A /IU
350	5.02	9.17	243	202	21	16	63	25 000
400	5.55	10.13	268	224	24	18	75	30 000
450	6.06	11.07	293	244	27	20	85	34 000
500	6.56	11.97	317	264	30	22	95	38 000
550	7.04	12.88	341	284	33	25	105	42 000
600	7.52	13.73	364	303	36	27	115	46 000
650	7.98	14.59	386	322	39	30	123	49 000
700	8.44	15.43	408	340	42	32	133	53 000
750	8.98	16.24	430	358	45	34	143	57 000

注：1. 对第一个泌乳期的维持需要按上表基础增加20%，第二个泌乳期增加10%。

2. 如第一个泌乳期的年龄和体重过小，应按生长牛的需要计算实际增重的营养需要。

3. 没考虑放牧运动能量消耗。

4. 在环境温度低的情况下，维持能量消耗增加，需在上表基础上增加需要量，按正文说明计算。

5. 泌乳期间，每增重1kg体重需要增加8NND和325g可消化粗蛋白质；每减重1kg需扣除6.56NND和250g可消化粗蛋白质。

附表2 每产千克乳的营养需要

乳脂率 /%	日粮干物质 进食量 /kg	奶牛能量 单位 /NND	可消化粗 蛋白质 /g	小肠可消化 粗蛋白质 /g	钙 /g	磷 /g	胡萝卜素 /mg	维生素A /IU
2.5	0.31～0.35	0.80	49	42	3.6	2.4	1.05	420
3.0	0.34～0.38	0.87	51	44	3.9	2.6	1.13	452
3.5	0.37～0.41	0.93	53	46	4.2	2.8	1.22	486
4.0	0.40～0.45	1.00	55	47	4.5	3.0	1.26	502
4.5	0.43～0.49	1.06	57	49	4.8	3.2	1.39	556
5.0	0.46～0.52	1.13	59	51	5.1	3.4	1.46	584
5.5	0.49～0.55	1.19	61	53	5.4	3.6	1.55	619

附表3　母牛怀孕后4个月的营养需要

体重 /kg	怀孕 月份	日粮干物 质进食量 /kg	奶牛能量 单位 /NND	可消化 粗蛋白质 /g	小肠可消 化粗蛋白质 /g	钙 /g	磷 /g	胡萝卜素 /mg	维生素 A /kIU
350	6	5.78	10.51	293	245	27	18	67	27
	7	6.28	11.44	337	275	31	20		
	8	7.23	13.17	409	317	37	22		
	9	8.70	15.84	505	370	45	25		
400	6	6.30	11.47	318	267	30	20	76	30
	7	6.81	12.40	362	297	34	22		
	8	7.76	14.13	434	339	40	24		
	9	9.22	16.80	530	392	48	27		
450	6	6.81	12.40	343	287	33	22	86	34
	7	7.32	13.33	387	317	37	24		
	8	8.27	15.07	459	359	43	26		
	9	9.73	17.73	555	412	51	29		
500	6	7.31	13.32	367	307	36	25	95	38
	7	7.82	14.25	411	337	40	27		
	8	8.78	15.99	483	379	46	29		
	9	10.24	18.65	579	432	54	32		
550	6	7.80	14.20	391	327	39	27	105	42
	7	8.31	15.13	435	357	43	29		
	8	9.26	16.87	507	399	49	31		
	9	10.72	19.53	603	452	57	34		
600	6	8.27	15.07	414	346	42	29	114	46
	7	8.78	16.00	458	376	46	31		
	8	9.73	17.73	530	418	52	33		
	9	11.20	20.40	626	471	60	36		
650	6	8.74	15.92	436	365	45	31	124	50
	7	9.25	16.85	480	395	49	33		
	8	10.21	18.59	552	437	55	35		
	9	11.67	21.25	648	490	63	38		
700	6	9.22	16.76	458	383	48	34	133	53
	7	9.71	17.69	502	413	52	36		
	8	10.67	19.43	574	455	58	38		
	9	12.13	22.09	670	508	66	41		
750	6	9.65	17.57	480	401	51	36	143	57
	7	10.16	18.51	524	431	55	38		
	8	11.11	20.24	596	473	61	40		
	9	12.58	22.91	692	526	69	43		

注：1. 怀孕干乳期间按上表计算营养需要。

　　2. 怀孕期间如未干乳，除按上表计算营养需要外，还应加产乳的需要。

附表 4　生长母牛的营养需要

体重 /kg	日增重 /g	干物质进食量 /kg	奶牛能量单位 /NND	可消化粗蛋白质 /g	小肠可消化粗蛋白质 /g	钙 /g	磷 /g	胡萝卜素 /mg	维生素 A /kIU
40	400		2.23	141	—	11	6	4.3	1.7
	600		3.84	188	—	14	8	4.5	1.8
	800		4.56	231	—	18	11	4.7	1.9
60	600		4.63	199	—	16	9	6.6	2.6
	800		5.37	243	—	20	11	6.8	2.7
80	600	2.34	5.32	222	—	17	10	9.3	3.7
	800	2.79	6.12	268	—	21	12	9.5	3.8
100	600	2.66	5.99	258	—	18	11	11.2	4.4
	800	3.11	6.81	311	—	22	13	11.6	4.6
150	700	3.60	7.92	305	272	23	13	17.0	6.8
	800	3.83	8.40	331	296	25	14	17.3	6.9
200	700	4.23	9.67	347	305	26	15	23.0	9.2
	800	4.55	10.25	372	327	28	16	23.5	9.4
250	700	4.86	11.01	370	323	29	18	28.5	11.4
	800	5.18	11.65	394	345	31	19	29.0	11.6
300	700	5.49	12.72	392	342	32	20	33.5	13.4
	800	5.85	13.51	415	362	34	21	34.0	13.6
350	700	6.08	13.96	415	360	35	23	39.2	15.7
	800	6.39	14.83	442	381	37	24	39.8	15.9
	900	6.84	15.75	460	401	39	25	40.2	16.1
400	700	6.66	15.57	438	380	38	25	46.0	18.4
	800	7.07	16.56	460	400	40	26	47.0	18.8
	900	7.47	17.64	482	420	42	27	48.0	19.2
500	700	7.80	18.39	485	418	44	30	57.0	22.8
	800	8.20	19.61	507	438	46	31	58.0	23.2
	900	8.70	20.91	529	458	48	32	59.0	23.6
600	700	8.90	21.23	535	459	50	35	70.0	28.0
	800	9.40	22.67	557	480	52	36	71.0	28.4
	900	9.90	24.24	580	501	54	37	72.0	28.8

附表 5　生长公牛的营养需要

体重 /kg	日增重/ g	干物质进 食量 /kg	奶牛能量 单位 /NND	可消化 粗蛋白质 /g	小肠可消化 粗蛋白质 /g	钙 /g	磷 /g	胡萝卜素 /mg	维生素 A /kIU
40	600	—	3.68	188	—	14	8	4.5	1.8
	800	—	4.32	231	—	18	11	4.7	1.9
60	600	—	4.45	199	—	16	10	8.4	3.4
	800	—	5.13	243	—	20	12	8.6	3.4
80	600	2.3	5.13	222	—	17	9	9.3	3.7
	800	2.7	5.85	268	—	21	12	9.5	3.8
100	600	2.5	5.79	258	—	18	11	11.2	4.4
	800	2.9	6.55	311	—	22	13	11.6	4.6
150	800	3.7	8.09	331	296	25	14	17.3	6.9
	1 000	4.2	9.08	378	339	29	17	18.0	7.2
200	800	4.4	9.88	372	327	28	16	23.5	9.4
	1 000	5.0	11.09	417	368	32	18	24.5	9.8
250	800	5.0	11.24	394	345	31	19	29.0	11.6
	1 000	5.6	12.57	437	385	35	21	30.0	12.0
300	700	5.6	13.01	415	362	34	21	34.0	13.6
	800	6.3	14.61	458	402	38	23	35.0	14.0
400	800	6.8	15.93	460	400	40	26	47.0	18.8
	1 000	7.6	17.95	501	437	44	28	49.0	19.6
500	800	8.0	18.85	507	438	46	31	58.0	23.2
	1 000	8.9	21.29	548	476	50	33	60.0	24.0
600	600	8.2	19.24	512	439	48	34	69.0	28.0
	800	9.0	21.76	557	480	52	36	71.0	28.4
	1 000	10.1	24.69	599	518	56	38	73.0	29.2

附表 6　种公牛营养需要

体重 /kg	干物质 进食量 /kg	奶牛能量 单位 /NND	可消化粗 蛋白质 /g	钙 /g	磷 /g	胡萝卜素 /mg	维生素 A /kIU
500	7.99	13.40	423	32	24	53	21
600	9.17	15.36	485	36	27	64	26
700	10.29	17.24	544	41	31	74	30
800	11.37	19.05	602	45	34	85	34
900	12.42	20.87	657	49	37	95	38
1 000	13.44	22.53	711	53	40	106	42
1 100	14.44	24.26	764	57	43	117	47
1 200	15.42	25.83	816	61	46	127	51
1 300	16.37	27.49	866	65	49	138	55
1 400	17.31	28.99	916	69	52	148	59

附表7 奶牛常用饲料的成分与营养价值

编号	饲料名称	样品说明	原样中						
			干物质/%	粗蛋白质/%	钙/%	磷/%	总能量/(MJ/kg)	奶牛能量单位/(NND/kg)	可消化粗蛋白质/(g/kg)
3-03-605	玉米青贮	4省5样平均值	22.7	1.6	0.10	0.06	3.96	0.36	10
1-05-624	苜蓿干草	中等	90.1	15.2	1.43	0.24	1.63	1.37	91
1-05-645	羊草	4样平均值	91.6	7.4	0.37	0.18	1.7	1.38	44
1-06-630	稻草		90.0	2.7	0.11	0.05	13.41	1.04	7
1-06-629	玉米秸		90.0	5.8	—	—	15.22	1.21	18
4-07-253	玉米	黄玉米,6样平均值	88.7	7.6	0.02	0.22	16.34	2.31	49
4-08-057	小麦麸	9样平均值	88.3	15.6	0.21	0.81	16.44	1.95	94
5-10-028	豆饼	热榨	90.0	41.8	0.34	0.77	18.65	2.64	272
5-10-084	米糠饼	7省市,机榨,13样平均值	90.7	15.2	0.12	0.18	16.64	1.86	99
5-10-610	棉籽饼	去壳浸提,2样平均值	88.3	39.4	0.23	2.01	17.25	2.24	256
5-10-126	玉米胚芽饼		93.0	17.5	0.05	0.49	18.39	2.33	114
4-11-092	酒糟	玉米酒糟	21.0	4.0	—	—	4.26	0.43	26
1-11-601	豆腐渣	黄豆	10.1	3.1	0.05	0.03	2.10	0.29	20
5-11-607	啤酒糟	2省市3样平均值	23.4	6.8	0.09	0.18	4.77	0.51	44

主要参考文献

陈北亨，1998. 兽医产科学 [M]. 2版. 北京：中国农业出版社.

陈晓华，2014. 牛羊生产与疾病防治 [M]. 北京：中国轻工业出版社.

刁其玉，2003. 奶牛规模养殖技术 [M]. 北京：中国农业科学技术出版社.

丁洪涛，2008. 牛生产 [M]. 北京：中国农业出版社.

耿明杰，2006. 畜禽繁殖与改良 [M]. 北京：中国农业出版社.

郝海生，2016. 奶牛繁殖技术与繁殖管理 [M]. 北京：化学工业出版社.

何生虎，2005. 奶牛疾病学 [M]. 银川：宁夏人民出版社.

冀一伦，2001. 实用养牛学 [M]. 北京：中国农业出版社.

李建国，2007. 现代奶牛生产 [M]. 北京：中国农业大学出版社.

李胜利，2011. 中国学生饮用奶：奶源基地建设探索与实践 [M]. 北京：中国农业大学出版社.

梁学武，2002. 现代奶牛生产 [M]. 北京：中国农业出版社.

孟庆翔，2002. 奶牛营养需要 [M]. 7版. 北京：中国农业大学出版社.

米歇尔·瓦提欧，2004. 繁殖与遗传选择 [M]. 施福顺，石燕译. 北京：中国农业大学出版社.

米歇尔·瓦提欧，2004. 饲养小母牛 [M]. 施福顺，石燕译. 北京：中国农业大学出版社.

莫放，2003. 养牛生产学 [M]. 北京：中国农业大学出版社.

秦志锐，2003. 奶牛高效益饲养技术 [M]. 2版. 北京：金盾出版社.

秦志锐，2003. 奶牛良种引种指导 [M]. 北京：金盾出版社.

宋连喜，2007. 牛生产 [M]. 北京：中国农业大学出版社.

覃国森，丁洪涛，2006. 养牛与牛病防治 [M]. 北京：中国农业出版社.

王锋，2003. 牛羊繁殖学 [M]. 北京：中国农业出版社.

王福兆，2004. 乳牛学 [M]. 3版. 北京：科学技术文献出版社.

王根林，2006. 养牛学 [M]. 2版. 北京：中国农业出版社.

王加启，2006. 现代奶牛养殖科学 [M]. 北京：中国农业出版社.

肖定汉，2001. 奶牛饲养与疾病防治 [M]. 北京：中国农业大学出版社.

闫明伟，任静波，陈跃山，2004. 奶牛规模化生产 [M]. 吉林：吉林文史出版社.

闫明伟，王淑香，2006. 双城市户养奶牛饲养现状的调查分析 [J]. 中国奶牛 (6)：21-23.

闫明伟，2011. 牛生产 [M]. 北京：中国农业出版社.

昝林森，2000. 牛生产学 [M]. 北京：中国农业出版社.

张忠诚，2000. 家畜繁殖学 [M]. 3版. 北京：中国农业出版社.

张周，2001. 家畜繁殖 [M]. 北京：中国农业出版社.

周鑫宇，2016. 奶牛场标准化操作规程 [M]. 北京：中国农业出版社.

读者意见反馈

亲爱的读者：

感谢您选用中国农业出版社出版的职业教育规划教材。为了提升我们的服务质量，为职业教育提供更加优质的教材，敬请您在百忙之中抽出时间对我们的教材提出宝贵意见。我们将根据您的反馈信息改进工作，以优质的服务和高质量的教材回报您的支持和爱护。

地　　址：北京市朝阳区麦子店街 18 号楼（100125）

中国农业出版社职业教育出版分社

联系方式：QQ（1492997993）

教材名称：_____ ISBN：_____

个人资料

姓名：_____所在院校及所学专业：_____

通信地址：_____

联系电话：_____电子信箱：_____

您使用本教材是作为：□指定教材□选用教材□辅导教材□自学教材

您对本教材的总体满意度：

从内容质量角度看□很满意□满意□一般□不满意

改进意见：_____

从印装质量角度看□很满意□满意□一般□不满意

改进意见：_____

本教材最令您满意的是：

□指导明确□内容充实□讲解详尽□实例丰富□技术先进实用□其他_____

您认为本教材在哪些方面需要改进？（可另附页）

□封面设计□版式设计□印装质量□内容□其他_____

您认为本教材在内容上哪些地方应进行修改？（可另附页）

_____

_____

本教材存在的错误：（可另附页）

第_____页，第_____行：_____应改为：_____

第_____页，第_____行：_____应改为：_____

第_____页，第_____行：_____应改为：_____

您提供的勘误信息可通过 QQ 发给我们，我们会安排编辑尽快核实改正，所提问题一经采纳，会有精美小礼品赠送。非常感谢您对我社工作的大力支持！

欢迎访问"全国农业教育教材网"http：//www.qgnyjc.com（此表可在网上下载）

欢迎登录"中国农业教育在线"http：//www.ccapedu.com 查看更多网络学习资源

欢迎登录"智农书苑"http：//read.ccapedu.com 查看电子教材

图书在版编目（CIP）数据

牛生产 / 闫明伟，邓双义主编. —2 版. —北京：
中国农业出版社，2021.3（2023.6重印）
"十二五"职业教育国家规划教材　经全国职业教育
教材审定委员会审定　高等职业教育农业农村部"十三五"
规划教材
ISBN 978-7-109-27513-3

Ⅰ.①牛…　Ⅱ.①闫…②邓…　Ⅲ.①养牛学－高等
职业教育－教材　Ⅳ.①S823

中国版本图书馆 CIP 数据核字（2020）第 204126 号

中国农业出版社出版

地址：北京市朝阳区麦子店街 18 号楼
邮编：100125
责任编辑：徐　芳　张孟骅
版式设计：杜　然　责任校对：赵　硕
印刷：中农印务有限公司
版次：2011 年 8 月第 1 版　2021 年 3 月第 2 版
印次：2023 年 6 月第 2 版北京第 2 次印刷
发行：新华书店北京发行所
开本：787mm×1092mm　1/16
印张：12.75
字数：275 千字
定价：36.00 元